食のバイオ計測の最前線
―機能解析と安全・安心の計測を目指して―

Frontier of Biomeasurement in Food Sciences
―Analysis of Function and Measurement with Accountability and Reliability―

《普及版／Popular Edition》

監修 植田充美

シーエムシー出版

はじめに

　東日本大震災での福島第一原発事件や中国での餃子事件でクローズアップされた，農作物をはじめとする食べ物の安全・安心に対する懸念は国民に深く浸透している。食物アレルギー，賞味期限と消費期限，産地偽装，残留農薬，放射能汚染など，こういった国内外での農作物や食品に関わる問題は，非常に身近で，健康に絡んだ重要なものだけに，多くの国民の関心事ともなっている。特に，乳幼児をはじめとする成長期の子供たちや，免疫系の低落しつつある高齢者などには，これまでの社会的信頼への裏切りと安全・安心への脅威ともなっている。安全と安心へのこだわりは，食に依存する生き物すべての本能的なもので，その追求は科学や科学計測の発展の原動力といっても過言ではないかもしれない。

　さて，失われつつある「食」の安全と安心という信頼を取り戻すためには，正確で再現できる数値化したデータを伴う指標を測定し表示していく分析説明責任の遂行が必須である。時同じくして，世界はゲノム解析が進み，すなわちポストゲノム時代を迎え，その膨大なデータを解析するコンピュータインフォマティックスとオミックス解析による生命や生物，さらに生体組織を構成する生体分子すべての網羅的デジタル定量解析研究が隆起してきている。これに伴い多くの解析装置や技術の飛躍的発展期を迎えており，食を含む多くの安全を安心できるデジタル数値で表示することが可能になってきており，安全と安心を可視化できる時代を迎えている。

　実際，「食」に直接関わる現場の農産物についても，感度が高く，安いコストで，定量的で，かつ再現性の良い，オンサイト，すなわち，現場で，検査が可能になれば，安全性の保障が飛躍的に向上し，消費者の安心度も非常にアップするだろう。本著では，これまでの流通・生産の現場レベルで使用可能な測定を上回る計測を可能にしつつある新しいコンセプトによるバイオ計測の開発と実践適用への事例の最新のデータを集め，産学官で進む「食」の機能解析と安全・安心のバイオ計測を目指した最前線の動向をまとめていくことを企画した。

　最後に，ご多忙の中，ご執筆いただきました先生方に，感謝いたしますとともに，本著での研究分野でのさらなるご活躍を祈念いたします。

2011年4月8日

京都大学大学院　農学研究科

植田充美

普及版の刊行にあたって

　本書は2011年5月に『食のバイオ計測の最前線―機能解析と安全・安心の計測を目指して―』として刊行されました。普及版の刊行にあたり，内容は当時のままであり加筆・訂正などの手は加えておりませんので，ご了承ください。

2017年8月

シーエムシー出版　編集部

執筆者一覧（執筆順）

植田 充美	京都大学大学院　農学研究科　応用生命科学専攻　教授
若山 純一	㈰農業・食品産業技術総合研究機構　食品総合研究所　食品工学研究領域　ナノバイオ工学ユニット　特別研究員
杉山 滋	㈰農業・食品産業技術総合研究機構　食品総合研究所　食品工学研究領域　ナノバイオ工学ユニット　ユニット長
民谷 栄一	大阪大学　大学院工学研究科　教授
北川 文彦	京都大学　大学院工学研究科　材料化学専攻　講師
川井 隆之	京都大学　大学院工学研究科　材料化学専攻
大塚 浩二	京都大学　大学院工学研究科　材料化学専攻　教授
小西 聡	立命館大学　理工学部　マイクロ機械システム工学科　教授
小林 大造	立命館大学　立命館グローバル・イノベーション研究機構　博士研究員
殿村 渉	立命館大学　立命館グローバル・イノベーション研究機構　博士研究員
清水 一憲	京都大学　大学院薬学研究科　革新的ナノバイオ創薬研究拠点　特定助教；立命館大学　客員研究員
重村 泰毅	大阪夕陽丘学園短期大学　食物学科　助手
伊藤 嘉浩	㈰理化学研究所　伊藤ナノ医工学研究室　主任研究員
秋山 真一	名古屋大学　大学院医学系研究科　病態内科学講座　腎臓内科　特任講師
田丸 浩	三重大学　大学院生物資源学研究科　生物圏生命科学専攻　水圏生物利用学教育研究分野　准教授
芝崎 誠司	兵庫医療大学　薬学部　准教授
野村 聡	㈱堀場製作所　開発企画センター　技術担当部長
稲森 和紀	東洋紡績㈱　知的財産部
境 雅寿	㈱森永生科学研究所　研究開発部　製品第2担当リーダー
高木 陽子	京都電子工業㈱　バイオ研究部　主任研究員
遠藤 真	日本エイドー㈱　京阪営業所　営業所長
山本 佳宏	京都市産業技術研究所　加工技術グループ　バイオチーム　主席研究員
谷 敏夫	㈱バイオエックス　代表取締役

坂 本 智 弥	京都大学大学院　農学研究科　食品生物科学専攻 食品分子機能学分野	
山 口 侑 子	京都大学大学院　農学研究科　食品生物科学専攻 食品分子機能学分野	
高 橋 信 之	京都大学大学院　農学研究科　食品生物科学専攻 食品分子機能学分野　助教	
河 田 照 雄	京都大学大学院　農学研究科　食品生物科学専攻 食品分子機能学分野　教授	
津 川 裕 司	大阪大学　大学院工学研究科　生命先端工学専攻	
小 林 志 寿	大阪大学　大学院工学研究科　生命先端工学専攻	
馬 場 健 史	大阪大学　大学院工学研究科　生命先端工学専攻　准教授	
福 崎 英一郎	大阪大学　大学院工学研究科　生命先端工学専攻　教授	
木 村 美恵子	タケダライフサイエンスリサーチセンター　所長	
齊 藤 雄 飛	京都府立大学大学院　生命環境科学研究科　特任助教	
増 村 威 宏	京都府立大学大学院　生命環境科学研究科　講師； 京都府農林水産技術センター　生物資源研究センター　主任研究員	
山 西 倫太郎	徳島大学　大学院ヘルスバイオサイエンス研究部 食品機能学分野　准教授	
柴 田 敏 行	三重大学　大学院生物資源学研究科　生物圏生命科学専攻　講師	
廣 岡 青 央	京都市産業技術研究所　加工技術グループ　バイオチーム 主席研究員	
羽 鳥 由 信	日本新薬㈱　機能食品カンパニー　食品開発研究所　主任	
村 越 倫 明	ライオン㈱　研究開発本部　副主席研究員	
小 野 知 二	ライオン㈱　研究開発本部　主任研究員	
森 下 聡	ライオン㈱　研究開発本部　研究員	
上 林 博 明	ライオン㈱　研究開発本部　副主任研究員	
鈴 木 則 行	ライオン㈱　研究開発本部　副主任研究員	
杉 山 圭 吉	ライオン㈱　常務取締役；立命館大学　総合理工学研究機構 チェアプロフェッサー	
西 野 輔 翼	立命館大学　R-GIRO　特別招聘教授；京都府立医科大学 がん征圧センター　特任教授	

高 松 清 治	不二製油㈱　研究本部　フードサイエンス研究所　副所長	
米 谷 　 俊	江崎グリコ㈱　研究本部　技術参与	
丸 　 勇 史	サンヨーファイン㈱　バイオ開発部　部長	
山 口 信 也	サンヨーファイン㈱　営業部　課長	
馬 場 嘉 信	名古屋大学　大学院工学研究科　教授， 革新ナノバイオデバイス研究センター　センター長； ㈳産業技術総合研究所　研究顧問	
木 船 信 行	㈶日本食品分析センター　彩都研究所　試験研究部　部長	
岡 野 敬 一	㈳農林水産消費安全技術センター　神戸センター　技術研究課 技術研究課長	
矢 野 　 博	㈳農業・食品産業技術総合研究機構 近畿中国四国農業研究センター　品種識別・産地判別研究チーム長	
万 年 英 之	神戸大学　大学院農学研究科　資源生命科学専攻　教授	
笹 崎 晋 史	神戸大学　大学院農学研究科　資源生命科学専攻　講師	
末 　 信一朗	福井大学　大学院工学研究科　生物応用化学専攻　教授	
黒 田 浩 一	京都大学大学院　農学研究科　応用生命科学専攻　准教授	
家 戸 敬太郎	近畿大学　水産研究所　准教授	
中 村 　 伸	㈱島津製作所　分析計測事業部　ライフサイエンス事業統括部 バイオ臨床ビジネスユニット　プロダクト・マネージャー	
大 野 克 利	日清食品ホールディングス㈱　食品安全研究所　係長	
山 田 敏 広	日清食品ホールディングス㈱　食品安全研究所　上席執行役員， CQO，食品安全研究所長	
天 野 典 英	サントリービジネスエキスパート㈱　安全性科学センター 技術顧問	
橋 爪 克 仁	タカラバイオ㈱　事業開発部　部長	
中 筋 　 愛	タカラバイオ㈱　営業部	
谷 岡 　 隆	神鋼テクノ㈱　圧縮機本部　汎用グループ　担当次長	
隈 下 祐 一	サラヤ㈱　バイオケミカル研究所　課長補佐	
永 井 　 博	㈱堀場製作所　開発本部　先行開発センター　センサ技術開発部 水質センサチーム	

執筆者の所属表記は，2011年5月当時のものを使用しております。

目次

序章　バイオ計測を用いた食の機能解析と安全・安心の向上　　植田充美

1　「バイオ計測」によるデジタル定量分析 …………………………………… 1
2　革新的材料との融合による「バイオ計測」の飛躍 ………………………………… 2
3　「バイオ計測」を推進する拠点事業の展開モデル ………………………………… 3

【計測開発編】

第1章　大学・研究機関の研究動向

1　SPMナノセンサーと食品応用 …………………… 若山純一，杉山　滋 …… 8
　1.1　はじめに ………………………………… 8
　1.2　従来のアレルゲン検出技術 …………… 9
　1.3　AFMによるアレルゲン検出の原理 …………………………………… 9
　1.4　AFMによるアレルゲン検出の実際 …………………………………… 10
　1.5　今後の展開 …………………………… 13
2　食品の安全性や機能を評価するPOC型バイオセンサーデバイスの開発 …………………………………… 民谷栄一 …… 15
　2.1　はじめに ……………………………… 15
　2.2　印刷電極を用いたポータブル遺伝子センサー ………………………… 16
　2.3　新たな印刷電極型免疫センサーの開発 ………………………………… 19
　2.4　イムノクロマト検出キットと携帯電話通信技術との連携 …………… 20
　2.5　おわりに ……………………………… 22
3　マイクロチップ電気泳動における糖鎖分析の高感度化 ……… 北川文彦，川井隆之，大塚浩二 …… 24
　3.1　はじめに ……………………………… 24
　3.2　PVA修飾チャネルにおけるLVSEPのイメージング …………………… 26
　3.3　オリゴ糖のLVSEP-MCE分析 …… 28
4　バイオセンサーデバイスにおけるサンプル前処理技術 …………………………… 小西　聡，小林大造，殿村　渉，清水一憲 …… 31
　4.1　はじめに ……………………………… 31
　4.2　μTASを応用したパーティクル分離技術 ………………………………… 31
　4.3　μTASを応用した微量サンプル分注技術 ………………………………… 33
　4.4　マイクロデバイスを用いた単一細胞の位置制御技術 ………………… 34

4.5	おわりに	36

5 機能性ペプチド探索のための新しいアプローチ—ヒト血液中からの食事由来ペプチドの検出と同定— ……**重村泰毅**…… 38
- 5.1 はじめに …… 38
- 5.2 ペプチド経口摂取による健康状態改善効果 …… 38
- 5.3 ペプチド摂取後の血液からの血球画分とタンパク質の除去 …… 38
- 5.4 血漿中食事由来コラーゲンペプチド（ペプチド型Hyp）濃度の測定 …… 39
- 5.5 HPLCによる血漿中食事由来ペプチドの同定 …… 40
- 5.6 プレカラム誘導化によるペプチド同定1（PITC誘導化） …… 41
- 5.7 プレカラム誘導化によるペプチド同定2（AQC誘導化） …… 41
- 5.8 おわりに …… 43

6 食品関連マイクロアレイ技術 ……**伊藤嘉浩**…… 44
- 6.1 はじめに …… 44
- 6.2 食品の遺伝子分析 …… 45
- 6.3 食品の安全性・機能性評価 …… 46
- 6.4 食品アレルギー研究，診断 …… 46
- 6.5 おわりに …… 48

7 バイオ計測への魚類バイオテクノロジーの応用 ……**秋山真一，田丸 浩**…… 49
- 7.1 はじめに …… 49
- 7.2 魚類によるバイオマテリアル生産技術の開発 …… 49
- 7.3 透明金魚を使った水質モニタリング …… 52
- 7.4 おわりに—新産業の創出を目指して— …… 53

8 特異的抗体の微生物生産と回収法の開発 ……**芝崎誠司**…… 54
- 8.1 はじめに …… 54
- 8.2 抗体の調製方法 …… 54
- 8.3 分子ディスプレイ法 …… 54
- 8.4 酵母分子ディスプレイ …… 55
- 8.5 Zドメインの分子ディスプレイと抗体の回収系 …… 56
- 8.6 抗体以外の親和性タンパク質の調製 …… 58

第2章 メーカー（企業）の開発動向

1 食の機能と安全評価に寄与するpH計測 ……**野村 聡**…… 60
- 1.1 はじめに …… 60
- 1.2 pH測定法の原理と電極のバリエーション …… 60
- 1.3 半固形・固形食品の測定例 …… 63
- 1.4 pH測定電極のより効果的な活用法 …… 64
- 1.5 おわりに …… 65

2 SPRイメージングによるアレイ解析 ……**稲森和紀**…… 66
- 2.1 はじめに …… 66

2.2	SPRイメージング解析によるペプチドアレイ上におけるリン酸化検出 ………………………… 67	4.3	イムノセンサの開発 …………… 83
		4.4	イムノセンサの実用化 ………… 84
		4.5	おわりに ……………………… 88
2.3	ペプチドの金表面への固定化に関する表面化学 …………………… 69	5	電気泳動用高度分析試薬の開発 …………… 遠藤 真, 山本佳宏 … 89
2.4	SPRイメージングによる創薬スクリーニングへの展開の可能性 …… 71	5.1	はじめに ……………………… 89
		5.2	抽出試薬キットの開発 ………… 90
2.5	おわりに ……………………… 73	5.3	機器と試薬の最適化 …………… 92
3	ELISA法の原理と測定法—免疫反応の形式(サンドイッチ法,競合法)と測定反応(吸光法,蛍光法)ならびに測定時の注意点— ……… 境 雅寿 … 75	5.4	二次元電気泳動システムの検証と今後の展望 …………………… 93
		6	高感度信号累積型ISFETバイオセンサーの開発 ………… 谷 敏夫 … 95
3.1	はじめに ……………………… 75	6.1	はじめに ……………………… 95
3.2	ELISA法の分類 ……………… 75	6.2	高感度半導体センサー開発の経過 ………………………………… 95
3.3	測定時の注意点 ………………… 79		
3.4	おわりに ……………………… 80	6.3	ISFETセンサーの原理 ………… 96
4	低分子抗原用抗体およびイムノセンサの実用化 ………… 高木陽子 … 82	6.4	高感度信号累積型ISFETプロトンセンサー(AMISセンサー) …… 96
4.1	はじめに ……………………… 82	6.5	AMISセンサーの特徴 ………… 98
4.2	低分子抗原用抗体の開発 ……… 82	6.6	おわりに ……………………… 100

【機能解析編】

第3章 大学・研究機関の研究動向

1	食品成分の機能評価法:肥満・メタボリックシンドロームへのアプローチ ………… 坂本智弥, 山口侑子, 高橋信之, 河田照雄 … 101	1.3	新たなスクリーニング系の構築 ‥ 103
		1.4	まとめ ………………………… 106
		2	メタボリックフィンガープリンティングによる食品/生薬の品質評価 ………… 津川裕司, 小林志寿, 馬場健史, 福崎英一郎 … 107
1.1	背景・概要 …………………… 101		
1.2	食品成分のスクリーニングとその機能解析 …………………… 102		
		2.1	はじめに ……………………… 107

- 2.2 食品/生薬研究におけるメタボロミクスの位置づけ …………… 107
- 2.3 GC/MSメタボロミクス ………… 108
- 2.4 データマイニングシステムの開発 …………………………… 110
- 2.5 データマイニングシステムの緑茶研究での検証 …………… 111
- 2.6 食品/生薬におけるメタボロミクス研究のこれから ………… 113
- 3 栄養アセスメントのための計測技術の現状と発展 ……… 木村美恵子 …… 115
  - 3.1 栄養アセスメント計測の現状 …… 115
  - 3.2 日本人の食事摂取基準と日本食品標準成分表 …………… 116
  - 3.3 健康って何？ ………………… 117
  - 3.4 健康増進志向の中での個人の栄養アセスメントの現状と課題 …… 117
  - 3.5 栄養はバランスが最も重要 ……… 118
  - 3.6 健康栄養インフォメーション …… 119
  - 3.7 日常生活の見直し ……………… 120
  - 3.8 栄養状態表示のための生化学検査 …………………………… 120
  - 3.9 他の栄養素のアンバランスを招く …………………………… 121
  - 3.10 正確に栄養状態を反映する検査方法の開発と適正な栄養アセスメント …………………………… 122
  - 3.11 まとめ ……………………… 123
- 4 新規半導体デバイス（積分型ISFET）の食・計測技術への展開 ……………… 山本佳宏 …… 125
  - 4.1 食品産業における計測技術の重要性 ……………………… 125
  - 4.2 現在の分析技術の課題と解決のための技術開発 ………… 126
  - 4.3 食品分析領域へのバイオセンサーの応用 ………………… 126
  - 4.4 測定用酵素反応機構の開発：食品管理項目の測定例 …… 127
  - 4.5 まとめ ……………………… 130
- 5 米粒および米加工品におけるタンパク質の可視化技術の開発と利用 ……… 齊藤雄飛，増村威宏 …… 131
  - 5.1 はじめに ……………………… 131
  - 5.2 米粒中のタンパク質分布の解析 …………………………… 131
  - 5.3 米加工品中のタンパク質の分析例 …………………………… 133
  - 5.4 おわりに ……………………… 135
- 6 カロテノイドの抗アレルギー作用 ……………………… 山西倫太郎 …… 136
  - 6.1 免疫機能に対するカロテノイドの影響に関する研究報告の歴史 …… 136
  - 6.2 適応免疫系のTh1/Th2バランスとアレルギー ………… 136
  - 6.3 抗体産生に対するβ-カロテンの影響 ……………………… 138
  - 6.4 肥満細胞に対するカロテノイドの影響に関する研究報告 …… 140
  - 6.5 炎症の抑制とカロテノイド …… 141
- 7 海藻の抗酸化物質とその機能解析 ……………………… 柴田敏行 …… 143
  - 7.1 はじめに ……………………… 143
  - 7.2 フロロタンニン類（海藻ポリフェ

	ノール類) ………………………… 143
7.3	ブロモフェノール類 ………… 145
7.4	カロテノイド ………………… 146
7.5	おわりに ……………………… 148

8 バイオ計測技術を応用した清酒酵母の
　分類と開発 …………… **廣岡青央** 150

8.1	タンパク質の二次元電気泳動法を用いた清酒酵母の発現解析 ……… 150
8.2	発現解析を応用した酵母の分類 ‥ 151
8.3	泡なし酵母の解析と開発 ……… 152
8.4	吟醸酒製造用酵母の解析と開発 ‥ 153

第4章　メーカー（企業）の開発動向

1　低分子ヒアルロン酸の開発
　………………… **羽鳥由信** 156

1.1	はじめに—ヒアルロン酸とは ‥‥ 156
1.2	ヒアルロン酸の機能 ……………… 157
1.3	食品中のヒアルロン酸の分析 …… 157
1.4	ヒアルロン酸の経口吸収性 ……… 158
1.5	ヒアルロン酸の体内動態 ………… 159
1.6	ヒアルロン酸の経口摂取による効果（ヒトでの効果の検証）………… 159
1.7	おわりに ………………………… 160

2　ラクトフェリンの脂質代謝抑制作用について　……… **村越倫明，小野知二，**
　森下　聡，上林博明，鈴木則行，
　杉山圭吉，西野輔翼 161

2.1	背景 ……………………………… 161
2.2	実験方法 ………………………… 162
2.3	結果 ……………………………… 163
2.4	考察 ……………………………… 165

3　遺伝子発現から見た大豆たん白の生理
　機能 ………………… **高松清治** 167

3.1	はじめに ………………………… 167
3.2	遺伝子発現に着目した大豆たん白質の機能研究 ……………………… 167
3.3	網羅的遺伝子発現解析手法による大豆たん白質機能の解析 ……… 169
3.4	オリゴヌクレオチドDNAマイクロアレイを用いた研究例 ……… 170
3.5	おわりに ………………………… 172

4　GABA高含有チョコレートのストレス
　緩和効果について ……… **米谷　俊** 174

4.1	ストレス緩和の必要性 …………… 174
4.2	ストレスの測定について ………… 174
4.3	γ-アミノ酪酸（GABA）について …………………………………… 175
4.4	GABA高含有チョコレートのストレス緩和効果 …………………… 176
4.5	まとめ …………………………… 178

5　シアル酸の機能性
　…………… **丸　勇史，山口信也** 181

5.1	はじめに ………………………… 181
5.2	シアル酸の製造法 ……………… 181
5.3	シアル酸の安全性 ……………… 182
5.4	シアル酸の機能 ………………… 183
5.5	おわりに ………………………… 185

【安全・安心の計測編】

第5章　大学・研究機関の研究動向

1　食の安全・安心を計測するナノバイオ技術 ……**馬場嘉信**…… 186
　1.1　はじめに …………………… 186
　1.2　ナノバイオデバイスによる遺伝子解析 ………………………… 187
　1.3　ナノバイオデバイスによるタンパク質解析 …………………… 189
　1.4　おわりに …………………… 192
2　食の安全・安心における分析者の役割 ……………**木船信行**…… 194
　2.1　食の安全と安心 …………… 194
　2.2　食品の安全性を揺るがした事件と分析の関わり ……………… 194
　2.3　現在の状況（国際的動向を中心に） ………………………………… 197
　2.4　分析機関の今後の対応 …… 199
　2.5　分析のコスト ……………… 200
　2.6　フード・ファディズムについて … 200
　2.7　食の安心と食品分析の使命 ……… 200
3　DNA分析の手法などを用いた食品表示の真正性確認 ……**岡野敬一**…… 202
　3.1　食品表示と�農林水産消費安全技術センターの表示監視業務 …… 202
　3.2　分析対象の表示 …………… 202
　3.3　FAMICが表示監視に利用する分析技術の概要 ………………… 202
　3.4　PCR法を用いたDNA分析 ……… 203
　3.5　元素組成を用いた分析 …… 203
　3.6　安定同位体比分析 ………… 204
　3.7　その他の表示監視のための技術と社会的検証 ……………… 205
4　食品・農産物におけるDNA鑑定の実用化の現状と展望 ……**矢野　博**…… 206
　4.1　はじめに …………………… 206
　4.2　DNA鑑定とは ……………… 206
　4.3　食品・農産物におけるDNA鑑定の現状 ……………………… 209
　4.4　食品・農産物におけるDNA鑑定の実用化のあり方 ………… 211
　4.5　おわりに …………………… 212
5　DNA鑑定を利用した牛肉偽装表示の防止 ……**万年英之，笹崎晋史**…… 213
　5.1　はじめに …………………… 213
　5.2　家畜牛の系統・品種 ……… 213
　5.3　偽装表示の背景 …………… 214
　5.4　国産牛の鑑別技術の開発 …… 214
　5.5　輸入牛肉に対する鑑別技術の開発 ……………………………… 216
　5.6　まとめ ……………………… 217
6　残留農薬を見逃さない検出・除去バイオ細胞センサー技術の開発 ……**末　信一朗**…… 218
　6.1　はじめに …………………… 218
　6.2　OPHを用いた有機リン系農薬のバイオセンシング …………… 219
　6.3　酵母細胞表層工学を用いた有機リ

ン検出用生体触媒 219
6.4　おわりに 222
7　安全・安心な植物促進増産の新手法の
　　開発とその機構解析
　　　　　　　黒田浩一，植田充美 223
7.1　はじめに 223
7.2　糖アルコールとその性質 223
7.3　エリスリトールによる生育促進作
　　　用 224
7.4　トランスクリプトームによる生育
　　　促進機構の解析 225
7.5　おわりに 228
8　完全養殖クロマグロのブランド化とト
　　レーサビリティ手法 … 家戸敬太郎 … 229
8.1　完全養殖クロマグロ 229
8.2　ブランド化戦略 230
8.3　トレーサビリティ手法 232

第6章　メーカー（企業）の開発動向

1　DNA鑑定・食品検査システムの開発；
　　核酸抽出，PCRから検出，判定まで
　　　　　　　　　　　中村　伸 … 234
1.1　はじめに 234
1.2　定性PCR法の課題と新たな提案 … 234
1.3　定性PCR法にもとづくDNA鑑定
　　　システム 235
1.4　今後の課題と将来の展望 240
2　ヒト細胞を用いた新規遺伝毒性試験法
　　NESMAGET
　　　　　　　大野克利，山田敏広 … 242
2.1　はじめに 242
2.2　試験原理 242
2.3　試験方法 243
2.4　NESMAGETの特徴1：DNA損傷
　　　形式の異なる遺伝毒性物質の反応
　　　性 243
2.5　NESMAGETの特徴2：既存の遺
　　　伝毒性試験との比較 244
2.6　NESMAGETの特徴3：各細胞に
　　　よる反応性の差 246
2.7　おわりに 247
3　バイオ計測手法を活用した微生物の迅
　　速検出・同定の試み …… 天野典英 … 248
3.1　緒言 248
3.2　好気性有胞子細菌の菌種迅速同定
　　　用DNAマイクロアレイ 248
3.3　蛍光マイクロコロニー法による微
　　　生物迅速検出 250
3.4　結語 252
4　リアルタイムPCR法を活用した工程管
　　理の迅速簡便化
　　　　　　　橋爪克仁，中筋　愛 … 253
4.1　はじめに 253
4.2　リアルタイムPCR法の原理 253
4.3　応用例の紹介 255
4.4　おわりに 257
5　直接電解オゾン水の食材洗浄への応用
　　　　　　　　　　　谷岡　隆 … 258
5.1　はじめに 258

- 5.2 オゾン水と塩素系薬剤との洗浄比較 ……………………………………… 258
- 5.3 直接電解式オゾン水の生成 ……… 259
- 5.4 オゾン水による食材洗浄 ………… 260
- 5.5 おわりに ………………………… 264
- 6 ノロウイルス対策としての殺菌剤の有効利用 ……………… **隈下祐一** …… 265
  - 6.1 はじめに ………………………… 265
  - 6.2 ノロウイルスの特徴とその対策 …… 265
  - 6.3 各種殺菌剤・洗浄剤のノロウイルスに対する有効性 …………………… 266
  - 6.4 ノロウイルス対策としての消毒と手洗い ………………………………… 268
  - 6.5 まとめ …………………………… 269
- 7 おいしい野菜づくりを支えるコンパクト硝酸イオンメータの開発 ……………………………… **永井 博** …… 271
  - 7.1 はじめに ………………………… 271
  - 7.2 農業用コンパクト硝酸イオンメータの開発 ……………………………… 271
  - 7.3 硝酸イオンの測定方法 …………… 272
  - 7.4 コンパクト硝酸イオンメータによる測定方法 ………………………… 273
  - 7.5 イオンクロマトグラフとの相関 …… 274
  - 7.6 おわりに ………………………… 277

序章　バイオ計測を用いた食の機能解析と安全・安心の向上

植田充美*

　食物アレルギー，賞味期限と消費期限，産地偽装，残留農薬，放射能汚染などは，健康に絡んで非常に身近であるため，多くの国民の関心事となっている。特に，乳幼児をはじめとする成長期の子供たちや，免疫系の低落しつつある高齢者などには，生命への脅威ともなっている。この食に依存する生き物すべての本能的な安全と安心へのこだわりは，科学計測の発展の原動力とも考えてよいかもしれない。

　失われつつある「食」の安全と安心という信頼を取り戻すためには，測定指標を明示し，その分析結果を隠すことなく客観的に提示し，説明することが必須である。今，世界ではゲノム解析が進み，膨大なデータを解析するインフォマティックスとプロテオームやメタボローム解析に代表されるオミックス解析による生体分子の網羅的デジタル定量解析研究やそれに伴う多くの解析装置と技術の飛躍的発展により，食を含む多くの安全を安心できるデジタル数値で表示することが可能になってきている。これは，まさに，安全と安心を可視化することにほかならない。逆に，数値表示に過敏になりすぎて，余計なストレスをも生み出してきているが……。

　真に，感度が高く，安いコストで，定量的で，かつ再現性の良い，オンサイト，すなわち，現場で，即時検査が可能になれば，安全性の保障は飛躍的に向上し，消費者の安心度も非常にアップするはずである。これまでもすでに流通・生産の現場レベルで使用可能な測定は存在してきたが，それを上回る計測を可能にしつつある新しいコンセプトである「バイオ計測」の開発と実践適用への事例への関心が，さらなる「食」の機能解析と安全・安心を醸し出していくものと信じている。

1　「バイオ計測」によるデジタル定量分析

　ゲノム配列解読の進行に伴い，生命科学分野は新たな段階に入った。そこでも発展のキーとなるのは種々の計測技術である。20年余り前，夢の分析技術としてLC/MSの開発が注目されたが，その初期には，LC/MSが実現すれば画期的なことになるために多くの人々が参加することにより，この技術は現実のものとなっていった。

　今，「バイオ計測」はその萌芽期にあり，活用できそうな技術が幾つか見られる。例えば，これまでDNA配列解析にはゲル電気泳動を用いたキャピラリーアレーDNAシーケンサーが用いられ

---

*　Mitsuyoshi Ueda　京都大学大学院　農学研究科　応用生命科学専攻　教授

てきたが，メガあるいはギガオーダー数になるサンプルの処理に必要な試料の配列解析に適した方法として段階的な相補鎖合成を用い，化学発光を利用したパイロシーケンシングが開発され，次世代DNA配列解析装置として世の中に出現してきた。これらの基盤の上にマイクロファブリケーション技術を取り入れ，微細反応セルあるいは細胞アレーの効率よい計測技術が進展するとともに，食物や生体の生命・生物機能全体をモニターする「ライフサーベイヤー」とも言うべきシステムの構築が進んでいる[1,2]。この進展により，分子レベルでの生命の理解は個々の細胞を基本としたシステム理解とその活用に焦点が移りつつある。すなわち，食物や生体を構成する多くの細胞の集団から構成の個別の細胞へ，また，細胞内の個々の分子の働きの動的理解と活用へ，いわば，アナログ的平均値としての理解から個々の細胞内の分子動態を網羅的に分析することにより全体像を把握することの重要性が増してきた。これまで種々条件下で生命材料から抽出したmRNAやタンパク質や代謝産物を解析することが行われていたが，今後は，個々の細胞単位でそこに含まれる分子の動態の解析が必要であり，さらに，変化する生体分子群を一網打尽に解析するツールの開発が進んでいる。これには細胞に含まれる種々の分子の組成などを組織の平均値としてではなく，細胞間の情報交換など相互作用と刺激応答や個々の細胞内での反応などで変動する，まさに，個別の細胞に含まれる分子群すべてを個別の細胞ごとにデジタル的にカウントして全体組成を解析する手法の開発が進んでいる。物理，化学，生物など幅広い分野の知識と技術を結集して，非侵襲的に可視化できるプローブや細胞ごとに識別網羅解析できる基盤や要素などの化学物質合成の技術，生体組織を構成する個々の細胞はどのように情報を交換し応答反応しているのか解明するための基礎解析系，細胞の中で働いている個々のmRNA，タンパク質，代謝産物を一網打尽に検出したり，機能を同定する網羅的機能解析基盤技術の開発，およびそれらの網羅的多数変量を一括して鳥瞰できるシステムソフトの開発などへ展開してきているのである。さらに，食物や生体の基本となる細胞機能の解明にとどまらず，臨床診断，病因解明，動植物育種，工業微生物育種など，応用分野にも強く直結する重要要素技術としての展開も期待される。

2 革新的材料との融合による「バイオ計測」の飛躍

天然，合成有機化合物，医薬品，生体関連物質などの精密分離・分析に広く使用されている化学分析法である高速液体クロマトグラフィー（High performance liquid chromatography; HPLC）を例にとると，HPLCは，試料となる混合物の成分物質が固定相との相互作用により異なる移動度を持ち，複数のバンドを生じることにより分離が達成される。一般に，HPLCでは多孔性の化学修飾型シリカゲルや有機ポリマーの微小粒子をステンレス製のパイプに均一に充填されたカラムが分離媒体として用いられている。分析において，高速化と高性能分離という相反する命題の克服は，クロマトグラフィーにおける一つの大きな目標であり，分析時間短縮，経済的側面などからもその効果は大きい。ゲノム情報の進行過程に沿った形で時空間でのDNA，RNA，タンパ

ク質，ペプチド，代謝産物の諸データの相関ならびに統合解析，すなわち，分子種それぞれの動的リアルタイム解析においては，従来の1次元HPLC分離では手に負えないのは明らかで，多成分系をリアルタイムに分離する新しい技術が必要であった。革新的モノリスシリカキャピラリーカラムの登場により，この事態は一変した。すなわち，1次元目で，完全に分離できなかった成分を一定時間ごとにサンプリングして，リアルタイムに2次元目のカラムで再分離することが，2次元目のカラムにモノリスシリカキャピラリーカラムを配置することで，可能になったのである。すなわち，1次元目における1回の分析の間に2次元目のカラムで，連続的に複数分析を終えてしまう短時間，高性能分離の要求をこのモノリスシリカキャピラリーカラムが叶えてしまったのである。これは，特に，タンパク質や代謝産物の網羅的定量分析には，格好の分離手段となり，プロテオームやメタボローム解析を一段と進化させた。

多くの食物や生体内の分子群の分離定量分析には，その前段階に立ちはだかる細胞の破砕と前処理，抽出による分離前のサンプル調製が，これまで以上に，しっかり認識されていくべき残存課題となってきた。単純なピュアな均一サンプルの分析とは全く異なった粗混合系からの目的物の分析がその最終目的であることをこれまで以上に考慮していく必要があり，それにより，時空間を加味した真の「食」の安全と安心の信頼につながっていくものと考えられる。

3 「バイオ計測」を推進する拠点事業の展開モデル

上記のように，デジタル定量分析による安全・安心の獲得には，「バイオ計測」における材料やシステムの開発とも連携した産官学の叡智の突き合わせ拠点となる場が必要である。ここでは，京都市という自治体が「バイオシティ構想」をスローガンに地域活性化に「バイオ計測」拠点を設立し，ボトムアップとトップダウンの混交した新しいモデル拠点「京都産業科学技術総合イノベーションセンター（Kyoto Industrial Science and Technology Innovation Center: KISTIC）」を設立させたので以下に紹介する（図1～4）[3]。

この拠点の場形成により，まさに，市民目線での「食」を含めた安全・安心の信頼拠点の基盤をかためる取り組みとなってきており，多くの期待を集めている。

文　献

1) 神原秀記ほか監修，一細胞定量解析の最前線，シーエムシー出版　(2006)
2) 神原秀記ほか監修，シングルセル解析の最前線，シーエムシー出版　(2010)
3) 京都リサーチパーク㈱　パンフレット，http://www.krp/co/jp/

図1

序章　バイオ計測を用いた食の機能解析と安全・安心の向上

図2

食のバイオ計測の最前線

地域産学官共同研究拠点整備事業

バイオ計測プロジェクト 4F

材料、計測機器、酒造・食品企業の参画により、
バイオ計測のバリューチェーン形成へ。

プロジェクト代表
植田 充美 教授
京都大学大学院農学研究科

キャピラリーモノリスカラム
[東京都モノテック]

メタボローム解析用
脂肪酸分析用
メチルエステル化試薬
[ナカライテスク社]

高感度 ISFET 信号累積型
バイオセンサーを用いた
生理活性分析装置チップ
[㈱バイオエックス]

嗜好製品「あく酒」「佐々木酒造滴酒」(左)
嗜好製品「茅の舎」[京都酒造商社] (中)
米微発酵ソフトアルコール
「白い滴水」[佐々木酒造家] (右)

趣旨
いにしえの都のたたずまいを持つ京都は、優雅な伝統と革新的な維新の両面をもつ趣のある町です。伝統的な酒造、織・染め物、食品などを継承し、素材や分析・計測などを開拓する、まさに文化と科学技術、綿々とつながる伝承と先端的な発見・発明が融合共存した都市です。京都リサーチパーク地域を基盤とするバイオ計測プロジェクトは、京都を基盤とする産学官の連携により、この文化と技術の融和の結晶を成長させ確固としたものにし、世代を超えて文化を科学的に伝承しながら、バイオ計測技術を発信していく拠点となります。このバイオテクノロジーの最先端計測技術により、匠の技の伝承、食の安全・安心の確保、環境保全と健康増進への道標、青少年の文化・科学への憧れを実現していくことを、世界に先駆けて、地域に根ざした、地域からのボトムアップ拠点の形成をめざします。

※分析機器については、地域産学官共同研究拠点整備事業(JST)により整備されています。

プロジェクト概要
我が国の経済成長をけん引する「バイオ産業」の創出に当たり、なくてはならない基盤技術が「計測」です。バイオ計測プロジェクトは、日本で最古の歴史を誇る醸造・食品業界から、グローバルに展開する分析・計測機器業界まで、伝統と革新的な研究が融合共存する京都が取り組んできた「京都バイオシティ構想」の実績を基に、新たに高度分析計測機器等を導入し、産学官が一体となって基礎研究、実証、商品開発、産業展開(人材育成)まで取り組む「バイオ計測基盤プラットフォーム」を構築します。先進的な計測機器・試薬関連企業には、プロテオーム、メタボロームをはじめとした基盤研究を行う大学とのマッチングをはかり、新規な計測機器・試薬の共同開発、アップデートを進める環境を提供します。そして、伝統的な醸造・食品企業では、この成果であるバイオ計測技術を活用し、製品開発、品質の評価・改良を促進します。京都を基盤とする産学官の結集は、地域の産業連携による農商工連携での産業創出・振興や製品の高度化、さらに、大阪で推進する創薬研究、神戸地区で推進する再生医療のバイオ計測基盤を支え、「ライフ・イノベーション」の創出に貢献します。

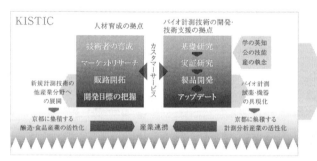

図3

序章　バイオ計測を用いた食の機能解析と安全・安心の向上

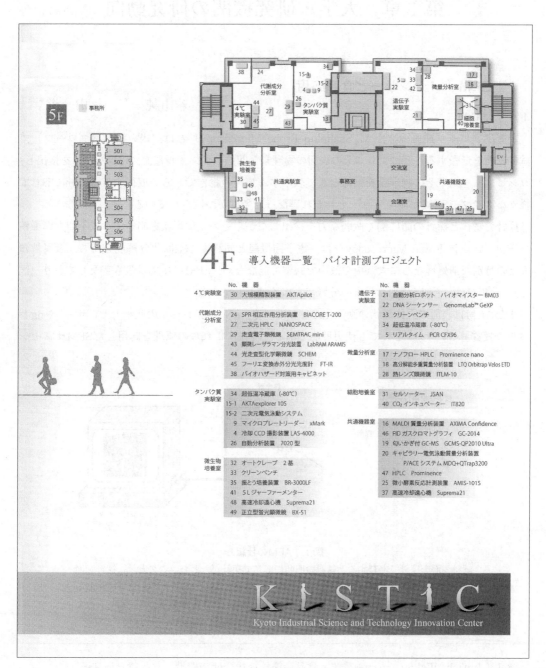

図4

〔計測開発編〕

第1章　大学・研究機関の研究動向

1　SPMナノセンサーと食品応用

若山純一[*1], 杉山　滋[*2]

1.1　はじめに

　走査型プローブ顕微鏡（SPM, Scanning Probe Microscopy）とは，鋭い探針（プローブ）で試料表面を走査することにより，その表面の物理量（凹凸，トンネル電流，磁場など）を検出し，コンピュータ上でその物理量を画像として表示する装置の総称である。取得する物理量に応じて様々なタイプのSPMが開発され，それぞれ異なった名称がつけられている。

　探針で物体と探針の間に働く微弱な力を検出しながらその立体形状を測定する原子間力顕微鏡（AFM, Atomic Force Microscopy）[1]は，電子顕微鏡と同程度の空間化分解能を持ち，金属被覆などの特別な前処理なしに大気中や液中で観察可能なため，SPMの中では最も普及しており（図1），近年では，AFMは生命科学の分野でも広く使われている[2,3]。

　またAFMは表面の立体形状の画像化だけではなく，pN～nNレベルの微小力センサー[4]やngレベルの微質量センサー[5]としても使用可能である。現在，これらの原理を応用したSPMナノセン

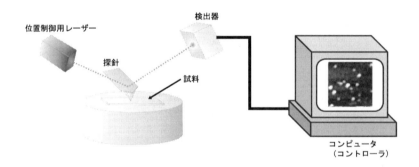

図1　AFMの仕組み

試料表面を探針で走査すると試料の凹凸に応じて探針がたわむ。このとき，探針背面で反射される位置制御用レーザー光を検出器で受け，レバーのたわみに応じて変わる反射光の変位を検出する。検出した変位から，探針のたわみ量を求める。得られたたわみ量から試料の3次元形状を計算し，コンピュータ上に記録して画像化する。

[*1]　Jun'ichi Wakayama　㈱農業・食品産業技術総合研究機構　食品総合研究所
　　　　　食品工学研究領域　ナノバイオ工学ユニット　特別研究員
[*2]　Shigeru Sugiyama　㈱農業・食品産業技術総合研究機構　食品総合研究所
　　　　　食品工学研究領域　ナノバイオ工学ユニット　ユニット長

サーの開発も進められている。本節では，SPMナノセンサーの食品産業への展開の一例として，AFMを応用したアレルゲン迅速検出技術について紹介する。

1.2 従来のアレルゲン検出技術

現在，食品中のアレルゲンの検出方法は，ELISA法やPCR法が主流である。ELISA法は，免疫反応により抗体もしくは抗原（アレルゲン）を酵素標識抗体と結合させ，酵素活性による発色・発光を測定してアレルゲンを定性・定量分析する方法である。一方，PCR法は，アレルゲンが由来する特定生物種のDNAを増幅して検出することにより，アレルゲンが試料中に含まれることを示すことができるが，アレルゲン成分を直接検出するものではないため，定量性はあまり期待できない。また，ELISA法やPCR法は，検出のために数時間程度が必要であり，ある程度の量の試料を必要とする。さらに，試薬などの消耗品が高価なため，ランニングコストは比較的高い。一方，抗原抗体複合体が試験紙上を移動する途上に，あらかじめ抗原と抗体を線状に固定した領域を用意して捕捉し，現れる色付きのラインの有無によって分析するイムノクロマト法がある。このイムノクロマト法は，所要時間も短くコストも少なくてすむが，定量性はあまりなく感度も劣っている。そこで，私たちは，AFMを利用した新しい抗原抗体反応検出技術を開発し，極微量の試料で迅速に食品中のアレルゲンを検出する方法の実現をめざした。

1.3 AFMによるアレルゲン検出の原理

私たちの方法では，探針に付けた抗体と抗原を固定した基板との間に働く微弱な相互作用力をAFMにより計測することによりアレルゲンを検出する。

実際の計測では，AFMによりForce-Distance curveを測定する。Force-Distance curveとは，探針とAFMの試料台上の基板との距離を変化させたときに，探針にかかる力を距離に対してプロットして得られる曲線のことである（図2）。まず基板から離れた状態(a)から抗体を表面に結合させた探針を基板に徐々に近づける。探針の先端が基板に接触すると，探針上の抗体と基板に固定された抗原（例えばアレルゲンタンパク質）が結合する(b)。さらに探針を押し付けると，探針は上方にたわむ（左上がりの直線部）。その後，探針を逆方向に移動（上昇）させるとたわみは解消されるが，最初の探針と基板の接触点を過ぎて上昇させると，今度は抗体分子と抗原分子が結合しているため下方にたわみ始める(c)。さらに探針を上昇させると，やがて抗体抗原間の結合が破断して，たわみは解消される。この最もたわんだ状態の力をこのたわみ量と探針のバネ定数から求め，抗体抗原相互作用による分子間力（吸着力）とする。一方，基板上に非抗原が固定されている場合は，抗原と抗体の結合が起こらないため，下方への探針のたわみは生じず吸着力は検出されない。したがって，この吸着力の有無（大小）により，アレルゲンの検出を行なうことができる。当然ながら生体分子間の結合を検出する必要があるため，以上の操作はすべて生理溶液中で行なう。なお，通常のAFMの場合，pN～nN程度の大きさの力（1～10個程度の分子の間に働く力と同程度）を測定でき，また探針の先端径は約5～50 nm程度（タンパク質などの生

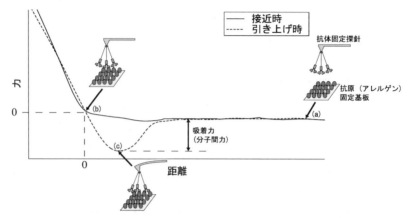

図2　AFMによる抗体抗原相互作用検出の模式図
図の横軸は抗原タンパク質を固定した基板表面と探針との距離を，縦軸は探針のたわみから求めた探針にかかる力を示す。(a)探針を遠い位置から基板に近づける。(b)探針を基板に接触させて，さらに押し付ける。(c)探針を基板から遠ざけると，探針は抗体と抗原との相互作用により下にたわむ。このときのたわみ量とバネ定数から相互作用力（分子間力）を求める。

体分子1〜10個程度の大きさ）なので，極微量の抗体抗原相互作用を検出することが可能である。

1.4　AFMによるアレルゲン検出の実際

AFMによる抗体—抗原分子間力の測定は，これまでにも行なわれている[6,7]。しかしながら，実際には探針と基板の間には，抗体抗原相互作用による特異的な力（抗体抗原分子間に働く分子間力）だけでなく，物理吸着などの無視し得ないほど大きな非特異的な力も働くため，これまで両者を明確に区別して測定することは困難とされてきた。計測溶液に界面活性剤を添加して非特異的吸着力を低減させる試みもなされているが[8]，その両者を明確に区別できたとはいえない。特に，食品は様々な有機物質の混合物であるため，その中に含まれる微量の特定アレルゲンを検出することは従来のAFMの手法だけでは困難である。そこで，私たちは，従来法を改良し，基板への抗原の固定方法，実験溶液，探針の移動速度を工夫することにより，非特異的な吸着力を大幅に減少させることをめざした[9]。

1.4.1　基板への抗原の固定

まず，モデル系として抗原には鉄貯蔵タンパク質であるフェリチンを，抗体としては抗フェリチン抗体（ポリクロナール）を使用した。AFM計測によってフェリチンが基板から剥がれることを防ぐために，まずフェリチンは気相法により3-aminopropyltriethoxysilanを修飾したマイカ基板上に静電吸着によって固定し，その後，グルタールアルデヒドを介して基板に導入したアミノ基とフェリチン表面のアミノ基とのクロスリンクを行なうことによって確実に基板に固定した。

第1章　大学・研究機関の研究動向

1.4.2　探針上への抗体の固定

抗体の探針への固定は，探針の表面に抗体を直接固定した場合，表面との物理的相互作用により，抗体の活性（抗原への結合能力）が阻害される可能性がある。そのため，表面に金がコートされている探針（OMCL-TR400 PB，オリンパス）の表面に7-Carbocy-1-heptanethiolの自己組織化単分子膜を形成させた後，N-Hydroxysulfosuccinimideと1-Ethyl-3-[3-dimethylamino] propyl carbodiimideを介して，抗体表面のアミノ基とクロスリンクさせ，抗体を探針表面に結合させた。

次に探針に結合している抗体が活性を有しているかどうかを確かめるために，蛍光色素（Cy3）を標識した抗原タンパク（フェリチン）と非抗原タンパク（BSA）を探針と反応させて探針表面を蛍光顕微鏡により観察したところ，フェリチンのみが表面に結合することが確認できた（図3）。このことは，探針表面へのタンパク質の結合は非特異的吸着ではなく，抗体による特異的なものであり，抗体の機能を損なうことなく探針表面に固定できていることを意味する。

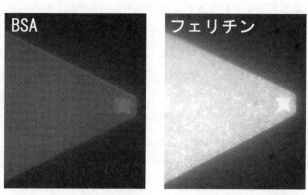

図3　抗体固定探針への抗原および非抗原タンパクの結合
本文記載方法により抗フェリチン抗体を探針へ固定し，蛍光色素（Cy3）標識した抗原（フェリチン）（右）および非抗原（BSA）（左）と反応させた例。フェリチンのみが表面に結合することがわかる。

1.4.3　AFMによる抗体抗原反応の計測

AFMを用いてForce-Distance curve計測し，1.3項に示した方法により探針に結合された抗体と，基板に固定された抗原タンパク質間に働く力を求めた。

基板にフェリチン（抗原），もしくはBSA（非抗原）を固定して，リン酸緩衝化生理食塩水中（PBS）のみで計測して得られたForce-Distance curveの例を図4に示す。PBSのみでは，BSAにおいてもフェリチンと同程度の吸着力がみられた。今回用いた探針の直径（約20 nm）と抗体分子の大きさ（数nm）から，Force-Distance curveにみられた吸着力は10個程度の抗体と抗原分子の相互作用によるものと考えられる。このように計測にかかる分子数が少ない場合には，分子のまわりの熱揺らぎによる影響により，その相互作用は確率的に起こる。そのため，1回の

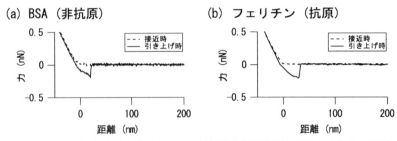

図4 リン酸緩衝化生理食塩水中のみで抗原抗体相互作用を計測したときの結果
抗フェリチン抗体付き探針を基板に固定された非抗原(a)および抗原(b)に3.6μm/sの速さで接近させたり遠ざけたりした場合に得られたForce-Distance curveの一例。

Force-Distance curveの計測によって両者の比較を行なうことはできず,複数回の計測を行ない統計的に解析する必要がある。そこで,300回の測定により得られた吸着力の分布を比較したが,それほど大きな違いがみられなかった。

これらのことは従来から行なわれてきた計測結果[8]に一致する。また,従来から抗体抗原間などの非共有結合は,その結合を引き離す速度を速くするにつれて,結合強度が増大することが知られている[10]。データは示さないが,実際に探針の移動速度を速くして吸着力の分布を計測して比較したが,双方には大きな違いはみられなかった。したがって,PBSのみで計測した吸着力には,抗体抗原反応に由来する特異的相互作用だけではなく,物理吸着などの非特異的相互作用による吸着力も多数含まれていることを示唆している。

1.4.4　測定溶液条件の検討とアレルゲンの検出

PBS中の計測では,抗原抗体反応を明確に検出することが困難であったため,非特異的吸着力を抑えることを目的に,フェリチンを試料としたモデル系を用いて測定溶液と計測条件の検討を行なった結果,最終的に界面活性剤Tween 20とブロッキング試薬（Blocking reagent, Roche）の存在下で,比較的速い探針の引き離し速度（数μm/s以上）で計測することにより,非特異的な吸着力を低減することに成功した。さらに,この実験系を実際のアレルゲンタンパク質の1つであるオボムコイド（卵アレルギーの主要アレルゲン）に適用した例を以下に示す（図5）。

抗オボムコイド抗体固定探針を使用して,オボムコイド（抗原）,BSA（非抗原）,フェリチン（非抗原）に対してPBS中で得られた吸着力のヒストグラムを比較したところ,大きな違いはみられなかった（図5(a)～(c)）。しかし,0.5% Tween 20と2％ブロッキング試薬を計測溶液に添加した場合には,双方のヒストグラムには大きな違いがみられた。オボムコイドに対しては0.15～0.35 nNの間に特異的と思われる吸着力のピークを持つヒストグラムが得られ（図5(d)）,一方,非抗原であるBSAとフェリチンに対しては,非特異的と思われる吸着力の頻度は減少し,右肩下がりの分布のヒストグラムしか得られなかった（図5(e),(f)）。これは,Tween 20とブロッキング試薬の存在により,抗原の吸着力が増大し,非抗原の吸着力が減少したことを示すものと考えられる。したがって,本手法により実際にアレルゲンの検出が可能であることが示された。

第1章　大学・研究機関の研究動向

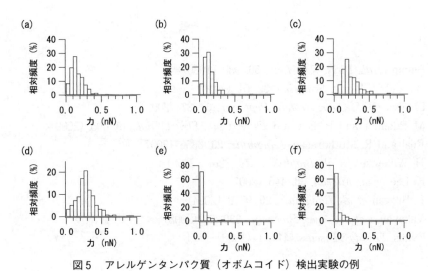

図5　アレルゲンタンパク質（オボムコイド）検出実験の例
(a)〜(c)，リン酸緩衝化生理食塩水中での実験。(d)〜(f)，リン酸緩衝化生理食塩水に0.5% Tween 20と0.5%ブロッキング試薬を添加した溶液中での実験。探針の移動速度は3.6μm/s。(a), (d)はオボムコイド，(b), (e)はBSA，(c), (f)はフェリチン固定基板に対して行なった実験。

1.5　今後の展開

　本節では，原子間力顕微鏡により，アレルゲンを検出することが可能なことを示した。これは，界面活性剤とブロッキング試薬の使用および探針の移動速度を大きくするなどの計測条件を最適化し，非特異的相互作用を大幅に減少させることにより実現したものである。現在，アレルゲンとしては他のアレルゲンについても検討を進めている。本節で紹介した例は，単一のアレルゲンタンパク質のみを固定した試料を用いたモデル系の計測実験であったが，実際の食品のように様々な物質が混在している中で，アレルゲン検出を行なう必要性がある。そのためには，混在している検出対象以外に由来する非特異的吸着力を排し，抗原抗体相互作用のみを計測可能なことを実証する必要があり，現在，そのような実験も計画中である。近い将来には，SPMによる食品実試料中のアレルゲン検出も可能になると想定している。他の様々なアレルゲン検出と比較した場合の本手法の利点は，計測速度と探針の再利用にある。実際，Force-Distance curveを1回計測してデータを得るまでの時間はわずか数秒程度ですむ。実際の検出には，計測を複数回行なう必要があるものの，この繰返しステップは自動化が可能であり，従来から行なわれてきたELISA法やPCR法に比べて大幅に時間を短縮することが可能である。さらに，抗体を固定した探針は，2,000回以上の力測定の試行に耐えることもわかっており，繰り返し利用が可能である。したがって，本手法がさらに改良されればランニングコストを比較的低く抑えた高感度アレルゲン検出手法として展開が可能であろう。

文　　献

1) G. Binnig et al., *Phys. Rev. Lett.*, **56**, 930 (1986)
2) S. Liu and Y. Wang, *Scanning*, **32**, 61 (2010)
3) L. P. Silva et al., *Curr. Protein Pept. Sci.*, **6**, 387 (2002)
4) E. M. Puchner and H. E. Gaub, *Curr. Opin. Struct. Biol.*, **19**, 605 (2009)
5) K. Rijal and R. Mutharasan, *Langmuir*, **23**, 6856 (2007)
6) O. H. Willemsen et al., *Biophys. J.*, **79**, 3267 (2000)
7) C. K. Lee et al., *Micron*, **38**, 446 (2007)
8) K. L. Brogan et al., *Langmuir*, **20**, 9729 (2004)
9) J. Wakayama et al., *Anal. Biochem.*, **380**, 51 (2008)
10) E. Evans, *Faraday Discuss.*, **111**, 1 (1998)

2 食品の安全性や機能を評価するPOC型バイオセンサーデバイスの開発

民谷栄一[*]

2.1 はじめに

　生体の持つ優れた認識機構を利用したバイオセンサーは，医療診断，食の安全，環境保全などの分野に利用されている。特に，ポータブル化，迅速測定，簡便な前処理などの利点もあり，種々の現場での測定に適している。遺伝子，抗体，酵素などの生体分子マーカーを指標に有害微生物，ウイルス，残留農薬，アレルギー物質など食の安全に関わるバイオセンサーは，生体の持つ分子選択性に着目し，この分子情報を各種デバイスを用いて電気信号に変換し，対象分子や反応を計測するもので，健康医療診断，食の安全検査，環境計測などに応用されている（図1）。特に，こうしたバイオセンサーは，表1に示す課題として食品分野への応用展開が期待されている。

基礎研究
　ゲノミクス研究
　プロテオミクス研究
　細胞機能解析

医療診断
　生化学検査
　ガン診断
　生活習慣病
　アレルギー，抗体検査
　遺伝子検査
　感染微生物，ウイルス

環境汚染のモニタリング
　重金属
　農薬
　石油類，VOC
　ダイオキシン
　環境ホルモン
　富栄養化
　感染微生物
　悪臭

健康管理
　精神ストレス
　血液検査
　尿検査

農水・畜産など
　コメ，和牛など品種検査
　種苗の管理（ウイルスフリーなど）
　土壌診断，コンポスト評価
　畜産，水産動物の健康管理
　競馬の訓練
　ペットの体調管理

食品製造プロセス管理
　味覚，におい
　鮮度
　主要成分
　　（糖，有機酸，アミノ酸など）
　発酵管理

治安
　生物・化学テロ対策
　犯罪捜査

医薬品開発
　バイオアッセイ
　ドラッグスクリーニング
　動物代替チップ
　人工臓器

食の安全など
　残留農薬
　食中毒
　BSE
　発ガン物質
　アレルギー物質
　組み換え食品

図1　種々の分野に応用可能なバイオセンサー

表1　バイオセンサーの食品分野への応用

1. 食品の安全性のモニタリング（現場・迅速測定）
　　食中毒，アレルギー，残留農薬，重金属など
2. 機能性食品のマーカー探索（HTS）
3. 在宅健康診断ツール
　　生活習慣（食事，運動）と健康，疾病（糖尿病，高脂血，高血圧など）
4. 一次産業（農水産物）の機能評価，管理
5. 食品機能の標準化，国際連携

---

[*] Eiichi Tamiya　大阪大学　大学院工学研究科　教授

2.2 印刷電極を用いたポータブル遺伝子センサー

筆者らは，独自に開発した高性能の印刷電極を用いた簡易型遺伝子診断を実現している。特に，電極を用いた方法で遺伝子を検出する新しい原理を明らかにしている。これは，電極に特定のDNAを固定することなく，溶液中に行うことが可能で，特定のDNAと相互作用する電気化学的活性を有するバインダーとの相互作用を利用して測定するものである（図2）。この原理をもとに，すでに実用的な携帯型の遺伝子測定装置を試作しており，これを用いて，血液中のB型肝炎ウイルス，食中毒に関わる病原性微生物であるサルモネラ菌やO157大腸菌，遺伝子組み換え食品の検定などへの応用が進められている（図3）。最近では，安価な印刷電極と組み合わせて測定装置の小型化にも成功しており，外部電源不要で持ち運び可能になっており，食品製造工場や調理場などの現場での迅速簡便な診断が可能となっている。ここでは，筆者らが開発した手のひらサイズの電気化学装置と印刷電極について紹介する。特に，各種現場での迅速測定を指向した携帯型のシステム構築のためには汎用的な測定モードを有する小型電気化学測定装置と量産が可能な印刷電極が，必須である。開発されたMiniSTATは，PCにUSB接続され，LSV，CV，PDV，SWVなどの電気化学測定が可能であり，電源はPCから供給され，充電されていれば，どこでも持ち出して，現場での測定が可能となる。また，電極もDEP Chip電極と称するカーボン電極，金電極，Ag/AgCl参照電極などを有する各種印刷電極を作製している（図4）。最近では，ペーパ

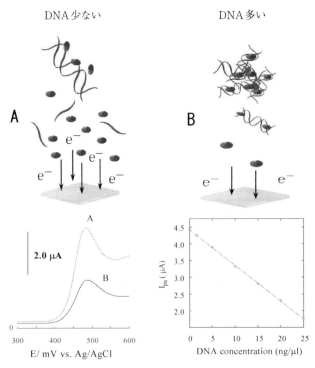

図2　電気化学的遺伝子検出の方法

第1章　大学・研究機関の研究動向

ーに印刷した電極も作製され，安価で大量の供給を可能にしている。

また，Flow型PCRチップによる大腸菌遺伝子の迅速増幅についても検討した。マイクロチャ

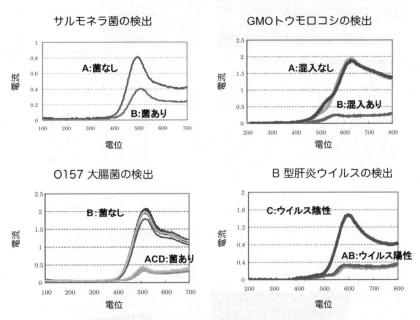

図3　電気化学遺伝子検出装置による各種測定例

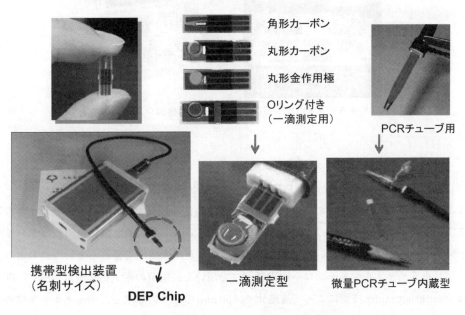

図4　携帯型センサーと各種小型印刷電極

食のバイオ計測の最前線

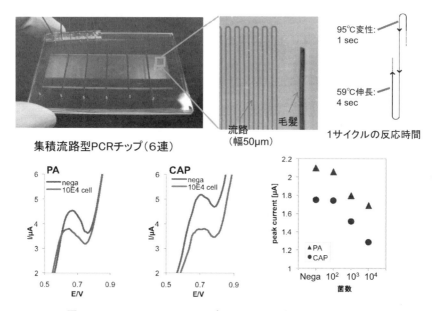

図5 マルチフローPCRチップを用いた炭疽菌のモニタリング

図6 キャリヤー型の高速遺伝子増幅検出システム

ネル内に反応溶液を送液するFlow型PCRチップは，溶液自体が各温度に固定したヒーター上を通過するため，温度の上げ下げの制御に時間がかかる通常のサーマルサイクラー装置よりも迅速化することが可能である。このようなFlow型デバイスでは，遺伝子増幅後の溶液はデバイスのoutletからそのまま送液されてくるため，検出デバイスとの連結性に優れるという点もある。図5に作製した6チャネルマルチフローPCRチップを用いた炭疽菌の電気化学測定を示す。PCRチップは，softlithography技術によって流路サイズ50 mmの6つの独立したチャネルを1枚のチップに集積させたシリコン鋳型を作製しPDMSに転写したものにガラス基板を貼り合わせて作製し

た。ヒーター上に設置後，シリンジポンプでPCR溶液を送液して炭疽菌のPAとCAP遺伝子を増幅した結果，約10分でPCRが可能であり，その増幅を電気化学で測定することが可能であった。こうしたマイクロ流体遺伝子チップ，ポンプ，電気化学測定装置一式を装備したキャリヤー型のバイオセンサーシステムも開発している（図6）。

2.3 新たな印刷電極型免疫センサーの開発

医療，食品など様々な分野で特定のタンパク質を定量することによって，健康，食品の安全性などが守られている。通常，特定のタンパク質を定量するには，抗体を用いたELISA（Enzyme Linked ImmunoSolvent Assay）と呼ばれる方法が行われている。ELISAは，酵素を抗体に標識して測定対象であるタンパク質と結合させ，酵素反応による発色，発光，蛍光の信号を用いて定量する手法である。測定対象に対する抗体があれば測定可能な方法で，様々なタンパク質を検出するためのキット化された製品が世界中で使用されている。ELISAは，光学的な検出方法であり，測定装置の小型化が困難であるが，筆者らは，装置の小型化が可能な電気化学的な測定法として，抗体に酵素ではなく金ナノ粒子を標識することで，ELISAと同感度の印刷電極を用いたタンパク質定量法，GLEIA（Gold Linked Electrochemical Immuno Assay）を開発している（図7）。その手法は，印刷電極の作用電極上に抗体を固定し，金ナノ粒子標識抗体と抗原でサンドイッチを形成させ，抗原の量を金ナノ粒子の数として測定する手法である。

まず，妊娠診断マーカーであるヒト絨毛性ゴナドトロピンをモデルタンパク質として検討を行ったところ，サンドイッチを形成し，作用電極上に存在する金ナノ粒子は，測定対象である抗原が多くなるほど金ナノ粒子が多く存在することが確認でき（図8），電気化学的な手法で金ナノ粒子を測定すると，抗原が多くなるにつれて電気化学的な信号も大きくなることが確認できた。この手法を用いて，インシュリン，アルブミン，ヘモグロビンなどの定量にも成功している。

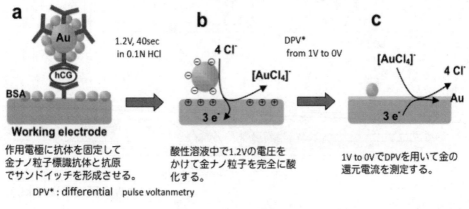

図7　GLEIA の測定原理

2.4 イムノクロマト検出キットと携帯電話通信技術との連携

簡便で迅速に疾患などを早期発見するための方法として，インフルエンザや妊娠などの診断やアレルギー物質の検出などで用いられているイムノクロマト法がある（図9）。これはセルロースペーパーの多孔体で起こる毛細管現象を利用した方法で，検体（血液など）中に含まれる抗原の有無を短時間で簡単に診断することができるもので，金コロイドナノ粒子のプラズモン効果によ

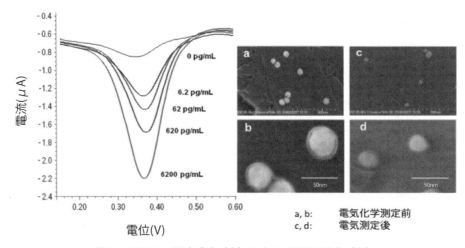

図8　GLEIAの測定感度（左）と金ナノ粒子の変化（右）

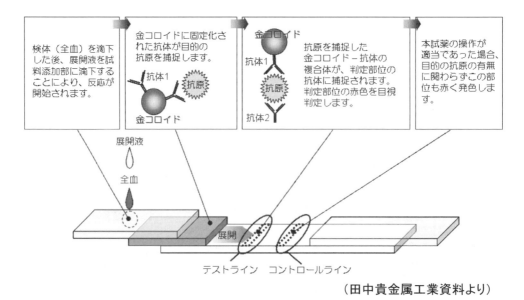

（田中貴金属工業資料より）

図9　イムノクロマト法の検出原理（金コロイドを用いた場合）

第1章　大学・研究機関の研究動向

る発色現象を利用している。食品計測用として，豚肉検出を行うイムノクロマトキットが田中貴金属により開発されている（図10）。

　イムノクロマトキットでは，目視によりバンドの濃さを判断するが，その定量性を確認するために，携帯電話に内蔵されているカメラ機能に着目した。筆者らは，すでに生活習慣病などを未病時に捉え，健康を維持するためのシステム構築を目指し，個人の状態に応じたパーソナルな健康診断システムとこれを基礎とした健康管理のツール開発を行った。これは，総務省の携帯電話の有効利用のための事業として2009年度に石川県能美市が採択され，軽症糖尿病を対象とした在宅健康診断システムの実証試験として，能美市（行政），医師会，大学，関連企業との連携で進められた。特に，糖尿病の病状変化の指標として血糖値および尿中アルブミンをバイオセンサーおよび携帯電話の機能を用いてデーターの入手および管理することを行った。携帯電話のカメラ機能を用いて画像測定が可能なフルストリップタイプのアルブミンイムノクロマトを作製し，携帯端末による画像を画像解析ソフトにより数値化した場合での相関性について検討した。携帯端末で室内にてライトを使用せずに撮影した画像と撮影ボックスを用いて撮影した画像の両方について検討した（図11上）。まず，テストストリップをイムノクロマトリーダーで数値化した場合と，携帯カメラ画像解析ソフトで数値化した場合を比較した（図11下）。その結果，いずれも25μg/mL以上で頭打ちの傾向が認められた。携帯画像は室内で撮影した場合に，撮影ボックスによる撮影

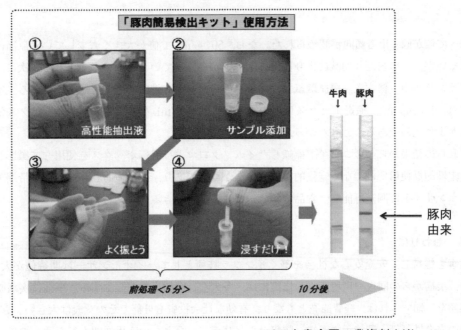

（田中貴金属工業資料より）
図10　迅速豚肉簡易検出キットのプロトコール

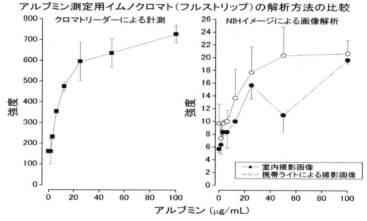

図11 イムノクロマトと携帯カメラ（上）カメラ画像解析（下）

に比べて値が低く出る傾向が認められた。なお，$50\,\mu g/mL$で値が大きく減少している原因は明確ではないが，光の当たり加減により画像の明るさが異なっているためと考えられる。次に，実際の尿サンプル中（健常人，尿試験紙では陰性）のアルブミン濃度の測定を試みたところ，室内撮影では，$1.8\,\mu g/mL$，撮影ボックス使用の場合は，$6.3\,\mu g/mL$と算出され，撮影ボックス使用時の方がより正確であることもわかった。

これらの結果から，金コロイド標識したイムノクロマトは撮影ボックスを使用して撮影した場合，定性的な使用だけでなく定量的な使用方法が可能であり，今回検討されている携帯端末を用いてオンサイトで測定可能で，食品情報サービスに応用できると考えられた。

2.5　おわりに

健康を維持し，安全安心な社会を築くインフラ技術としてバイオセンサーは期待値が大きい。特に，疾病からの回復や環境汚染の修復には，多大な社会的出費が発生する。事前に疾病や汚染の兆候を予知できれば，経費節減ともなり，有効な社会投資も可能でその意義は大きい。さらに，食品の安全性評価，環境汚染予知，防犯セキュリティーなどへの応用展開も行なうもので，バイオセンサーデバイス開発は，健康・安全社会を実現する基盤技術として意義が高い。今後，バイ

第1章 大学・研究機関の研究動向

オセンサーデバイスやシステムを実際の日常生活のサービスとして確立するためには，地域社会などの現場での社会実験が必須であり，社会経済的な評価がますます重要となるであろう．

筆者らの関連論文

DNA sensors
Food Control, **21**, 599（2010）
Analyst, **134**, 966（2009）
Electroanalysis, **20**, 616（2008）
Analyst, **132**, 431（2007）
Analytical Chemistry, **78**, 2182（2006）
Analytical and Bioanalytical Chemistry, **386**, 1327（2006）

Immunosensors
Electroanalysis, **20**, 14（2008）
Electrochemistry, **76**, 606（2008）
Analytical Chemistry, **78**, 5612（2006）
Journal of Electroanalytical Chemistry, **586**, 109（2006）
Electrochemistry, **76**, 748（2010）

Protein sensors
Biomedical Nanotechnology, **4**, 159（2008）
Analytical Chemistry, **79**, 6881（2007）
Electrochemistry Communications, **9**, 976（2007）
Analytica Chimica Acta, **588**, 26（2007）
Analytica Chimica Acta, **581**, 364（2007）
Journal of the American Chemical Society, **127**, 11892（2005）

3 マイクロチップ電気泳動における糖鎖分析の高感度化

北川文彦[*1]，川井隆之[*2]，大塚浩二[*3]

3.1 はじめに

昨今のポストゲノム時代における生体関連物質分析システムの構築はますます重要性を増しており，微少量の試料の分離技術および高性能検出技術の確立が求められている。その中でも，数cm角のチップ上に作製した微細な溝（マイクロチャネル）に自由溶液を注入して電気泳動分析を行う技術は，マイクロチップ電気泳動（MCE）[1])と呼ばれており，短時間で分離分析を行うことができるため，バイオ計測ツールとしての発展が期待されている。しかしながら，現状ではDNAのサイズ分離への応用が専らであり，タンパク質・ペプチド・糖鎖・生体内代謝物などの分析には広まっていないのが現状である。このように多様な生体試料へのMCEの適用においては，①チャネル表面への試料の非特異吸着，②クロス型チャネルにおける複雑な電圧操作，③低い検出感度の3点が問題となっているものと考えられる。

チャネル表面に対する非特異吸着の抑制については，その技術が成熟してきており，様々な修飾剤が開発されている。しかし，多様な生体試料への適用においては，試料に応じて修飾剤を変えなければならない場面が多く，汎用性の高い修飾技術の導入が求められている。一方，一般的なMCE分析においては，クロス型チャネルにおける試料注入が問題となる。図1(a)に示すようにクロス型チャネルにおいては，2段階の複雑な電圧制御により試料の注入・分離を行うため，チャネルの表面状態により分析結果が変わってしまい，試料ピークが得られないこともある。したがって，分析試料や分離モードを変えるたびに，試料注入のための電圧制御プログラムを最適化

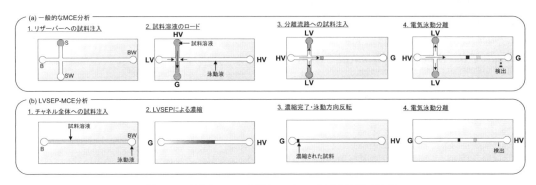

図1　一般的なMCE分析とLVSEP-MCE分析の比較

S, 試料；B, 泳動液；SW, 試料廃液；BW, 廃液；HV, 高電圧；LV, 低電圧；G, 接地。

---

*1　Fumihiko Kitagawa　京都大学　大学院工学研究科　材料化学専攻　講師
*2　Takayuki Kawai　京都大学　大学院工学研究科　材料化学専攻　大学院生（博士後期課程）
*3　Koji Otsuka　京都大学　大学院工学研究科　材料化学専攻　教授

第1章　大学・研究機関の研究動向

しなければならないため，より簡便な試料注入によるMCE分析の実現が求められている。さらにMCEによる生体試料分析における致命的な問題として，低い検出感度が挙げられる。この問題に関しては，高感度検出器の導入やオンライン試料濃縮法の適用により解決できるが，高感度検出器はミクロ化が難しく，持ち運びできる分析デバイスとは相容れない。このため，様々なオンライン試料濃縮法が開発されているが，従来の濃縮法では大量に試料を注入すると図1(a)のように有効分離長が短くなってしまい，必要な分離能が得られないことが多い。

　以上のような背景から，汎用性の高い吸着抑制剤がチャネル表面に施され，簡便な操作で試料注入が可能であり，オンライン試料濃縮による高感度化と高い分離性能を両立することのできる電気泳動用マイクロデバイスが開発できれば，MCEの高速分析・ハイスループット性能と相まって，バイオ計測に必須なツールを提供できるものと期待される。そこで筆者らは，これらの問題を解決するアプローチとして，分離チャネル全体に充填した試料を濃縮・分離できるlarge volume sample stacking with electroosmotic flow pump（LVSEP）[2]に着目し，MCE分析への適用について検討を行ってきた[3]。LVSEPはキャピラリー電気泳動（CE）において開発された手法で，イオン強度の低い溶液で調製した試料をキャピラリー全体に注入し，電気浸透流（EOF）を抑制する泳動液（BGS）を用いて電気泳動すると，試料とBGSゾーンにおけるEOFおよび泳動速度の差により，試料の濃縮・分離が実現できる。しかし，利用できるBGSが大きく制限されることから，応用面での進展はほとんど見られなかった。筆者らは，poly(vinyl alcohol)（PVA）修飾を施したキャピラリーやチャネルに，脱イオン水で溶解した試料を注入すると，EOF速度が大きく増加することを発見し，この現象を利用してLVSEPをMCEに適用することを着想した。一般的なMCE分析においては，クロスチャネルにおいて2段階の複雑な電圧制御により試料の注入・分離を行うのに対し（図1(a)），LVSEP-MCE分析では，直線状チャネル全体にシリンジなどで試料を注入した後，一定電圧を印加するだけで試料は狭いゾーンに濃縮されるため，分離チャネルへの電気的注入操作が不要となる（図1(b)）。しかも，従来のオンライン試料濃縮法では，大量に試料を注入すると有効分離長が短くなってしまうのに対し，LVSEPでは試料が検出点の反対側で濃縮された後に移動方向が反転するために，分離長のロスが少なく，高性能分離を実現できる。さらに，PVA修飾をチャネルに施すことにより，生体試料の吸着も大幅に抑制できるものと期待される。

　本節においては，試料としてアニオン性色素でラベルしたオリゴ糖を用い，PVA修飾を施した直線状チャネル上におけるLVSEP-MCEにより糖分析の高感度化および高性能化を目指した例について紹介する[3]。オリゴ糖は生体内における細胞認識，細胞間情報伝達，細胞増殖などに関わる重要な機能を果たしており，その機能解明のため，高感度かつ高分離性能を有する分析手法の開発が求められている。これまでに，糖の電気泳動分析におけるオンライン試料濃縮技術の適用例はほとんど報告されておらず，LVSEPによる高感度化が実現できれば，MCEのみならずCE分析においても有用な手法となることが期待される。

3.2 PVA修飾チャネルにおけるLVSEPのイメージング

PVA修飾チャネルにおけるLVSEPにおいては，EOFの電解質濃度依存性が重要な因子となる。そこで，EOF速度をCE測定より見積もったところ，PVA修飾キャピラリー内に25 mM HEPES緩衝液を満たした際には$2.8×10^{-5} cm^2/V·s$と十分に抑制されたEOF速度が観測されたのに対し，脱イオン水を満たすと$5.0×10^{-4} cm^2/V·s$と非常に速いEOFが観測され，試料成分の泳動速度（1〜$3×10^{-4} cm^2/V·s$）よりも速くなることが明らかとなった。これはデバイーヒュッケル理論からの予測とも合致しており，PVAのようなEOFを抑制する修飾表面においても，イオン強度が低くなると，デバイ長が長くなり，速いEOFが得られることが示唆された。このPVA修飾表面におけるEOFの促進効果を利用した改良LVSEP法の原理図を図2に示す。PVA修飾によりEOFを抑制したチャネル全体に，低イオン強度のアニオン性試料溶液を注入して（図2(a)）電圧を印加すると，試料溶液と泳動液（BGS）ゾーンの間に大きな電場強度差が生じ，試料成分の泳動速度が大きく減少するため，BGSとの境界面に濃縮される（図2(b)）。このとき，試料ゾーンでは速いEOFが発生するため，試料は濃縮されながら陰極側へと押し戻される。試料マトリクスがチャネルから完全に押し出されてBGSにより置換されるとEOFは抑制され，試料の泳動速度がそれを上回るために，試料成分は陽極へ向かって電気泳動を開始し（図2(c)），ゾーン電気泳動により分離

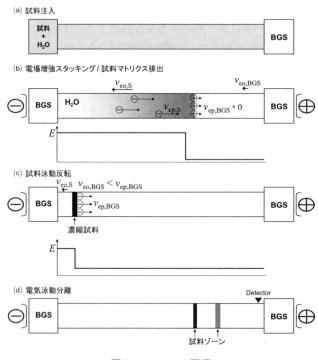

図2 LVSEPの原理

E，電場強度；$v_{eo,S}$，試料ゾーンにおけるEOF速度；$v_{eo,BGS}$，BGSゾーンにおけるEOF速度；v_{ep}，試料成分の電気泳動速度。

される（図2(d)）ものと考えられる。

　実際にMCE分析を行い，LVSEPの蛍光イメージングにより濃縮・分離過程について検討した。MCE分析にはチャネル深さ，幅がいずれも50 μmのpoly(dimethylsiloxane)（PDMS）製の直線状チャネルチップを用い，EOFおよび試料の吸着を抑制するためにPVA修飾を施した。泳動液には25 mM HEPES緩衝液（pH 8.0）を用い，0.05～0.2 mM HEPES（pH 8.0）もしくは脱イオン水で希釈したフルオレセイン溶液をチャネル全体に注入した後，一定電圧を印加して分析を行い，水銀ランプ（488 nm）およびCCDカメラ（> 510 nm）によって試料の励起，検出を行った。図3は得られた蛍光画像を解析した結果である。横軸は全長40 mmのチャネルにおける位置を示しており，陰極側のチャネル端からの距離で表している。100 Vの電圧を印加すると，試料が徐々に濃縮されながら陰極側へと向かうが，80秒後には濃縮成分の泳動の向きが反転し，陽極側へと移動する様子が観察された。これは図2に示したLVSEPの原理とよく合致しており，PVA修飾を施したチャネルにおけるEOF速度の変化により，電圧の切り替えを必要とせずに試料の濃縮・分離を実現できることが確認された。

　PVA修飾チャネルを用いるLVSEPにおいて，濃縮成分が反転する位置の理論予測を行った。反

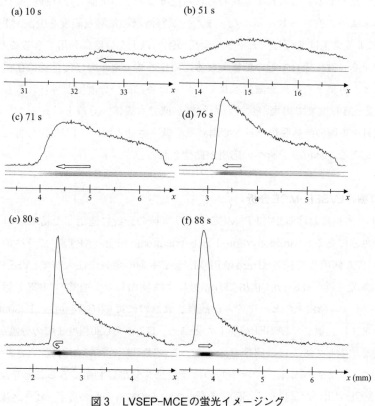

図3　LVSEP-MCEの蛍光イメージング
図中の矢印の長さは濃縮成分の実効速度を示す。

表1　フルオレセインのLVSEP分析における反転位置の電解質濃度依存性

[HEPES]$_{sample}$ [a] (mM)	μ_{EOF} [b] (10^{-4} cm^2/V·s)	$x_{turn,theory}$ [c] (%)	$x_{turn,obs}$ [d] (%)
0	4.4	100	96.1
0.05	2.5	97.1	95.0
0.1	2.1	94.1	93.9
0.2	1.8	88.0	91.9

a) 試料溶液中のHEPES濃度
b) 試料ゾーンにおける電気浸透移動度
c) 理論式より算出された反転位置
d) 蛍光画像で実際に観測された反転位置

転位置 x_{turn} はEOF速度と試料の電気泳動速度が等しくなる位置から求めることが可能であり，陽極側のチャネル端を基準としたチャネル位置の分率として表したところ，以下の式が得られた。

$$x_{turn} = 100 - 100 \frac{\mu_{ep}}{\mu_{EOF}} \frac{\ln \gamma}{\gamma} \tag{1}$$

μ_{EOF}, μ_{ep}, γ はそれぞれ電気浸透移動度，試料成分の電気泳動移動度および泳動液と試料溶液の電気伝導度の比である。この式より求められる反転位置と，実測した反転位置を比較したところ，表1に示すように良い一致を示した。また，試料溶液の電解質濃度を0.2mMまで増加させてもLVSEPによる濃縮は進行し，チャネル全長の90％以上を分離に利用できることがわかった。反転位置がチャネル端に極めて近い位置となるために，チャネルのほぼ全長に存在する試料成分を濃縮することが可能となり，分離長も長くとれるために高い分離度が得られるものと考えられる。なお，0.2mM程度までの塩が含まれた試料溶液でも濃縮・分離を行えることは極めて重要であり，実試料を市販の簡易脱塩キットで塩濃度を低下させるだけでLVSEP分析に供することができるため，広汎な生体成分分析への応用が期待される。

3.3　オリゴ糖のLVSEP-MCE分析

PVA修飾チャネルにおけるLVSEP-MCEをオリゴ糖の分析に適用した結果を図4に示す。アニオン性蛍光色素である8-aminopyrene-1,3,6-trisulfonic acid（APTS）でラベルしたグルコースラダーを，PVA修飾した長さ80mmのPDMSチャネルの全長に注入してLVSEP分析を行い，レーザー励起蛍光（励起488nm，検出520nm）により検出した。通常のMCE分析ではG1からG10程度までのオリゴ糖由来のピークのみが観察されたのに対し（図4(a)），1/500に希釈した試料をチャネル全体に充填してLVSEP分析したところ，G1からG20程度までの分離が達成された。なお，分離度を比較しても，ほぼ同等であった。これは，チャネル全体に注入された試料が狭いゾーンに濃縮されてから反転し，チャネルのほぼ全長を分離に利用できることを反映している。また，通常のMCEで用いた試料を1/500に希釈しているのにもかかわらず，ピーク強度はLVSEP-MCEの方が高くなっており，濃縮率は500〜3,000倍と算出された。

第1章 大学・研究機関の研究動向

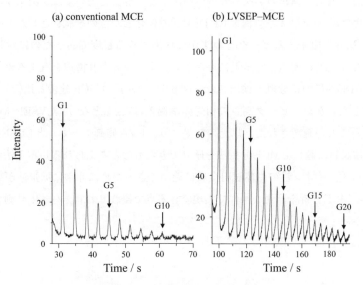

図4 グルコースラダーのMCE分析
(a) 一般的なMCE分析，(b) LVSEP-MCE分析。
試料濃度，(a) 160 ppb，(b) 320 ppt。

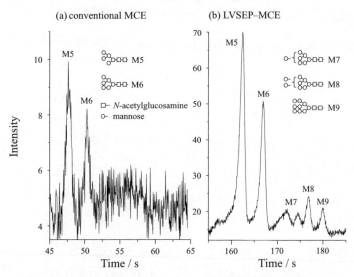

図5 ウシ由来リボヌクレアーゼBから遊離させたN-結合型オリゴ糖のMCE分析
(a) 一般的なMCE分析，(b) LVSEP-MCE分析。試料濃度，(a) 原液10倍希釈，(b) 原液2,000倍希釈。

さらに，LVSEP-MCEを糖鎖の実試料分析へ適用した。酵素を用いてウシ由来リボヌクレアーゼBから遊離させたN-結合型オリゴ糖をAPTSで誘導体化したものを試料としたところ，通常のMCEではM5，M6に由来するピークをわずかに検出できる程度であったのに対し（図5(a)），LVSEP-MCEでは1/200に希釈した試料にもかかわらず，枝分かれ構造を有するオリゴ糖5種類（M5～M9）が185秒以内に分離・検出され（図5(b)），通常のMCE分析と比較して2,200倍の高感度化に成功した。なお，ピーク高さの相対標準偏差は7.2%となり，LVSEP-MCE分析の再現性は良好であることが確認された。以上の結果より，PVA修飾チャネルとLVSEPを組み合わせることで，生体試料に適したMCE分析法を確立できたものと考えられる。本手法は，アニオン性糖試料のみならず，イオン性の生体試料全般に適用できるために非常に拡張性が高い上に，高感度・高分離能なMCE分析を簡便な操作で実現できる点で優れており，バイオ計測ツールとして発展が期待される。

文　　献

1) 北川文彦ほか，電気泳動分析，p.147，共立出版（2010）
2) Y. He *et al., Anal. Chem.*, **71**, 995（1999）
3) T. Kawai *et al., Anal. Chem.*, **82**, 6504（2010）

4 バイオセンサーデバイスにおけるサンプル前処理技術

小西　聡[*1]，小林大造[*2]，殿村　渉[*3]，清水一憲[*4]

4.1 はじめに

近年，微細加工技術（MEMS）やMicro Total Analysis Systems（μTAS）を応用したバイオセンサーデバイスの開発が進んでおり，小型装置を用いて微量サンプルの計測が可能となってきている。微量サンプルで正確なバイオ計測を行うためには，サンプルの前処理技術が重要である。我々はMEMSやμTASを応用したサンプル前処理技術の開発に取り組んできた。本節では，サンプル前処理技術の代表的な項目である『分離』，『分注』，『位置制御』の各技術について我々の取り組みを中心に紹介する。

4.2 μTASを応用したパーティクル分離技術

特に吸光度測定のような成分分析を行う場合には，サンプル溶液から細胞などの固形分を分離することが求められることが多い。μTAS技術を応用したパーティクル分離デバイスとして，膜フィルタ方式，遠心力を利用した方式，流体力学的効果によるパーティクルの流路内分布を利用した方式や外部の電場や磁場を利用した方式など多くの報告がされている。その中から2つの方式を抜粋して紹介する。

4.2.1 膜フィルタ内蔵マイクロ流路チップを応用した分離技術

膜フィルタを利用して，パーティクルのサイズの違いによりふるい分ける分離法は従来からよく行われてきた。膜フィルタ分離法は，確実にパーティクルを分離できる点で有用であるが，液体成分を多く回収するためにはフィルタ孔の目詰まりへの対策が重要である。

目詰まりへの対策として，陽圧あるいは陰圧をサンプルに加えて膜フィルタ上を流しながら分離するクロスフロー方式が有効である。北森らは膜フィルタの上側に層流状に分離前のサンプルを流し，パーティクルが揚力により流路中央に偏る効果を利用して目詰まりなく液体成分のみを抽出している[1]。筆者らは，クロスフロー方式のフィルタを直列多段に連結させ，一段目のフィルタでデッドボリュームとなっていた未分離のサンプルを後段のフィルタに輸送し，分離する方式を採用し，液体成分の分離回収効率を改善している[2]。筆者らが提案した直列多段型フィルタデバイスの原理と製作したデバイスの写真を図1(a), (b)にそれぞれ示す。本手法により50μlの微

[*1] Satoshi Konishi　立命館大学　理工学部　マイクロ機械システム工学科　教授
[*2] Taizo Kobayashi　立命館大学　立命館グローバル・イノベーション研究機構
　　　博士研究員
[*3] Wataru Tonomura　立命館大学　立命館グローバル・イノベーション研究機構
　　　博士研究員
[*4] Kazunori Shimizu　京都大学　大学院薬学研究科　革新的ナノバイオ創薬研究拠点
　　　特定助教；立命館大学　客員研究員

食のバイオ計測の最前線

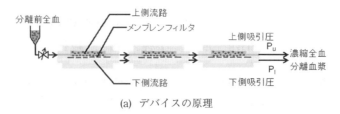

(a) デバイスの原理

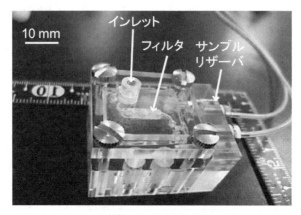

(b) 製作したデバイスの写真

図1　直列多段型フィルタデバイス

量サンプルからパーティクルを分離したサンプルを外付けのリザーバに回収することができている。

4.2.2　遠心マイクロ流路チップを応用した分離技術

　マイクロ流路チップを回転させて流路内部のサンプルに遠心力を与え，パーティクルをサイズ毎に分級，あるいはパーティクルを分離する遠心分離も多く報告されている。従来の遠心分離では，ほとんどの場合は遠心力によりパーティクルを沈降させた後に上澄み液をピペットなどで吸い上げて分離済みサンプルを回収している。ピペットのような複雑な機構を内蔵することは難しいため，マイクロ流路チップに適したサンプルの回収方式が提案されている。堀池らは2種類の異なる回転中心軸を用いることで，分離とサンプル輸送の両方に遠心力を利用する方法を提案している[3]。筆者らは円周状のマイクロ流路をターンテーブル上で回転させて流れ方向に直交した方向の遠心力を与えることで，流路内の外周側にパーティクルの層流を形成し，分離済みのサンプルとパーティクルを含むサンプルを流路下流部で分岐した流路へそれぞれ連続的に回収する方法を提案している[4]。遠心マイクロ流路チップの原理と製作したデバイスの写真を図2(a)，(b)にそれぞれ示す。提案方式ではパーティクルの流路の幅が遠心沈降距離となるため，微細加工技術により流路を狭幅化することでパーティクルの沈降時間を短縮することができる。図2のデバイスでは，流路幅を125μmへ狭くしたことで，沈降時間は270秒から85秒へ短縮できている。

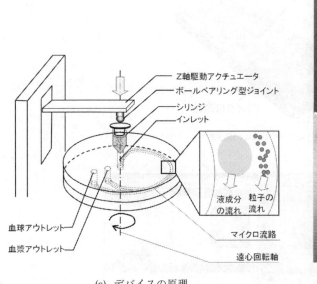 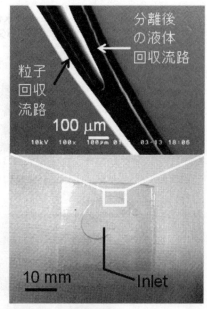

(a) デバイスの原理　　　　　　　　　(b) 製作したデバイスの写真

図2　遠心マイクロ流路チップ

4.3　μTASを応用した微量サンプル分注技術

　バイオ計測の中でも微量サンプル溶液に含まれる特定の基質濃度の定量分析を行うためには，サンプル溶液へ酵素などを含有した試薬を定量分注する技術が重要である。これまでにも様々なμTAS技術を応用した定量分注の研究報告がされてきている。例えば流路チップに内蔵したダイヤフラムバルブを複数順番に開閉し所望の容量を分注する技術で0.05～45μlの範囲での定量分注が報告されている[5]。

　また，不活性油を用いて目的サンプル溶液をピコリットルスケールで定量し分裂させ，不活性油を輸送用流体として液滴を搬送する技術も実現されている[6]。オンチップの定量分注の基盤技術として，微量な液滴を定量的に生成し操作する技術が盛んに研究されてきている。筆者らは，ナノ構造の凹凸表面をμTASチップに内蔵し，流路内の局所的な濡れ性の差を利用して，流路へ流すだけで液滴を生成できるデバイスを開発した[7]。図3(a)，(b)に濡れ性の差を利用した液滴生成デバイスの原理と製作したデバイスの写真をそれぞれ示す。実用性の観点からは，簡単な機構・構造で分離操作と分注操作を1枚のチップに内蔵し統合する技術も今後重要になると考えられる。

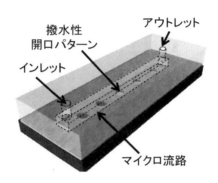

(a) デバイスの原理

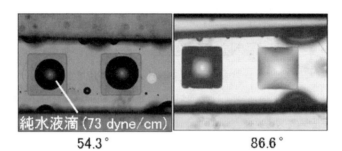

(b) 製作したデバイスの写真

図3 濡れ性の差を利用した液滴生成デバイス

4.4 マイクロデバイスを用いた単一細胞の位置制御技術

細胞機能解析では，化学的，物理的，電気生理学的手法といった様々な手法が用いられており，マイクロインジェクション法やパッチクランプ法を用いた手法が一般的である。しかし，先端径数μmのガラスピペットを単一細胞へあてがう高度な技術が必要など操作性の面で課題点がある。近年，細胞機能計測を主な目的とするバイオセンサーデバイスへの搭載を目指し，MEMSやμTASの技術を駆使した単一細胞レベルでの精密・一括制御を実現するサンプル前処理技術の研究開発が盛んに進められている。レーザーを照射した際に生ずる光の放射圧を用いて細胞などのバイオ微粒子を非接触で捕捉可能な光ピンセット技術を用いた事例では，マイクロ流路内で他の外力や温度応答性高分子ゲルなどと組み合わせることで，単一細胞レベルでの分離・捕捉をチップ上で実現している[8~10]。他にも駆動源として電場，流体力，磁場などが利用されているが，対象物サイズや空間的操作性などにおいて一長一短があり，目的に応じて使い分け，また組み合わせて利用することで相乗効果を生み出す可能性があるだろう。

我々は，単一細胞解析に向けたサンプル前処理技術として，微小孔と電極を一体化したマイク

第1章　大学・研究機関の研究動向

ロデバイス上での陰圧および磁力を用いた単一細胞レベルでの位置制御技術を紹介する。

4.4.1　陰圧を用いた細胞群の位置制御

単一細胞および細胞ネットワークのオンチップ機能解析を実現するために，細胞の大きさを考慮した細胞吸引固定孔と微小電極を一体化したマイクロチャンネルアレイ（Micro Channel Array: MCA）構造を有する細胞電気シグナル計測用デバイスの研究開発に取り組んできた[11,12]。細胞選択性と検出感度に優れた細胞外記録をMCA上で実現するためには，電気的に独立した電極アレイ上に単一細胞を位置制御する技術が重要である。本項では，陰圧を用いた手法に着目し，MCAへ適用した。細胞懸濁液を撒布したMCAの裏側から陰圧を印加することで，単一細胞が各吸引固定孔へ位置制御されている様子が図4より確認できる。

本手法を用いることで，多数の単一細胞を容易に位置制御することが可能であるため，オンチップ前処理技術として有用であろう。

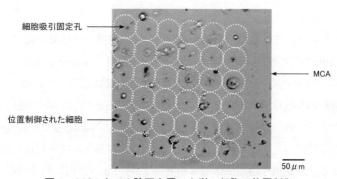

図4　MCA上での陰圧を用いた単一細胞の位置制御

4.4.2　磁力を用いた細胞群の位置制御

本項では磁力を用いた手法に着目し，MCAの微小孔内壁に強磁性体材料を組み込んだ磁路一体型微小孔アレイによる細胞群位置制御を紹介する[13]。磁力を用いた報告事例として，磁気ラベル化した細胞を磁石や鉄剣山を用いてディッシュ上に3次元に積層し，高密度に集積した細胞シートの構築が挙げられる[14,15]。ただし，剣山の集積度や集中磁場形成が可能なディッシュの厚さに制限があり，MCA構造を応用することでこれらの課題点を克服することが可能であると考えられる。

MCA構造内壁に強磁性材料（パーマロイ）を積層させることで，基板厚さに依存することなく，微小孔に収束するような磁場分布の形成が可能となる。MCA裏側に設置する外部磁場から出る磁場をMCA表面に伝達する役割を持つ磁路一体型微小孔は，外部磁場のON/OFFにより，単一細胞レベルでの捕捉と脱離の制御を実現することができる。

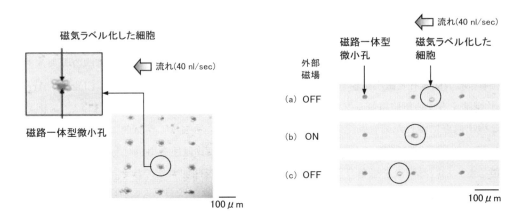

(a) 細胞群の位置制御　　　　(b) 磁力と流体を組み合わせた単一細胞の位置制御

図5　磁路一体型微小孔による磁気ラベル化した細胞の位置制御

磁気ラベル化したマウス線維芽細胞を観測対象として，磁路一体型微小孔アレイを有するMCA上での磁力による細胞群位置制御を行った（図5）。各磁路一体型微小孔に対して一括に磁場をON/OFFできるサイズの電磁石を外部磁場としてMCA裏面に設置している。

磁力による細胞群の一括位置制御として，マイクロ流路内を40 nl/secで流れている細胞群を磁路一体型微小孔アレイに磁気誘導した結果を図5(a)に示す。外部磁場である電磁石へ約70 mA印加した際に磁路一体型微小孔アレイへ数個ずつの細胞群の誘導・捕捉を実現した。このことから，外部磁場を伝達する役割を担う磁路一体型微小孔により，MCA表面に磁場勾配を形成できていることを確認した。また，単一細胞レベルでの位置制御を実現するために，磁力と流体の力を組み合わせた評価実験を行った。電磁石のON/OFFを利用して磁路一体型微小孔が形成する磁場をスイッチングし，細胞の捕捉と脱離を切り替える。図5(b)に示すように，1個の細胞が磁路一体型微小孔間において捕捉と脱離を繰り返し，移動する様子を確認することができた。

以上のことから，磁路一体型微小孔アレイ上で磁力を用いた細胞群および単一細胞の位置制御を実現することができた。前項で紹介した陰圧による手法と統合することでより確実な細胞群位置制御が可能となり，バイオセンサーデバイスのサンプル前処理技術として有用であろう。

4.5　おわりに

この節ではバイオセンサーデバイスにおけるサンプル前処理技術として，分離技術，分注技術，位置制御技術に関して我々の取り組みを中心に紹介した。本節で紹介したような小型で高精度なサンプル前処理技術を用いることで，正確なバイオ計測を"オンサイトで簡便に"行うことが可能になる。これらの技術は，例えば家畜健康状態のオンサイトモニタリングなどに応用可能であるため，異常家畜の早期発見など食の安全・安心に貢献することが期待される。

第1章　大学・研究機関の研究動向

文　献

1) A. Aota *et al.*, Proc. MicroTAS2009, 116 (2009)
2) 小林大造ほか，電気学会論文誌E, **129**, 380 (2009)
3) A. Oki *et al.*, *Materials Science and Engineering*, **C24**, 837 (2004)
4) T. Kobayashi *et al.*, *Japanese Journal of Applied Physics*, **49**, 077001 (2010)
5) S. B. Huang *et al.*, *J. Micromech. Microeng.*, **19**, 035027 (2009)
6) K. Kawai *et al.*, Proc. IEEE MEMS2009, 519 (2009)
7) T. Kobayashi *et al.*, *Lab Chip*, **11**, 639 (2011)
8) M. Ozkan *et al.*, *Langmuir*, **19**, 1532 (2003)
9) Y. Wakamoto *et al.*, *Sensors and Actuators B: Chemical*, **96**, 693 (2003)
10) F. Arai *et al.*, *Lab Chip*, **5**, 1399 (2005)
11) W. Tonomura *et al.*, *Biomed. Microdevices*, **12**, 737 (2010)
12) M. Tanabe *et al.*, Proc. IEEE MEMS2003, 407 (2003)
13) T. Hiranishi *et al.*, Proc. IEEE MEMS2008, 284 (2008)
14) K. Ino *et al.*, *Lab Chip*, **8**, 134 (2008)
15) K. Ino *et al.*, *J. Chem. Eng. Jpn.*, **40**, 51 (2007)

5 機能性ペプチド探索のための新しいアプローチ
―ヒト血液中からの食事由来ペプチドの検出と同定―

重村泰毅*

5.1 はじめに

ペプチドとは2つ以上のアミノ酸が結合した物質であり，食品用としてはタンパク質の加水分解物から調製されるものが多い。近年，ペプチドの摂取によって健康状態の改善が報告されている。しかし，詳細な作用機構であるメカニズムについては明らかにされていない。ペプチド摂取による機能解析のためには有効成分を特定し，その生理作用の解明が必須である。多くのペプチドは摂取後に体内でアミノ酸にまで分解されるため，ペプチド摂取は通常の食品から摂取できるアミノ酸と同じで，特有の効果がないと一部の研究者に考えられてきた。しかし最近になって，ペプチド摂取後のヒト末梢血から数種類の摂取ペプチド由来の低分子化ペプチド（食事由来ペプチド）が検出され，有効成分として注目されている。本節では，ペプチド摂取の機能解析において特定必須であり，有効成分となりうる食事由来ペプチドの探索方法について紹介する。

5.2 ペプチド経口摂取による健康状態改善効果

近年，大手ドラッグストアーで様々な健康食品が販売されており，その中から食品用ペプチドを見つけるのは難しくない。特定保健用食品として表示許可されているペプチドは現在までにおよそ150製品ほどあり，約50社から販売されている[1]。それらペプチドの摂取によって血圧降下作用，抗酸化作用，コレステロール代謝改善作用などが報告されており，素材としては魚肉，牛乳，大豆などタンパク質の加水分解物がある。特定保健用食品以外ではコラーゲンペプチドを扱った製品が多く，その市場規模は年々増加しており2008年で約4,500トンまで上昇した。この背景には消費者の効果に対する実感，そしてリピーターによる購買数の増加が予想される。

コラーゲンペプチドの経口摂取によって肌[2]，関節そして骨の状態の改善が報告されている[3,4]。これらの効果はいずれも摂取期間内に見られるため，摂取後体内へ吸収された有効成分の作用がメカニズムとして予想される。これら効果の機能解析のためにはまず有効成分の検出と同定が必須である。

5.3 ペプチド摂取後の血液からの血球画分とタンパク質の除去

摂取したペプチドは，消化器官を通り小腸上皮のペプチドトランスポーターを通過して毛細血管へと移行する。この吸収経路から有効成分が摂取ペプチド由来の低分子ペプチド（食事由来ペプチド）であることが予想される。摂取するペプチドの生理活性を調べることや，そのアミノ酸配列から有効成分を予想することはメカニズム解明の一つの手段ではあるが，体内に吸収されないペプチド配列を分析してしまう可能性がある。このような無駄な手順を回避するため，ペプチ

---

* Yasutaka Shigemura 大阪夕陽丘学園短期大学 食物学科 助手

第1章　大学・研究機関の研究動向

ド摂取後のヒト血液からの食事由来ペプチド検索が最も効率的な方法であると考えられる。

内因性ペプチダーゼによる食事由来ペプチド分解の可能性があるため、採血後の作業は速やかに氷中で行うことが望ましい。血液からペプチドを分離する上で、まず血液の主成分である血球・タンパク質を除去する必要がある。ペプチド摂取後に採血を行い、遠心分離による血球画分の除去後に血漿画分を回収する。得られた血漿に3倍量のエタノールを加えてタンパク質を沈殿させる。エタノールの添加は血漿中のペプチダーゼの失活にも有効である。タンパク質沈殿に用いられる試薬としてはエタノール以外にもアセトン、メタノール、トリクロロ酢酸などを用いることも可能である。

5.4　血漿中食事由来コラーゲンペプチド（ペプチド型Hyp）濃度の測定

血漿中のペプチド濃度の変化を調べる上で簡単な方法は、血漿試料のアミノ酸分析である。つまり血漿に食事由来ペプチドが存在すれば、ペプチド摂取後に加水分解処理を行った血漿の総アミノ酸濃度が上昇するはずである。コラーゲンは分子中に特有のアミノ酸であるヒドロキシプロリン（Hyp）を含むため、この方法によるHyp濃度の変化が顕著に確認できる。コラーゲンペプチド摂取後、上述した方法よりヒト血漿エタノール可溶性画分を調製した。血漿試料を真空状態で1時間150℃の加熱による塩酸加水分解後、逆相HPLCによるアミノ酸分析を行った。図1(A)の結果に見られるようにコラーゲンペプチド摂取後、加水分解後の血漿中のHyp濃度が増加することが分かる。加水分解後の試料中Hyp濃度と試料中の遊離Hyp濃度の差から求めたペプチド型Hyp濃度は、摂取から1時間後に最大値に達しており4時間後まで検出された（図1(B)）。血中に投与されたペプチドが短時間で分解されることが報告されているが[5,6]、食事由来ペプチド型Hypは比較的長時間血中に存在することが分かる。

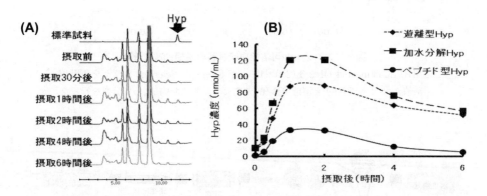

図1　塩酸加水分解後の血液試料の逆相HPLCクロマトグラム(A)、血液中Hyp濃度の変化(B)
逆相HPLCはLiChroCART（250×4.0 mm LiChrospher 100 RP-18(e)5μm, 関東化学）カラムを使用し、溶離液A（150 mM酢酸ナトリウムpH 6.0）、と溶離液B（60%アセトニトリル）によって分離を行った。ペプチド型Hypは血漿中の加水分解Hyp濃度と遊離Hyp濃度の差より求めた。

5.5 HPLCによる血漿中食事由来ペプチドの同定

ペプチド摂取による作用機構解明のためには，血漿中で増加する食事由来ペプチドを単離し，そのペプチド配列を同定する必要がある。そこで血漿エタノール可溶性画分を逆相HPLCで分離した。その結果，ペプチドをピークとして単離することは困難であり（図2），逆相HPLC分離前に血漿からペプチド精製が必要であると考えられた。ペプチドが酸性下で＋に荷電する性質から，ペプチドのキャプチャリングを目的として陽イオン交換樹脂による固相抽出を行った。強陽イオン交換樹脂であるAG50（Bio-Rad，AG 50 W-×8 Resin）を50％メタノールと10 mM HClを含む50％メタノールで洗浄後，限外ろ過膜を装着したエッペンチューブ（Millipore Ultrafree-MC PVDF 5.0 μm）に充填した。血漿試料を添加するとペプチドやアミノ酸が樹脂に吸着するため，遠心分離により素通り画分を除去し，吸着画分は50％アンモニアを含む50％メタノールで回収した。この作業によって血漿中の脂質・糖質の除去が可能である（図3）。回収した吸着画分には様々な分子量のペプチドが存在するため，吸着画分はサイズ排除クロマトグラフィー（SEC）で分画された（図4(A)）。SEC溶出画分は0.5分毎に回収し，続けて逆相HPLCによる分離後，検出されたピークをペプチドシーケンサーによりその配列を同定した。図4(B)に見られるように，コラーゲンペプチド摂取後の血漿から一連の分画を通してHypを含む数種類の食事由来ペプチドが分離・同定された。しかしながら，この条件下では親水性ペプチドの分離が不十分であった。

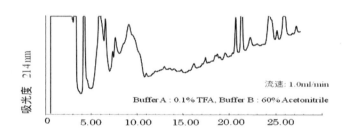

図2　エタノール可溶性血漿試料の逆相HPLC分画
逆相HPLCはInertsil ODS-3 (250×4.6 mm 5μm, GL Science) カラムを使用し，溶離液A (0.1% TFA) と溶離液B (60%アセトニトリル) によって分離を行った。

図3　血漿試料からのペプチド分画手順

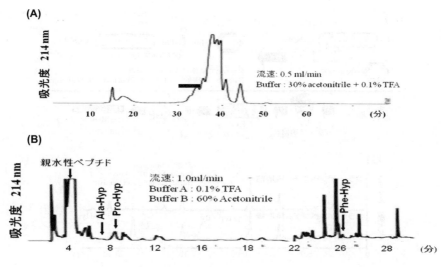

図4　SECとSEC画分の逆相HPLCクロマトグラフィー結果
(A)強陽イオン交換樹脂吸着画分をSECによって分画したクロマトグラム。カラムはSuperdex Peptide 10/300 GL（GE Healthcare社）を使用し，バッファーは0.1% TFAを含む30％アセトニトリルで分離を行った。(B)SEC溶出時間30～34分後（(A)の黒線部）に回収した画分を逆相HPLCによって分離したクロマトグラム。分離はInertsil ODS-3（250×4.6 mm 5μm, GL Science）カラムを使用し，溶離液A（0.1% TFA），と溶離液B（60％アセトニトリル）によって分離を行った。

5.6　プレカラム誘導化によるペプチド同定1（PITC誘導化）

　親水性ペプチドの分離改善のため，phenylisothiocyanate（PITC）誘導化によるプレカラム誘導化法を導入した逆相HPLC分離を試みた。手順としては，SEC溶出画分をPITC誘導化処理し，誘導化物であるphenylthiocarbamyl（PTC）ペプチドを逆相HPLCで分離した。PTCペプチドは誘導化前に比べて疎水性が増し，254 nmの波長を吸収するため特異的に検出することが可能である。さらに分離後回収されたPTCペプチドは，エドマン分解法を利用したペプチドシーケンサーによって直接的な解析が可能である（図5(A)）。図5(B)に見られるようにPITC誘導化によって親水性ペプチドの逆相HPLC分離が改善されており，摂取後にはPro-Hypと誘導化前には検出されていないHyp-Glyが検出された。一方で，摂取後検出された微量な短鎖ペプチド(a)はペプチドシーケンサーに保持されにくいため，配列の解析が困難であった。

5.7　プレカラム誘導化によるペプチド同定2（AQC誘導化）

　上述の通り，微量な短鎖ペプチドはペプチドシーケンサーによる解析が困難である。微量ペプチドの解析方法としては，マススペクトロメトリー（MS）による配列解析が考えられるが，PTCペプチドはMSによる分析には適さないことが浦戸らによって報告されている[7]。そこでPITC同様，N末端の誘導化試薬であり，その誘導化物がMSで分析可能な6-Aminoquinolyl Carbamate（AQC）によるプレカラム誘導化を導入し，逆相HPLC分離を試みた。ここでは，ある食品用ペ

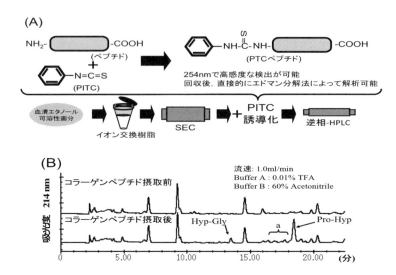

図5　血漿試料からのペプチド分画手順と誘導化後の逆相HPLCクロマトグラム
(A)血漿画分からのペプチド分画手順とPITCプレカラム誘導化法。(B)SEC溶出時間34～35分を回収しPITC誘導化後，逆相HPLCによって分離したクロマトグラム。分離はInertsil ODS-3(250×4.6 mm 5μm, GL Science) カラムを使用し，溶離液A（0.01% TFA）と溶離液B（60%アセトニトリル）によって分離を行った。コラーゲンペプチド摂取後Pro-Hyp，Hyp-Glyそして微量なペプチドのピークが検出された。

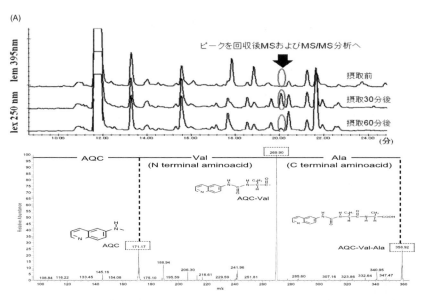

図6　AQC誘導化後の逆相HPLCクロマトグラムとAQCペプチドのMS分析
(A)SEC溶出画分をAQC誘導化後，逆相HPLCによって分離したクロマトグラム。分離はInertsil ODS-4 (250×4.6 mm 5μm, GL Science) カラムを使用し，溶離液A（0.1%ギ酸）と溶離液B（60%アセトニトリル）によって流速1 mL/minで分離を行い，Ex 250 nm，Em 395 nmによる蛍光検出を行った。(B)ペプチド摂取後特異的に逆相HPLCより分離・検出されたAQCペプチドのESI-MSとMS/MSによる配列解析。

第1章　大学・研究機関の研究動向

プチド摂取後のヒト血漿を試料として実験を行った。

　SECによるペプチドの分画までは上述したPITCプレカラム誘導化法と同様である。AQC誘導化後，逆相HPLCによる分離からペプチド摂取前には見られないピークが摂取後に検出された（図6(A)）。このピークを回収しMSで分析した結果，ピーク中に存在するペプチドの分子量はAQC-Val-Alaと同じ358.92であった。さらにMS/MS分析から分子量が260.90と171.17と，それぞれがAQC-ValとAQC誘導化物に一致する娘イオンが検出された。以上の結果からペプチド摂取後，血液中でVal-Alaが増加することが明らかとなった。AQCプレカラム誘導化法を導入したMS分析では0.324 nmol/mLと非常に微量な食事由来Val-Alaの検出に成功した。

5.8　おわりに

　血漿中の食事由来ペプチド検索法として，PITC誘導化法とペプチドシーケンサー，そしてAQC誘導化法とESI-MSの異なる2つの組み合わせを紹介したが，それぞれには利点と難点がある。そして，PITC誘導化ペプチドはMS分析が困難であり，AQC誘導化ペプチドはエドマン分解法による分析には適していない。ペプチド特異的な解析が行えるエドマン分解法と，微量ペプチド検出が可能なMSの両方に適用可能な誘導化試薬が開発されれば，より高感度で，簡便な検出が期待できる。さらに，PITCとAQC誘導化試薬はペプチドのN末端誘導化試薬であるため，ピログルタミン酸のようなアミノ酸をN末端に含む食事由来ペプチドには適用できない。今後，それら食事由来ペプチド検索のためにはC末端誘導化試薬の適用も必要とされる。

　コラーゲンペプチド摂取後，血漿中で検出されたPro-Hypには線維芽細胞[8]や軟骨細胞[9]に対する生理活性が報告されている。そのため，上記のような誘導化試薬の導入によって網羅的な血液中の食事由来ペプチドの検出が可能となれば，食品ペプチドの健康状態改善に関する詳細なメカニズムの解明に近づくであろう。

文　　献

1）　有原圭三監修，機能性ペプチドの最新応用技術，pp.21-30，シーエムシー出版（2009）
2）　H. Matsumoto *et al*., *ITE. Lett*., **7**, 386（2006）
3）　J. Wu *et al*., *J. Bone Miner. Metab*., **22**, 547（2004）
4）　R. W. Moskowitz, *Semin. Arthritis Rheum*., **30**, 87（2000）
5）　W. Druml *et al*., *Am. J. Physiol*., **260**, 280（1991）
6）　W. Hubl *et al*., *Metabolism*, **38**, 59（1989）
7）　浦戸ほか，食品加工技術，**29**, 175（2009）
8）　Y. Shigemura *et al*., *J. Agric. Food Chem*., **57**, 444（2009）
9）　S. Nakatani *et al*., *Osteoarthritis and Cartilage*, **17**, 1620（2009）

6 食品関連マイクロアレイ技術

伊藤嘉浩[*]

6.1 はじめに

マイクロアレイ・バイオチップは，多項目同時測定を可能にするツールとして表1に示すように様々な分析や機能探索に用いられるようになってきている。基礎的な生命科学だけでなく，食品の分析やそれに関連する分野でも盛んに研究に用いられるようになってきた。新しいバイオチップの開発はもちろんのこと，その製造装置，検出装置なども研究開発されている。DNAチップばかりでなく一般的なマイクロアレイについて，2007年12月にシーエムシー出版から上梓された『マイクロアレイ・バイオチップの最新技術』[1]で，同社2010年の『シングルセル解析の最前線』[2]ではその後の動向を中心にマイクロアレイ・チップが概説されている。最近ではエヌ・ティー・エス社から『バイオチップ』[3]が出版されている。ここでは食品関係に関連したマイクロアレイ技術を用いたバイオチップをレビューする。

食品関連のマイクロアレイ分析は，主に次の3つに分類できる。

① 食品そのものの遺伝子を分析→食品の由来（原産地，混入物）を明らかにする。育種や感染症に関する分析を行う。

② 食品を摂取した動物を分析→食品の安全性や機能性を明らかにする。

表1　マイクロアレイ

フォーマット			マイクロアレイ	対象物
フォワード型	分析用		核酸	核酸
			抗体	タンパク質，細胞，低分子化合物
			アプタマー	タンパク質
			抗原	抗体
			レクチン	糖
	機能探索用		タンパク質	タンパク質，核酸
			ペプチド	抗体，タンパク質
			ファージ，ウイルス	抗体
			糖	タンパク質
			低分子化合物	タンパク質
			核酸	細胞
			タンパク質	
			ペプチド	
			低分子化合物	
リバース型	分析用		細胞破砕物，血漿	（抗体）
			組織切片	

---

[*] Yoshihiro Ito　㈱理化学研究所　伊藤ナノ医工学研究室　主任研究員

第1章　大学・研究機関の研究動向

③　食品によるヒトのアレルギー反応を分析→アレルギー診断。

ここでは，これらについて現状と今後の展望について述べる。

6.2　食品の遺伝子分析
6.2.1　食品分析

食品の品種名や原材料，原産地の適正な表示など食の安全・安心を確保する観点から，また海外からの海賊版の流入や品種詐欺の抑止などを目的に，信頼度の高い科学的手法により品種を判別・鑑定する技術が求められるようになっており，遺伝子解析は重要な方法となっている。

DNAの塩基配列にはCACACAのような2あるいは3塩基の単位が数回から数百回反復する繰り返し配列が散在しており，この繰り返し数の違いをDNA多型として利用したDNAマーカーがSSR（単純反復配列）マーカーで，これが品種判別用に多く用いられてきた。これは，SSRマーカーのアリル数が多く，比較的少数のマーカーで多数の品種を判別できる利点がある。他にも様々なマーカーが報告されており，現在では国内産10品種の識別が可能と報告され，品種識別に用いられている。

最近はSNP（一塩基多型）マーカーの開発も進められるようになっている。これは，SNPマーカーが加工の過程で分解が進んだDNAの判別にも比較的有効であると考えられていることと，マルチプレックス化（マイクロアレイ・チップ化）が比較的容易であることによる。黒豚のDNA識別検査はSNPマーカーで行われ，DNAマイクロアレイが利用されている。これにより，バークシャー，ヨークシャー，ハンプシャー，デュロックなどの豚品種，およびこれらの品種の交雑を識別できる。生の豚肉だけでなく，様々な豚肉加工品（餃子，シューマイ，とんかつなど）についても，黒豚識別検査が可能となっている。DNA多型分析による識別技術については，コメ，ウナギ，ブタ，イチゴ，茶，インゲンマメ，小麦，イグサなどの幅広い分野での技術開発が進められている。

6.2.2　育種への応用

品種判別だけでなく，育種への利用を想定したDNAマイクロアレイも開発されている。イネのゲノム育種が唱えられ，SNP分析をDNAマイクロアレイで迅速化して高い効率の育種が可能となっている。コムギ育種のためのDNAマイクロアレイ利用も報告されている。柑橘系ではIllunima社のシステムを利用したマルチプレックスのSNPジェノタイピングアレイがある。

食資源魚介類では，免疫・生体防御関連遺伝子の配列情報を使った研究が行われている[3]。養殖対象魚であるヒラメを対象としたDNAマイクロアレイによる研究が盛んで，ワクチン接種による免疫応答の研究から，種々病原微生物感染に対して応答する遺伝子の解析や免疫賦活剤投与に対しての応答解析など，ヒラメ養殖において発生する感染症の克服を目的として行われている。

醱酵や全く新しい微生物プロセスの利用（合成や分解）のために微生物育種をする際にDNAマイクロアレイを利用する報告も様々されている。遺伝子多型解析と発現解析ともに分子育種に応用され成果を上げている。

6.3 食品の安全性・機能性評価
6.3.1 安全性評価

食品安全委員会による特定保健用食品の安全性審査では，食経験，in vitro および動物を用いた in vivo 試験，ヒト試験から判断が行われている[3]。実験動物を対象とした試験でDNAマイクロアレイ実験が行われ，指標となる遺伝子は薬物代謝に関連するものである。主な薬物（毒物）代謝酵素はシトクロムP450（CYP）であり，薬物の酸化と還元の反応に広くかかわっている。この他にUDP-グルクロン酸転移酵素，硫酸転移酵素，グルタチオン転移酵素，アセチル転移酵素などがある。動物実験でこれらの酵素の発現が増加する場合には注意を要すると考えられ，薬物相互作用解析DNAマイクロアレイが数社から市販されている。

6.3.2 機能性食品の研究

農作物や食品の機能を解析する研究が，ニュートリゲノミクス（Nutrigenomics，栄養遺伝子学）として行われ，DNAマイクロアレイが多用されている。1999年にProllaらが「老化防止のためにはカロリー制限が必要」という結果をトランスクリプトミクスで明らかにしてScienceに発表したのを機に，オランダで2002年に「第1回国際ニュートリゲノミクス学会」が開催された。このようなことを背景に，科学的根拠に基づく「機能性成分」を含む食品，Evidence-based Functional Foodsの開発研究が盛んになっている。

大西らは，ナガイモを経口投与したマウスに，1,2-ジメチルヒドラジンを腹腔投与して大腸腺腫（ACF）を誘発し，その影響を調べた[3]。ナガイモはACF発症を有意に抑制し，遺伝子発現を調べたところ，アポトーシスに関連する遺伝子の発現がナガイモ投与によって抑制されていることがわかった。他に，ソバでは炎症に関連する遺伝子発現が抑制されること，スイートコーンでは，細胞増殖抑制と細胞死促進が起こること，沖縄のニガナではエリスロポエチンのmRNA発現量を顕著に誘導することが明らかになった。

DNAチップを用いた機能性評価は，未利用の新たな食資源の開発にも役立てることができる[3]。これまで廃棄あるいは家畜飼料に混入して使われていたワイン圧搾かす（パミス）をマウスに投与し，肝臓をDNAチップで調べたところ，脂質合成系の制御に関わるステロール調節エレメント結合因子の発現が低下し，インスリンの情報伝達に関わるインスリン受容体基質や，摂食障害や代謝制御に関わるホルモンであるレプチンの発現が上昇していたことから，パミスがインスリン抵抗性の改善をもたらすと考えられ，機能性食品としての実用化が検討されている。

大澤ら[3]は，果物や野菜に広く存在する機能色素「アントシアニン」の一種「シアニジングルコシド」が強力な抗酸化作用をもつことを，アディポネクチンのような抗炎症性アディポサイトカインがmRNAレベルで発現上昇することから明らかにしている。プロテインレベルでは抗酸化ストレスバイオマーカーに特異的な抗体を用いた抗体マイクロアレイの開発も進められている。

6.4 食品アレルギー研究，診断

食品が関連するマイクロアレイ関連の医療としてアレルギー疾患との関連が多く研究されている。

第1章　大学・研究機関の研究動向

6.4.1　DNAマイクロアレイ

　アレルギーと体質（遺伝子多型）の関連を研究する目的で，DNAマイクロアレイを用いた解析が行われてきたが，一つの遺伝子の多型のみでアレルギー疾患の発症を予測することは困難となっている。アレルギー疾患の家族歴をもつ親から出生した児のアレルギー疾患の発症リスクは，アレルギー疾患の家族歴のない親から出生した場合の2～3倍程度であり，両親ともにアレルギー疾患がある場合に4～5倍となることが知られている。今後の展開には，なによりも多くの被験者の解析が必要と考えられている[3]。

　一方，アレルギーと遺伝子発現の関係についてはDNAマイクロアレイが開発されている[3]。免疫・アレルギー反応が起こると，体内では様々なmRNAが作られ，そこからサイトカインと呼ばれるタンパク質が産生される。アレルギー反応で増加する約200の遺伝子の発現変化を測定することにより，アレルギーや炎症の状態と食品成分によるその抑制効果を評価できるようになっている。

6.4.2　抗原マイクロアレイ

　アレルギー疾患では，アレルギー源（アレルゲン）からの抽出物を標準化して，各アレルゲンに対する免疫グロブリンIgEの検出が1970年代から行われるようになった。90年代になると，アレルゲン抽出物中に含まれる様々なタンパク質がクローニングされるようになった。そこで，抽出物でなく，さらにアレルギーの原因となるアレルゲン分子を詳細に検討するため，組み換えアレルゲンをマイクロアレイしてアレルギー診断することが可能となってきた。抽出物と免疫原性が異なる場合があるものの，原因物質の標準化とそのマイクロアレイは，診断の正確さとワクチン治療の可能性の点から今後重要になると考えられている。

　アレルギー疾患のマイクロアレイ解析の特徴は，現在世界で最も広く利用（市場の約70％を占有）されているアレルギー診断法（Pharmacis Diagnostics AB社（販売Phadia社）のCAP-RAST）が，1抗原当たり40μLの比較的多量の血清を使用するとして患者負担が大きく，しかも検出感度は十分とはいえないIgE測定法であるのに対し，少ない量で，迅速に，多項目検定できることである。そこで，Phadia社自身もマイクロアレイ式のアレルギー診断チップ（ImmunoCAP ISAC）を2009年から販売している。20μLの血清あるいは血漿で，多項目測定が可能である。47種のアレルゲンソースの103成分が利用可能となっており，IgEおよびIgG4が測定できる。測定には全体で3時間10分を要する。単なるアレルゲンのマイクロアレイでなく，アレルゲンの中に固有のアレルゲン分子と交差反応性のあるアレルゲン分子があり，これらへのIgE量をそれぞれ詳細に検討することにより，治療に役立てようとする成分分解診断（Component Resolved Diagnosis）を提唱している。

　2010年に大学発ベンチャー事業から起業された応用酵素医学研究所㈱は，カルボキシル化DLC上にアレルゲンをマイクロアレイ固定化してチップとするもので，1～2μLで37種のアレルゲンを使い，2時間以下でIgE，IgA，IgG，IgG2，IgG4などが測定できる。木戸らは，新生児の約10％が食物アレルギーに罹患するが，その多くが授乳中の比較的早期から発症することから，母体血

と生まれた時の臍帯血のアレルゲン検査からモニターを始め，成長とともに変化するアレルギーの実態を詳細にモニターすることで，その原因と対策の追求が可能と推定し，このマイクロアレイ・チップでの研究を行っている。

同じ大学発ベンチャー事業で生まれた理研ベンチャーの㈱コンソナルバイオテクノロジーズは，マイクロアレイ・チップによるアレルギー診断が現場で容易に迅速に行えるような完全自動化測定装置の開発を進めている。

6.4.3 ペプチド・マイクロアレイ

アレルゲンの種類だけでなく，もっと詳細にアレルギーを研究するツールとして成分さらには断片化したペプチドをマイクロアレイしてチップにする研究もいくつか行われるようになってきている。例えば，名古屋大学と日本ガイシ㈱は，ミルクアレルギー患者を対象に血清IgEの認識するアレルゲンの探索をペプチドレベルで行えることを報告している[3]。ミルクプロテイン6種類のアミノ酸配列に対応した16残基608種類1947スポットのペプチドアレイを作製し，このアレイを用いて患者の血清中のIgE抗体が認識するペプチドを解析した。すると，スポット間のシグナル値も安定しており，蛍光強度100以上で5％程度のCV値であった。さらに，ミルクアレルギー患者（負荷試験陽性・病歴陽性）61例，健常者（牛乳アレルギー負荷陰性）は22例について，ペプチドアレイを用いて分析すると，陽性患者20名以上に結合し，健常者には結合しない配列が608ペプチド中から複数発見された[3]。このような成果は今後，事例を増やすとともに，アレルゲンとならない食品加工法の開発などにも利用されるのではないかと考えられる。

6.5 おわりに

様々なマイクロアレイが可能になると，それらを単に個々に利用するだけでなく，複合的に利用してより詳細な解析をする方法論も提案されるようになってきている。ゲノミクス解析とプロテオミクス解析の相関は重要な研究課題である。複数のマイクロアレイを用いて，分析対象物の指紋領域としての分子性質を特定することや，フォワード型とリバース型の併用などもマイクロアレイ技術の特徴を駆使した試みとして注目される。DNA配列解析には近年次世代シークエンサーが開発されてきているが，マイクロアレイ技術はDNAだけではなく広くバイオテクノロジーで今後ますます重要度を増やしていくと期待される。

文　　　献

1) 伊藤嘉浩監修，マイクロアレイ・バイオチップの最新技術，シーエムシー出版（2007）
2) 伊藤嘉浩，シングルセル解析の最前線，175，シーエムシー出版（2010）
3) 金子周一，堀池靖浩，バイオチップ—実用化ハンドブック，エヌ・ティー・エス（2010）

7 バイオ計測への魚類バイオテクノロジーの応用

秋山真一[*1], 田丸 浩[*2]

7.1 はじめに

　筆者らは，これまでに魚類モデルとして世界中で用いられているゼブラフィッシュ（*Danio rerio*）やゼブラフィッシュと同じコイ科であり，観賞魚として産業的に重要であるキンギョ（*Carassius auratus*）を活用したバイオテクノロジー開発を展開してきた。すなわち，魚類の生物学的利点としてはヒトと同じ脊椎動物であり，多産である。また一方，魚類の経済的利点としては，省スペースで大量の魚が飼育可能であり，既存の生物種では作製が困難なタンパク質・抗体の生産が可能である。そこで，上記の様々な利点にバイオテクノロジーをさらにバイオ計測に対して融合していくことで，従来のバイオ計測技術の限界を突破し，魚類の新たな産業的価値を創造できる可能性を見出した。

　本節では，分析ツールとして有用な組換え体タンパク質や抗体をゼブラフィッシュやキンギョを用いて生産する技術，ならびに，新規実験動物として開発に成功した透明金魚[1]を用いた水質モニタリングについて紹介する。

7.2 魚類によるバイオマテリアル生産技術の開発

　食料生産，品質管理，食品栄養，健康医学など"食"にまつわる各分野においても，近年のオミックス研究の発展は，膨大な数の機能分子の発見をもたらし，分子メカニズムのバイオ計測に基づいた研究・開発を可能にした。これに伴って，標的の機能分子へ特異的かつ直接的にアクセス可能なツールとして組換え体タンパク質および抗体の需要は益々増えている。しかしながら，生命にとって重要な機能分子ほど，その組換え体タンパク質や抗体の生産が困難であるという点がジレンマであり，バイオ計測技術への応用のボトルネックとなっている。すなわち，酵素や受容体などには，膜タンパク質やその複合体，複雑な翻訳後修飾を伴ったタンパク質が多く，これらは生物学的・経済的な理由により既存の発現系では，組換え体タンパク質を現実的なコストと時間で取得することが難しく，抗原となる組換え体タンパク質が生産できなければ必然的にそれに対する抗体の取得も不可能となる。さらに，重要な機能を担うタンパク質ほど生物種間での保存性が高いため，異種動物に免疫しても力価の高い抗体が得られにくい傾向がある。また，これまでにも様々な生産方法が多くの技術革新を伴って考案されてきたが，未だに上記の問題解決がなされておらず，それ故に今なお残っている産業応用への課題を克服することは容易ではない。

[*1] Shin'ichi Akiyama 名古屋大学　大学院医学系研究科　病態内科学講座　腎臓内科　特任講師

[*2] Yutaka Tamaru 三重大学　大学院生物資源学研究科　生物圏生命科学専攻　水圏生物利用学教育研究分野　准教授

7.2.1　バイオマテリアル生産における魚類のアドバンテージ

これまで組換え体タンパク質や抗体の生産に魚類が利用された例は一度もないが，筆者らは表1に示したように，ゼブラフィッシュやキンギョなどの魚類が持つ生物学的・経済的な特徴によって，既存の方法では生産が困難なタイプの組換え体タンパク質や抗体の生産において大きなアドバンテージがあることを見出した。

7.2.2　組換え体タンパク質生産

表1に記載の理由により，魚類は有望な組換え体タンパク質生産の宿主として活用できると判断した筆者らは，新規ゼブラフィッシュ用遺伝子発現ベクターとしてpZexおよびpZefを開発し[2]，ゼブラフィッシュ受精卵をホストとする魚類発現系を完成させた。pZexは孵化期間だけ初期胚の胸部体表に発現する孵化腺細胞のみで生産される卵膜分解酵素のプロモーターを搭載しており，初期発生過程において時間・空間的に特異的な発現を誘導することができる。さらに，pZexの特性としては全身で持続的に発現させると宿主に対して細胞毒性を呈するようなタンパク質（アポトーシス関連など）の生産に適している。一方，pZefはゼブラフィッシュ由来のEF1-αプロモーターを搭載した全身発現系ベクターである。また，pZefはpXIと比較して導入タンパク質の発現量が多く，全身の細胞でユビキタスに長期間安定して発現させることができる。これらベクターを発現させたいタンパク質の性質に応じて使い分けることにより，様々なタンパク質を効率よく生産することが可能になった。これまでの発現例として，モデルタンパク質として有名なGreen

表1　組換え体タンパク質および抗体の生産宿主としての魚類のアドバンテージ

①　脊椎動物であること
②　入手が容易で，成長が早く，飼育コストが極めて安いこと
③　遺伝子操作やクローン個体作出が容易なこと
④　ゼブラフィッシュではゲノムシークエンスデータベースや種々の遺伝子操作法も整備されていること
⑤　ゼブラフィッシュとキンギョは進化的に近いため，ゼブラフィッシュ研究で培われた豊富な生物学的情報や実験技術が高い確率でキンギョに外挿可能なこと
⑥　哺乳類と共通のタンパク質翻訳および翻訳後修飾システムを備えているため，従来の組換え体タンパク質生産技術では困難であったヒトと同様の翻訳後修飾（特に，糖鎖修飾）を伴ったヒトタンパク質を生産できること
⑦　初期胚の培養に高価な培地が不要であるため哺乳動物細胞系に比べてタンパク質の生産コストが極めて低いこと
⑧　組換え体タンパク質生産のスケールアップが容易で，得られたトランスジェニック個体の繁殖により，永続的な大量生産が可能であること
⑨　進化的にヒトと適度に離れているためヒトタンパク質を抗原と認識し，抗ヒトタンパク質抗体を生産できること
⑩　哺乳類と同様の高度な獲得免疫機構を備えており，アフィニティマチュレーションを介して抗原特異的な抗体を作れること
⑪　産業的価値の高い高親和性のIgMのみを効率良く生産できること
⑫　経口免疫が可能なこと
⑬　キンギョの一種である水泡眼では個体を殺さずに頬の水泡からイムノグロブリンを含むリンパ液を大量に継続的に回収可能なこと

第 1 章　大学・研究機関の研究動向

fluorescent protein（GFP）をはじめ，他の発現系では生産が困難な膜タンパク質や酵素タンパク質として哺乳類leucine-rich repeat containing G-protein coupled receptor（LGR）グループやヒトProtein*O*-Mannosyltransferase（POMT, 多回膜貫通型糖転移酵素）グループの発現に成功し，ヒトProtein*O*-linked-mannose beta-1,2-*N*-acetylglucosaminyltransferase 1（POMGnT1）では組換え体タンパク質が酵素活性を有することも確認できた（図1上）。

次に，組換え体タンパク質の増産を目指して，受精卵の大量確保と廉価な飼育コストを兼ね備えた実用的な遺伝子発現系ホストとして，ゼブラフィッシュと同じコイ科魚類のキンギョに注目した。キンギョは，ゼブラフィッシュに比べて産卵頻度は少ないものの一度に得られる受精卵の量は重量比で数十倍以上あり，日本各地でいつでも入手可能で，特別な飼育設備がなくても飼育可能である。pZexベクターおよびpZefベクターにそれぞれレポーター遺伝子としてGFPを連結し，キンギョ（リュウキン種）の受精卵にマイクロインジェクションした結果，いずれのベクターにおいてもゼブラフィッシュで発現させた場合と同様の発現場所や発現時期に蛍光タンパク質の発現が確認され，ゼブラフィッシュおよびキンギョ共通発現ベクターによるトランスジェニックキンギョの作製に世界で初めて成功した[3]。その結果，キンギョによるタンパク質生産技術の開発によって，例えばゼブラフィッシュ発現ベクターを用いてパイロット生産した目的タンパク質を，キンギョ発現系にそのまま転用するだけでラージスケール生産できるプロセスが実現した。

7.2.3　抗体生産

筆者らは魚類用ワクチンの研究開発を通じて，魚類を利用して抗体を生産することを考案した。すなわち，ゼブラフィッシュIgM（zIgM）の重鎖定常領域のμ遺伝子をクローニングして調製した組換え体μタンパク質をウサギに免疫して，抗ゼブラフィッシュIgM定常領域ウサギポリクローナル抗体を取得し，zIgM測定系を構築した[4]。次に，この抗体を用いてゼブラフィッシュの臓

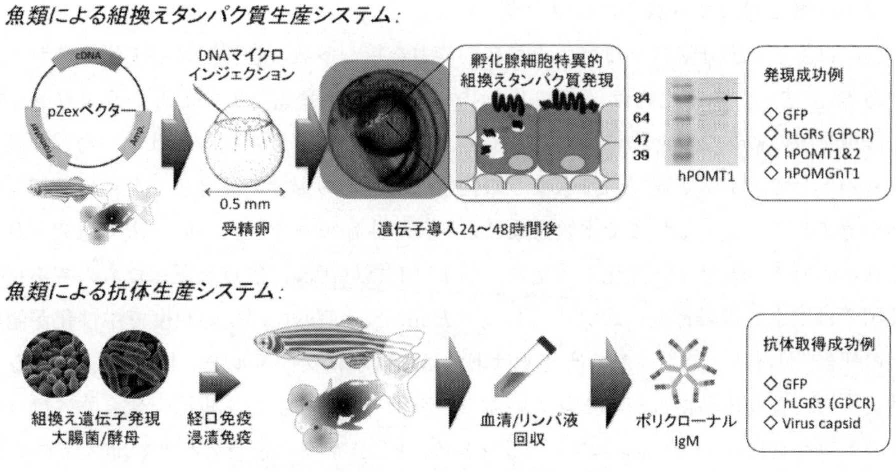

図1　魚類によるバイオマテリアル生産

図2 新しい魚類モデル：水泡眼（左）と透明金魚（右）

器別zIgM発現量について調べたところ，腸においてzIgMの発現量が多いことが判明し，これにヒントを得てゼブラフィッシュでは経口免疫法が成立するのではないかと考えた。そこでまず，GFPを発現させた組換え大腸菌を飼料に混ぜてゼブラフィッシュに給餌して経口免疫を行ったところ，ゼブラフィッシュの血清中に抗GFP特異的なzIgMが産生されることを確認した[5]。さらに，従来の哺乳免疫動物では抗体取得が困難であったヒト膜タンパク質についても検討を行った。すなわち，ヒトLGR3遺伝子の一部を大腸菌に形質転換し，この大腸菌懸濁液にゼブラフィッシュを丸ごと浸漬することで抗ヒトLGR3抗体の生産に成功した（図1下）[6]。しかしながら，体重数グラムのゼブラフィッシュから得られる抗体量は実用的でないため，キンギョを用いた生産量のスケールアップに取り組んだ。その結果，キンギョにおいてもゼブラフィッシュと同様の方法で抗原特異的な抗体を生産できることが明らかになり，ホストとして水泡眼金魚（図2左）を用いることにより，水泡内リンパ液から簡便かつ永続的に大量の抗体を回収できる実用的な抗体生産法の開発に成功した。

7.3　透明金魚を使った水質モニタリング

　水生環境は生物の内分泌系を撹乱する潜在的能力を持つ多数の物質によって汚染されている可能性がある[7]。また，水生生物は一度に1つずつある毒物に曝露しているというよりも，むしろ様々な作用物質の複雑な混合物に曝露されている。そのため，重要なことは単一物質の試験を補完するものとして，下水処理場の排水などの化学的混合物の影響を評価するために適切な検定法の開発が望まれている。これまで水質汚染による魚の生殖障害などについて広く研究されてきたが，これらの研究の大半は酸性化や重金属，および有機性汚濁に焦点を置いたものであった。特に，英国では下水処理場付近におけるモロコ（*Rutilus rutilus*）に高い頻度で中性化が発生しているとの報告[8]があり，いくつかの研究では下水処理排水に女性ホルモン17β-エストラジオール様の性質を持つ合成化学物質が含まれていることを示している。最も重要な化合物には，強力な合成エストロゲン17α-エチニルエストラジオール（EE2）および影響の小さい非ステロイド4-ノニフェノールおよびビスフェノールAがある[9]。また，ほとんどの環境エストロゲン，例えばEE2

第1章　大学・研究機関の研究動向

は疎水性有機化学物質に分類され，恐らくこのような化学物質は排水中に存在する有機物および小粒子に対して相対的に高い親和性を持つことが考えられ，化学物質が沈殿物または浮遊粒子と結合した際にどの程度取り込まれるかについてはほとんど知られておらず，化学物質の生物学的利用能は変化する可能性があり，それによって魚への影響が異なると考えられる。ゼブラフィッシュは，排水中の内分泌攪乱化学物質（EDC）の存在と影響を評価するために提案された魚である。ゼブラフィッシュの利点には，小型でライフサイクルが短く，生殖能力，性比，生殖腺の形態学的検査などの補完的なエンドポイントを評価できるという点がある。しかしながら，ゼブラフィッシュは小型魚であるため，分析に十分な量の採血を行うことが困難であり，例えば全身をホモジネートしてビテロジェニン量をELISA法で定量することなどが行われてきた[10]。そこで最近，筆者らは生化学的な分析ができ，我が国で古くから観賞魚として親しまれてきたキンギョを水質モニタリングに利用することを考案した。すなわち，キンギョの中でも"水泡眼"は分析に十分なリンパ液の調製が可能である（図2左）。さらに，ホールボディー・イメージングを可能にする"透明金魚"を開発した（図2右）。この透明金魚を使うことで，解剖することなく生体内の観察が可能になり，また生化学的分析に必要十分な組織や臓器のサンプリングが可能である。

7.4　おわりに―新産業の創出を目指して―

悠久の歴史のなかで，人類は魚類を様々な用途に利用し，魚類には①食品，②漁業，③レジャー，④鑑賞，⑤実験モデル動物の5つの産業的価値が付与されてきた。筆者らが考案した"魚類によるバイオマテリアル生産技術"は，魚類の第6番目の産業的価値を創造するものであり，益々進歩するバイオ計測技術の発展・普及を考えると"魚類によるバイオマテリアル生産技術"は次世代型一次産業としての成長が大いに期待される。

文　献

1) 商願2009-107344
2) 特許公開2007-143497
3) PCT/JP2010/054732
4) 特願2006-073125
5) 特願2007-245677
6) 特願2009-83900
7) T. Colnorn *et al.*, *Environ. Health Persect.*, **101**, 378 (1993)
8) C. Desbrow *et al.*, *Environ. Sci. Technol.*, **32**, 1549 (1998)
9) H. Holbech *et al.*, *Comp. Biochem. Physiol. Part C*, **130**, 119 (2001)
10) S. Jobling *et al.*, *Environ. Sci. Technol.*, **32**, 2498 (1998)

8 特異的抗体の微生物生産と回収法の開発

芝崎誠司*

8.1 はじめに

　私たちが口にする食品に含まれるタンパク質やアミノ酸は，私たちの体の構成成分となるか，あるいはエネルギーとして消費されていく。年々，食の安全への関心が高まる中，生化学，分子生物学研究が貢献できる分野として，食品の素材となる動植物に由来するタンパク質の特異的な計測が挙げられる。数多くの成分の中から，特定のタンパク質を同定，定量する技術の一つに，抗体を用いた検出法がある。多様な抗原に対し，モノクローナル，ポリクローナル抗体など様々な抗体が入手できるうえ，低分子化合物に対する抗体作製も可能となっている。本節では新しい技術として注目され始めている，タンパク質に対して特異性を示す抗体についての微生物生産と，その回収方法について述べるとともに，その基本原理となっている分子ディスプレイについても解説する。また，今後新しい抗体創製技術となりうる最新の標的分子スクリーニング基盤技術についても解説する。

8.2 抗体の調製方法

　通常，目的のタンパク質の抗体を得るには，抗原となるタンパク質を精製し，動物に免疫することが必要である。また，抗原部位を特定し，その一部のペプチドを免疫することでペプチド抗体を得ることも可能である。これに対して，クローン化した遺伝子を用い，組換えタンパク質として生産する場合は，あらかじめN末端かC末端側に（His)$_6$やFLAGなどのタグをコードする配列を融合しておくことが多い。これにより，タグ分子融合型の組換えタンパク質が作製でき，市販の抗タグ分子抗体を目的タンパク質に対する抗体の代わりに利用することができる。

　血清などの混合物から抗体を精製するには，様々なツールが開発されているが，代表的なものとして，黄色ブドウ球菌 *Staphylococcus aureus* 由来のProtein Aがよく用いられている。Protein AはIgGのFc部位と特異的に結合する性質をもち，これが精製の技術基盤となっている[1]。さらに，Protein AのBドメインにコンビナトリアル変異を導入して得られたZドメインがクローン化されており，Zドメインのみで IgGを結合，精製することが可能となっている。

8.3 分子ディスプレイ法

　遺伝子工学の発展に伴い，数多くのタンパク質発現系が生み出されてきた。無細胞発現系という，細胞を使わず合成に必要な分子だけを用い，試験管内でDNA情報に従ったタンパク質合成も展開されているが，一般的には細胞を宿主とした発現系で，かつ扱いが簡便である微生物を宿主とした細胞内発現系，細胞外分泌発現系が用いられることが多い。近年，微生物細胞を用いる新しいタンパク質発現系として，分子ディスプレイ（Molecular display technology）の手法が展開

＊　Seiji Shibasaki　兵庫医療大学　薬学部　准教授

第1章 大学・研究機関の研究動向

されている[2〜4]。ファージのコートタンパク質に標的タンパク質を融合して提示する「ファージディスプレイ」（Phage display）や，微生物細胞の膜タンパクや細胞壁タンパクに融合して提示する「細胞表層工学」（Cell surface engineering）[5]と呼ばれることもある。提示分子ならびに宿主のサイズ，真核ならびに原核遺伝子の別，形質転換効率など，様々なファクターが考慮され，目的タンパク質分子の提示系が選択されている。様々なタイプの分子ディスプレイ技術が生み出されているが，ここでは筆者が主に携わってきた酵母分子ディスプレイ系について述べ，抗体調製系としての展開例について解説する。

8.4 酵母分子ディスプレイ

酵母分子ディスプレイ系では，出芽酵母 *Saccharomyces cerevisiae* を用いたシステムが物質生産，分子変換，環境汚染物質の回収などバイオテクノロジーの多方面において活用され始めている。これは，*S. cerevisiae* をモデル系とした遺伝学，ならびに分子生物学的研究が盛んに行われた結果，遺伝子工学におけるツールとしての利用に必要な情報の蓄積が極めて多いことに加え，我々の生活に馴染みのある微生物であったためであるといえる。加えて，本酵母は食経験のある微生物でもあり，乳酸菌や枯草菌とならび安全性という面においても我々自身が身をもって証明してきた。さらに，酵母自身が真核生物であることから，原核微生物の発現系ではディスプレイが困難なタンパク質の発現にも数多く成功してきた。食品分析における遺伝子の発現という視点に立つと，食品タンパク質は動植物の真核生物由来であることが多いので，これらを細胞表層にディスプレイして分析する場合は，最も適した系であるともいえる。

ここで，酵母分子ディスプレイの事例を全て網羅することは不可能であるが，簡単にまとめておきたい。酵素では加水分解酵素が多く，リパーゼ，セルラーゼ，アミラーゼなど，レポータータンパク質としてはGFPやルシフェラーゼならびにこれらの変異体，機能性ペプチドとしては$(His)_6$などがディスプレイされてきた。これらのタンパク質は，細胞内または分泌発現された遊離型と比較しても活性を損なうことなく，細胞表層にディスプレイされていることが証明されている。酵母細胞が持つ増殖の速さと，各種原核微生物に比較して，真核生物由来のタンパク質発現に優れているという利点を活かした，多岐にわたるディスプレイが展開され，物質生産，環境浄化，バイオセンシング，ターゲット分子探索など，幅広い分野の研究を推進するツールとして進化し続けている。環境問題の解決策の一つとして世界中で研究が進められているバイオエタノール生産技術は，食料問題との競合が懸念される部分があるが，非可食部の成分に含まれるセルロース，キシロースを分解する酵素のディスプレイにより，これらをエタノール発酵する酵母が開発され期待を集めている。蛍光タンパク質の環境応答ディスプレイシステムは，物質，発酵生産系において細胞の非破壊的な物質のモニタリングを可能にしている[6]。さらに，一連の分子ディスプレイの研究の中で，ディスプレイされたタンパク質は，胃液や腸液においても安定であり[7]，経口ワクチンとしての可能性も出始めており，実際に抗原タンパク質ディスプレイ細胞を用いた検討が始まっている。

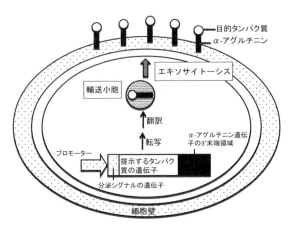

図1　酵母分子ディスプレイの概略

　次に，酵母細胞表層へのタンパク質分子のディスプレイの具体的な手法について説明する。まず，ディスプレイしたいタンパク質をコードする遺伝子をクローン化し，提示用ベクターに挿入する。図1に示すように，目的タンパク質のN末端側に分泌シグナル，C末端側にα-アグルチニンのコード領域が融合されるように設計する。分泌シグナルは翻訳されたタンパク質分子が，細胞外輸送経路エキソサイトーシス（exocytosis）において，細胞外へ輸送されるための配列である。α-アグルチニンは本来，細胞壁成分のβグルカンに共有結合しているタンパク質であるので，融合している目的タンパク質をつなぎ止めるアンカーとして機能する。また，用途やタンパク質の性質を考慮して，これらの融合遺伝子配列を適当なプロモーターの下流に配置し，マルチコピープラスミドとして導入するか，染色体へ組込むかを検討する必要がある。マルチコピー型では1細胞あたり10^4～10^5分子，染色体組込み型では10^5～10^6分子のディスプレイが可能である。どちらを選択するかは目的によるが，医薬品や生理活性物質としての生産系を視野に入れた場合は，提示分子数はマルチコピー型に1桁劣っても，導入遺伝子が安定に持続される染色体組込み型が適しているであろう。さらに，栄養要求マーカーの種類だけ遺伝子を導入できるので，複数種のタンパク質を同一の細胞表層に提示することができる。分子ディスプレイ系の中で先行技術であるファージディスプレイ法と比較すると，ライブラリーなどの作製では形質転換効率が低いという点で現時点では及ばないが，パンニングや分離したファージ大腸菌への感染というやや煩雑な操作が必要ないというメリットがあり，特定のタンパク質のディスプレイ系としては，大変優れた系であるといえる。

8.5　Zドメインの分子ディスプレイと抗体の回収系

　Zドメインの酵母細胞表層へのディスプレイは，同じ配列を2回繰り返したZZドメインが有利であることが確認されている。Zドメインとアグルチニンの間に，第二のZドメインが挿入されることで，抗体との結合に必要な立体構造が形成されやすくなっているものと考えられている。

ZZドメインの表層提示には当初，アルカン資化性酵母 *Candida tropicalis* 由来のイソクエン酸リアーゼの *UPR-ICL* プロモーター制御系が用いられている。この下流に，分泌シグナル配列—ZZドメイン—α-アグルチニン融合タンパク質をコードするマルチコピープラスミドpMWIZ1が構築されている[8]。*UPR-ICL* はグルコース枯渇条件により，強力に下流にある構造遺伝子を発現するので，このプラスミドを導入した酵母MT8-1/pMWIZ1株は，通常の濃度に比べ4分の1のグルコースを含む合成培地で効率よくZZドメインをディスプレイすることが確認されている。ZZドメインのディスプレイはFITC（fluoresecein isothiocyanate）により蛍光ラベルしたウサギIgGを用いた蛍光抗体染色により証明されている。加えて，このZZドメインディスプレイ酵母細胞は，ウサギ血清からIgGを繰り返し精製でき，同じ細胞を用いた5回目の精製においての回収量は，1回目の8割以上あることが確認されている。このように，ZZディスプレイ細胞は調製が簡単な培養だけで済むうえ，繰り返し使用ができる利点を併せ持つことも示されている。

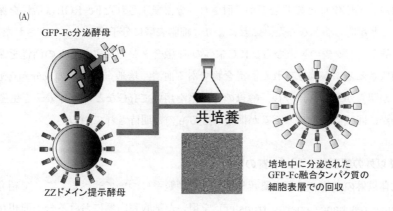

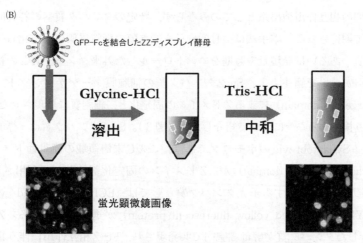

図2　Fc融合タンパク質の分泌生産と細胞表層での回収
(A)GFP-Fc融合タンパク質生産株とZZドメインディスプレイ株の共培養，(B)表層ディスプレイZZドメインからのGFP-Fc融合タンパク質の回収（文献2）より一部改変）

次に，表層に提示されたZZドメインにより，培地中に分泌したFc融合タンパク質の回収を試みた例（図2）について[9]述べる。上記のMT8-1/pMWIZ1株よりもさらに多くのZZドメインをディスプレイするBY4742：GUZZ株が創製された。この株の創製には数多くの宿主，プロモーターが検討され，BY4742株を宿主とし，*GAL1*プロモーターを用いたZZディスプレイシステムが採用された。これとは別に，EGFP（Enhanced green fluorescent protein）とFc部位を融合したGFP-Fcを分泌生産するBY4742：GFP-Fc株が創製された。これを，先のBY4742：GUZZ株と共培養すると，ZZドメインをディスプレイしているBY4742：GUZZ株の細胞表層に，GFPの緑色蛍光がフローサイトメーター，ならびに蛍光顕微鏡で確認されている。さらに，ZZに結合しているGFP-Fcを酸により解離させ特異的に回収できることを，ウエスタンブロッティングにより確認し，蛍光顕微鏡下においても，GFP-Fcの解離が証明されている（図2(B)）。さらに，GFP-Fc以外のFc融合タンパク質として，C末端側に活性部位がある*Rhizopus oryzae*由来のリパーゼROLのN末端側にFcを融合したFc-ROLを分泌発現するBY4742：ROLF2株が作製された。この株も同様にBY4742：GUZZ株との共培養が検討され，分泌発現されたFc-ROLは活性を保持したまま回収されることが明らかとなった。これにより，細胞表層に分子ディスプレイされたZZドメインにより，目的タンパク質のN末ならびにC末へのFc融合タンパク質がもとの活性を保持したままで生産，回収される系が確立された。混合物である血清，培地，いずれの成分からもIgGを単離できることが明らかとなり，今後，酵母の分泌系を用いてIgGなどの抗体分子を生産させると同時に，速やかに回収できるシステムが構築できるものと期待されている。

8.6　抗体以外の親和性タンパク質の調製

最後に抗体以外の標的タンパク質親和性分子の調製系について述べる。ここで紹介するFRET（Fluorescence resonance energy transfer）を用いた細胞膜内側における分子間相互作用システムは，2分子間の相互作用検出系としてのみならず，特定のタンパク質への特異的結合リガンドの創製系として期待される。本手法は，目的分子を細胞膜の細胞質側に固定化し，細胞質に存在するタンパク質，あるいは発現量や時期をコントロールした外来タンパク質との相互作用を検出できる。*S. cerevisiae*を宿主とし，Snc2タンパク質の細胞膜ターゲティングドメイン（MTD；membrane-targeting domain）によるZドメインの固定化と，細胞質に発現させたFcの相互作用をFRETにより検出する系[10]について紹介したい（図3）。Snc2タンパク質は，標的分子の膜輸送を仲介しているSynaptobrevinのホモログであり，このC末側領域の膜貫通ドメイン（CTM；C-terminal transmembrane domain）が，Zドメインの固定化部位として利用された。また，Zドメインならびにcに融合する蛍光タンパク質としては，ECFP（Enhanced cyan fluorescent protein）とEYFP（Enhanced yellow fluorescent protein）が選択されている。ZドメインならびにFcに融合したタンパク質が酵母細胞内で共発現され，Fc-Z相互作用に伴うFRETが解析されている。コントロールとして，ECFP-Z融合タンパク質を細胞質内で発現させた場合は，ECFPの励起光（440 nm）では，ECFPからの蛍光シグナルしか検出されなかったが，ECFP-Z融合タ

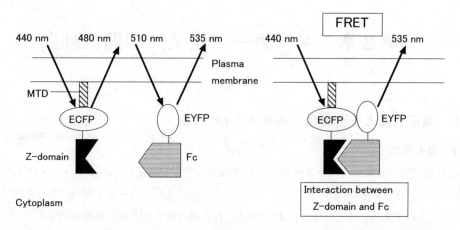

図3　FRETを指標とした細胞膜に固定した標的タンパク質との分子間相互作用検出系
（文献2）より転載）

ンパク質をMTDにより細胞膜に固定化した場合では，ECFPの励起光によりEYFPの蛍光（535 nm）が検出できている。また，本手法の利点として，蛍光顕微鏡により可視化できることに加え，一方を細胞膜に局在化させることにより，分子間相互作用を観察したい両者を細胞内で遊離，拡散させてしまう場合と比較すると，検出効率が良いということも挙げられる。

この細胞膜FRET検出系において，膜に固定したタンパク質に対して相互作用を期待する相手側のタンパク質をコンビナトリアルライブラリー化[11]することで，特異的親和性を示す新規なリガンド分子のスクリーニングができる。IgGのような天然に存在する親和性分子にはない，興味深い性質を持った分子が次々と生み出され始めている。

文　献

1) B. Nilsson *et al.*, *Prot. Eng.*, **1**, 107 (1987)
2) S. Shibasaki *et al.*, *Yakugaku Zasshi*, **129**, 1333 (2009)
3) S. Shibasaki *et al.*, *Anal. Sci.*, **25**, 41 (2009)
4) S. Shibasaki *et al.*, *Recent Pat. Biotechnol.*, **4**, 198 (2010)
5) M. Ueda *et al.*, *J. Biosci. Bioeng.*, **90**, 125 (2000)
6) S. Shibasaki *et al.*, *Biosens. Bioelectron.*, **15**, 123 (2003)
7) K. Horii *et al.*, *Biotechnol. Lett.*, **31**, 1259 (2009)
8) Y. Nakamura *et al.*, *Appl. Microbiol. Biotechnol.*, **57**, 500 (2001)
9) S. Shibasaki *et al.*, *Appl. Microbiol. Biotechnol.*, **75**, 821 (2007)
10) S. Shibasaki *et al.*, *Appl. Microbiol. Biotechnol.*, **70**, 451 (2006)
11) M. Ueda *et al.*, *Yakugaku Zasshi*, **129**, 1277 (2009)

第2章　メーカー（企業）の開発動向

1　食の機能と安全評価に寄与するpH計測

野村　聡*

1.1　はじめに

　pHは溶液物性の重要なパラメーターとして幅広い分野で測定が行われている。食品とpHの関係としては，そもそもpHというパラメーターは，20世紀初頭のワインの酸度に関する研究から考案されたものである。そして今日においては，食の機能創生のための基礎研究から，安全評価や品質管理に至るまで，種々の工程で当たり前のようにpH測定が行われている。pH測定法として最も手軽で信頼性が高く，それゆえに最も普及しているのは，ガラス電極を用いたpHメーターによる測定法である。この手法は実用化されて以来半世紀以上の歴史を有し，いわば完成された技術であるかのように認知されている。しかしながら，ガラス電極の動作原理や電極形状の制約などから，信頼性高い測定を行うために，さらなる改良や革新が行われている。特に食に関する計測では，試料性状や形態・形状が多岐にわたるため，種々のタイプの電極が実用化されている。本節では，それらの中でも，特に，粘性の高い試料や固形試料の測定に適した電極シーズを紹介する。

1.2　pH測定法の原理と電極のバリエーション
1.2.1　ガラス電極とISFETの原理

　pH測定用電極として用いられる，ガラス電極とISFETについて，それらの動作原理を説明する。ガラス電極は図1(a)に示す構造をとり，ガラス応答膜で発生する電位差が溶液のpH値に依存することを利用している。ISFET（Ion Sensitive Field Effect Transistor：電界効果型イオン感応トランジスター）は，ガラス電極のガラス応答膜と内部液の機能を半導体センサーに置き換えたものである（図1(b)）。ゲート部分に水素イオンや水酸化物イオンに選択的に反応する物質を形成させ，試料溶液のpHに応じたゲート部電荷量の変動を，ソース―ドレイン間電流の変動で検知する（図1(c)）。

1.2.2　pH測定用電極のバリエーション

　pH測定用電極の中でも，食品試料に適したものとして，ガラス電極の3つのタイプのものと，ISFETの2つのタイプのものを紹介する。

(1) 厚膜型ガラス電極（図2(a)）

　ガラス応答部を厚膜にしたもので，堅牢性の向上だけでなく，試料に接する部分の凹凸が少な

＊　Satoshi Nomura　㈱堀場製作所　開発企画センター　技術担当部長

第2章　メーカー（企業）の開発動向

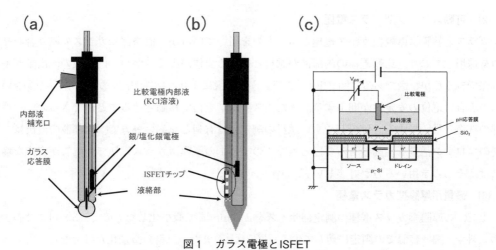

図1　ガラス電極とISFET
(a)ガラス電極の構造，(b)ISFETの構造，(c)ISFETの動作原理

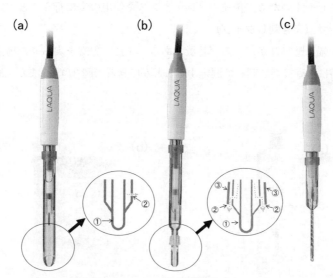

図2　食品試料測定に適したガラス電極のバリエーション
(a)厚膜型ガラス電極，(b)可動スリーブ型ガラス電極，(c)微量用厚膜型ガラス電極
①ガラス応答膜，②液絡部，③スリーブ
破線矢印は比較電極内部液の流出経路を示す。

く，応答部や液絡部を試料に接触しやすいという利点がある。さらに凹凸が少ない構造ゆえ，測定後に付着した試料のふき取りや洗浄も容易である（図2(a)）。特にpH電極は測定後の洗浄が電極性能を適切に維持する上で重要であるため，このような構造は食品系の試料測定には有利となる。

61

(2) 可動スリーブ型ガラス電極

ガラス応答膜は厚膜型ガラス電極と同じものを用いているが，液絡部にガラスの刷り合わせ構造を採用しており，比較電極の内部液が試料と接する面積が広く，かつ，内部液の流出量が多く確保できる点が特徴である（図2(b)）。このような特徴により，粘性が高い試料や水分の少ない試料の場合に電位の安定性が向上する。また，スリーブを指で移動させることができるので，液絡部の洗浄が行いやすく，付着しやすい試料の測定では有利となる。一方で，内部液の流出は，試料のプロトン活量を変動させる要因ともなるので，(1)の厚膜型ガラス電極での応答が安定な場合には，そちらを用いる方が好ましい。

(3) 微量用厚膜型ガラス電極

上記(1)の厚膜型ガラス電極の測定部サイズをφ3mmまで微小化したもので，300μlまでの少量の試料や，細い容器での測定に適している（図2(c)）。また，試料の微量化だけでなく，省スペース，あるいは廃液量の低減などの副次的なメリットも得られる。基本的な性能は厚膜型ガラス電極と同等ながら，測定部が微小なため，試料の付着や汚れの影響で，応答速度の低下やふらつきの増大を引き起こしやすいため，後述のメンテナンスを使用の度に行うことが好ましい。

(4) ISFETセンサ（突き刺しタイプ）

ガラスに比べ大幅に堅牢性が高いのが特徴である。また，先端を尖らせた構造ゆえ，果物などの表面の堅い試料にも直接突き刺して測定することができる（図3(a)）。また，測定部が電極側面

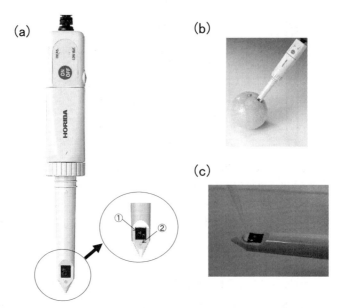

図3　ISFETと測定例
(a)外観，(b)食品試料への突き刺し測定例，(c)微量試料の滴下による測定法（試料容量100μl）
①pH応答部，②液絡部

第2章 メーカー（企業）の開発動向

に配置されているので，電極本体を横向けに固定すれば，ピペットやスポイトから直接試料を滴下する測定も可能となる。この場合，100 μl まで試料容量を抑えることも可能である。

(5) ISFETセンサ（完全平面タイプ）

(4)のISFETセンサのバリエーションであり，測定部を円筒状ボディの底面に配置している（図4(a)）。また，測定部の段差を100 μm以下に抑えているため，水分を含む固形状試料の表面に接触させての測定も可能となる。また，完全に固形の試料であっても，試料に微量のイオン交換水や純水を滴下することで，試料表面の性状をpHで評価することができる。さらに，シャーレや三角フラスコ内での試料においても，液面が低い状態で測定でき，試料容量の低減にも寄与できる。

1.3 半固形・固形食品の測定例

食品そのもののpHや食品成分のpHは，食の機能や安全性という視点よりむしろ品質管理の視点から広く測定されている。加えてそれらのpHは，共存する物質の機能や安全性を左右する指標としても重要である。また，食の機能や安全性評価は，食品に含まれる化合物や素材レベルでの評価が十分にされることが前提であるが，我々の口に入る"食べ物"の状態での評価が究極の姿ともいえる。それゆえに，食品試料をできる限りそのままの状態で測れる技術は重要である。ここでは，食品試料pHの直接測定として，粘性の高い食品試料や，半固形あるいは固形食品試料の評価について紹介する。

まず，粘性のある試料やクリーム状の試料の測定には，厚膜型ガラス電極や可動スリーブ型ガラス電極が適している。おおよその傾向として，比較的液体に近く流動性のある試料の場合，ガラス応答部と液絡部が試料に接触しやすく，測定後の試料の拭い取りや洗浄が行いやすい厚膜型ガラス電極が適している。一方で，流動性が低い試料の場合，比較電極の液絡を介して比較電極内部液が試料に接触しやすい可動スリーブ型ガラス電極が適している。両者の厳密な判定基準を数値的な指標で表現するのは難しいが，実際に測定してみると，厚膜型ガラス電極では支持値の大きなふらつきが見られる場合がある。そのような場合は，可動スリーブ型ガラス電極により，そのふらつきは低減される。試行錯誤的な検討が必要になるとはいえ，両タイプの電極によるデータ比較によって適した電極を選択することが好ましい。

半固形あるいは固形食品試料には，堅牢性が特徴で，かつセンサボディを尖らせているISFETセンサが適している（図4(a)）。また，完全平面タイプのISFETセンサでは，試料表面の性状を簡便に測定することが可能である（図4(b)）。上述の突き刺し測定とは異なり，試料の表面のみで測定が可能であり，突き刺しが全くできないより堅いサンプルでの測定が可能となる。また，突き刺す必要がないので，測定に必要な試料量（体積）も抑えることができるなどのメリットも期待できる。加えて，イオン交換水や純水などの水分を介在させることで，完全に表面が乾燥した固形試料の表面であっても表面状態をpHで評価するという，ユニークな応用も期待される（図4(c)）。

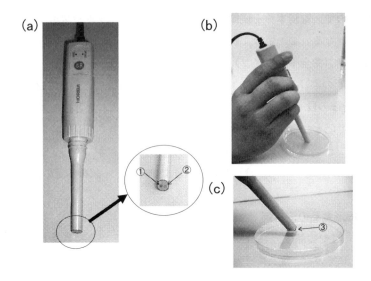

図4　平面型ISFET（試作品）と測定例
(a)外観，(b)固形試料表面の測定例（寒天ゲル），(c)固体表面の測定例
①pH応答部，②液絡部，③イオン交換水（100 μl滴下）

1.4 pH測定電極のより効果的な活用法

pH測定電極のより効果的な活用法として，近年のpHメーターの機能を活かした連続モニタリングによる反応解析と，特に食品系試料における電極の適切なメンテナンス法を紹介する。

1.4.1 連続モニタリングによる反応解析

食の機能解析や安全評価においては，対象物が関与する生体反応をモニタリングすることが重要である。モニタリングすべき反応がpH変化を伴う場合や，試薬の選択によってpH変化を生じさせることが可能な場合には，pHの連続モニタリングによる評価を行うことが可能である。近年，測定値を一定間隔で記憶させたり，測定値をリアルタイムで画面表示させたりパソコンに出力できる機能を搭載したpHメーター（図5）が市販されており，これらの機能を用いることで，実験室レベルでもpHの連続モニタリングは容易に行える。用いる電極は試料容量に応じて，厚膜型ガラス電極，微量用厚膜型ガラス電極を用いることができる。さらにISFETセンサを用いると，試料容量を低減できるだけでなく，測定容器を準備することなく簡便にモニタリングが可能である。なお，温度条件を一定に保ちたい時は，厚膜型ガラス電極，微量用厚膜型ガラス電極の場合は，試料容器を恒温水に浸し，温度平衡になってから測定を行えばよい。また，ISFETセンサの場合は，センサごと小型の恒温装置に入れることが可能である。なお，本章6節に記載の高感度ISFET信号累積型バイオセンサーは，試料容量を2 μlにまで低減し，反応系の温度調整や，反応過程の自動化が行われている。

第2章　メーカー（企業）の開発動向

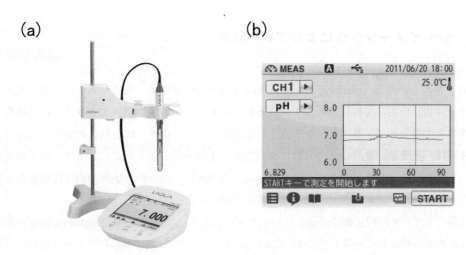

図5　最新のpHメーター(a)とリアルタイムモニタ表示の例(b)

1.4.2　電極の最適なメンテナンス

　食品系試料の場合，タンパク成分を含む場合が多く，ガラス応答膜の汚れ，比較電極液絡部の汚れ・詰まり，さらには，比較電極内部液の汚染が発生しやすい。これらは，電極の応答速度を著しく低下させたり，測定電位の誤差やふらつきの原因となる場合が多い。これらの問題を回避するためには，以下の手順を参考に電極の洗浄を適切に行うことが推奨される。

① 　ガラス応答部や比較電極液絡部は測定の度に，十分な純水やイオン交換水で洗浄し，キムワイプなどで洗液を拭い取る。
② 　比較電極の内部液は基本的には毎日交換することが好ましい。
③ 　応答速度や感度が低下してきた時には，中性洗剤をスポンジに染み込ませ，ガラス応答部や比較電極液絡部を拭い，十分な純水やイオン交換水で洗い流す。
④ 　③の効果が不十分な場合には，5％のペプシンを含む1N塩酸溶液に一晩浸し，十分な純水やイオン交換水で洗い流す。

　なお，③の応答速度や感度の低下については，多くの市販pHメーターで，アラーム機能やエラーメッセージ機能が搭載されているので，その判断に従えばよい。

1.5　おわりに

　食の評価に寄与できるpH測定法について紹介した。pHは食品の機能や安全性と直接相関するパラメーターではないものの，共存する物質の機能や安全性を左右することも大いにあり，これらの評価のためにも，今後，ますます多種な環境や形態で，多様な試料の測定要求が拡大するものと予想される。

2 SPRイメージングによるアレイ解析

稲森和紀*

2.1 はじめに

　表面プラズモン共鳴（Surface Plasmon Resonance；SPR）は，ラベルフリーかつリアルタイムな分子間相互作用の解析技術として用いられている。検出対象物質（アナライト）に特異的な結合性を有する分子（リガンド）を基板上に固定化したバイオチップを用いたSPRによるセンシング技術は，医薬品，食品などの分野においても，生体分子のバインディングアッセイなどに広く用いられている。しかしながら，SPR測定は，基本的に一対一の分子間の相互作用解析を想定されたものであり，スループット性の点には弱点があった。

　SPR測定をアレイ解析技術に適用したSPRイメージング法は，1988年にRothenhäuslerとKnoll[1]により初めて提唱されている。その後，Cornら[2,3]によりパターン化されたアレイを用いて，平行光とした偏光光束をチップ全面に照射して，その反射像をCCDカメラで撮影する方法が確立された（図1(A)）。その結果，チップ上の広い範囲における相互作用を同時に検出することが可能となった。この方法においては，チップ上に区画化された約1 cm^2の測定領域に複数の物質を固定化したアレイを作製し，各区画の反射光強度の変化を検出することで，多点における相互作用を同時に観察することが可能である。光源ランプには白色光源を用いており，光がピンホールを通ることにより平行光束とされる。

　図1(B)には，SPRイメージング装置の内部構造を示した。光源からの平行光束のプリズムを介した反射光をCCDカメラで撮像する仕組みになっている。フローセルとプリズムを金チップとともに専用ホルダーに装着させた状態で，解析装置のステージ上に装着して測定を行う。アナライト溶液は，プランジャーポンプを用いて送液することによりアレイ表面に作用させることができる。

　SPRイメージング用アレイを簡便に作製するために，自動スポッターが用いられる。図1(C)は，自動スポッターを用いて，96点のスポッティングを終えた直後のアレイの写真である。パターン化されたアレイを撮像したSPRイメージは図1(A)右上のようになり，専用の解析プログラムを用いて画像データとして取り込まれる。アナライト分子が結合することにより，その箇所が明るくなる様子をイメージとして観察することができる。このSPRイメージの画像データを演算処理することにより，各点（スポット）における相互作用解析を同時に行うことが可能である。

　本節においては，SPRイメージング法のアプリケーション事例として，特にチップ上に固定化されたペプチドのOn-chipリン酸化に関する検出系に焦点を当てて紹介する[4〜8]。

＊　Kazuki Inamori　東洋紡績㈱　知的財産部

第2章 メーカー（企業）の開発動向

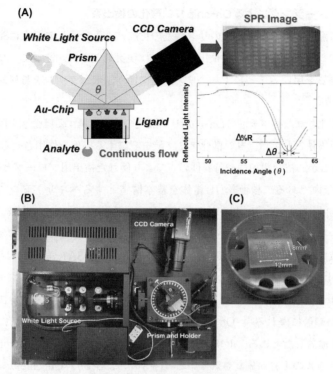

図1　SPRイメージング法の原理
(A)SPRイメージング法の原理と画像，(B)SPRイメージング装置の内部構造，(C)スポッティング直後の金チップ

2.2　SPRイメージング解析によるペプチドアレイ上におけるリン酸化検出
2.2.1　プロテインキナーゼの網羅的解析の重要性

　高等真核生物の細胞は，様々な刺激を受けることにより，分化，増殖，癌化，アポトーシスなどへと細胞状態を変化させる。レセプターが受容したシグナルを細胞内に伝え，細胞生理機能を制御するのが，プロテインキナーゼ（protein kinase；PK）やプロテアーゼなどの酵素群で構成される細胞内の情報伝達ネットワークである。細胞内シグナル全体のプロファイルは，細胞を用いた創薬スクリーニング，シグナル伝達経路の解明，組織溶解液による腫瘍診断などの研究への寄与が期待される。

　特にPK活性を網羅的に解析する技術は，近年分子標的薬の評価手法として注目されつつある。例えば，特定のPKに対する阻害剤のスクリーニングに有用と考えられる。このような新薬のスクリーニングや評価に際して，ハイスループットなPKアッセイのために，ペプチドアレイによる解析が用いられている。一般的なPKアッセイにおいては，蛍光物質[9,10]や$\gamma\text{-}^{32}\text{P}$，$\gamma\text{-}^{33}\text{P}$のようなラジオアイソトープ[11]（図2(A)；Scheme C）などによる標識化の手間が必要である点が課題である。

2.2.2 SPRイメージングによるOn-chipリン酸化の検出系

リン酸化反応に際して，ペプチドへのリン酸基の付加による分子量の増大は80に過ぎず，この分子量変化をSPRシグナルとして直接検出することは現実的でない。そこで，リン酸基に対して結合性を有する物質を用いることにより，リン酸化に伴うSPRシグナルを特異的に増幅させる必要がある。

チップ上に固定化されたペプチドのOn-chipリン酸化の検出に関する概念図を図2(A)に示した[4]。従来から知られる方法としては，リン酸化アミノ酸を認識する抗体を作用させる方法[11]（図2(A)；Scheme A）があるが，結合親和性や特異性の点でより優れた検出用プローブとして，筆者らは，亜鉛キレート化合物である二核亜鉛(II)錯体を基本構造とするヘキサアミン二核亜鉛(II)錯体（N,N,N',N'-tetrakis（pyridin-2-ylmethyl）-1,3-diaminopropan-2-olato dizinc(II)complex）のビオチン修飾化合物（図2(B)）[12]を用いている（図2(A)；Scheme B）。このビオチン化された亜鉛化合物を含む溶液でチップを処理した後，ストレプトアビジン（SA），さらには抗SA抗体（anti-SA）の作用に関するSPR解析を行うことにより，リン酸化アミノ酸を含むペプチドに対する特異的な結合シグナルを観察することができる。Scheme Aの方法と比較して，特にリン酸化セリンに対する選択性が顕著に優れる[4]。On-chipでプロテインキナーゼA（PKA）によるリン酸化を行い，SPR解析を検討したところ，セリン残基を有するPKA基質ペプチド（Probe 1）において，特異的なSPRシグナルの上昇が確認されている（図3(A)および(B)）。On-chipリン酸化のSPRイメージングによる検出手段として，亜鉛化合物が有用であることが確認される[4]。

また，リン酸化セリン残基を含むPKA基質ペプチド（Probe 3）とセリン残基がリン酸化されていないPKA基質ペプチド（Probe 1）につき，種々の比率の混合物を固定化したアレイをリン酸化率のキャリブレーション用のアレイとして用いることにより，SPRイメージングによるリン

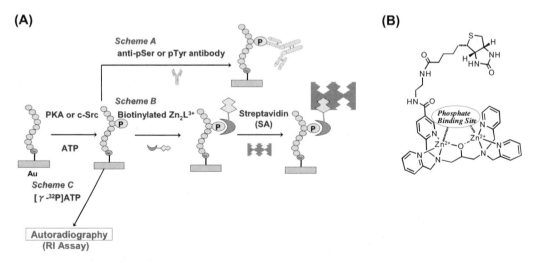

図2 On-chipリン酸化検出方法
(A)On-chipリン酸化検出スキーム，(B)リン酸化検出に用いられる亜鉛化合物の化学構造

第2章 メーカー（企業）の開発動向

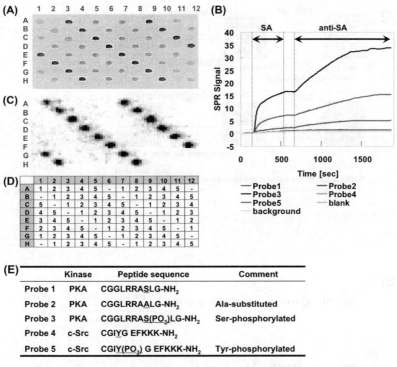

図3　PKAによるOn-chipリン酸化反応に関するSPRイメージング解析
(A)SPRイメージ，(B)SPRセンサグラム，(C)オートラジオグラム，(D)ペプチドアレイのパターン，(E)固定化ペプチドプローブのアミノ酸配列

酸化率の定量も可能であり[4]，On-chipリン酸化反応に関するKineticsを捉えることもできる。固定化されたPKA基質ペプチドは，2時間のPKA反応により約20％のリン酸化率でほぼ定常化された[4]。溶液状態で同じ基質ペプチド（Kemptide）[13]がPKAにより30分で80％以上のリン酸化が確認されたという報告[14]と比べると著しく低い値であるが，基板上に固定化されることによりペプチド分子の自由度が小さくなり，その結果PKAのペプチド分子へのアクセスが困難になるためと考えられる。

2.3　ペプチドの金表面への固定化に関する表面化学

SPRイメージングに用いられるペプチドアレイの作製に際しては，金表面へのペプチドの固定化に関する表面化学が重要である。筆者らは，Brockmanら[15]の方法を参考にして，図4(A)に示すように，予めポリエチレングリコール（PEG）表面を形成させた後，フォトリソグラフィ技術によりパターン化を行い，マレイミド基を導入後，システイン残基を末端に有するペプチドを用いたチオールカップリングによる固定化方法が，非特異的な吸着抑制の点から有用である。ここで，マレイミド基導入のための架橋剤の選択が重要である。On-chipリン酸化によるSPRシグナ

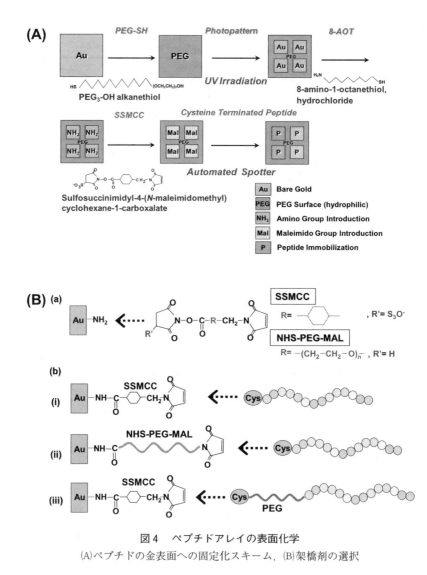

図4 ペプチドアレイの表面化学
(A)ペプチドの金表面への固定化スキーム，(B)架橋剤の選択

ルは，ペプチドの固定化に用いる架橋剤の鎖長に依存して大きく変動する。低分子の架橋剤であるsulfosuccinimidyl-4-(N-maleimidomethyl) cyclohexane-1-carboxalate（SSMCC；分子量436）を用いることにより（図4(B)；Scheme (i)），強いシグナルが得られた[5]。DNAアレイを用いた転写因子との相互作用に関する解析においては，SSMCCよりも，分子量3,400のPEG誘導体（NHS-PEG$_{3400}$-MAL）を用いるのが有用であったとの報告もある[16]。しかしながら，本解析に用いるペプチドアレイに関しては，鎖長の長いNHS-PEG$_{3400}$-MALを用いた場合（図4(B)；Scheme (ii)）には，逆にほとんどシグナルを得ることができなかった。高分子量の架橋剤を用いるとペプチドの固定化反応収率が低くなるためと考えられる。

第2章 メーカー（企業）の開発動向

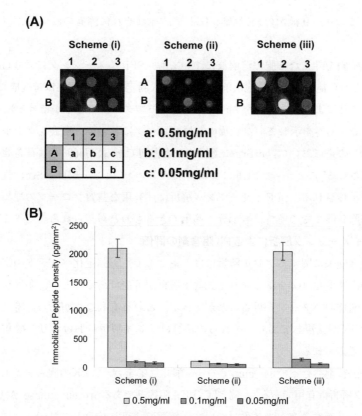

図5 架橋剤の鎖長と金表面へのペプチド固定化密度との関係
(A)蛍光アレイスキャナによるペプチド固定化密度の解析，(B)ペプチド固定化密度の定量化

　この点について，Cy3標識ペプチドを用いた蛍光アレイ解析により，ペプチドの固定化密度の定量化を検討した結果から，架橋剤の鎖長に依存してペプチドの固定化密度が大きく変わることが確認されている（図5(A)）。SSMCCを用いた際の固定化密度は，PEGリンカーを用いる場合の約10倍の高い値を示した（図5(B)）[5]。一方，PEG挿入型ペプチドを，SSMCCを介して固定化する（図4(B)；Scheme (iii)）ことにより，On-chipリン酸化反応を向上させることも可能である[5]。ペプチドの固定化密度を確保しつつ，PEGによるスペーサー効果も機能していることによると考えられる。

2.4　SPRイメージングによる創薬スクリーニングへの展開の可能性
2.4.1　細胞溶解液中のPK活性のSPR測定
　様々なPKが発現している細胞を破砕した細胞溶解液によるリン酸化の解析においては，ペプチドアレイを用いて解析することにより，リン酸化のパターンとして捉えることが有用である[17]。例えば，26種類の各種PKに関して設計された基質ペプチドを固定化したアレイを用いたSPRイ

メージング解析により，9種類のPK反応に関して，それぞれに固有のリン酸化パターンが得られている[6]。

さらに，薬剤刺激を与えた細胞の溶解液についても，SPRイメージングによりOn-chipリン酸化を評価することも可能である。細胞溶解液によるSPR測定の結果，例えば神経成長因子（NGF）で刺激を加えることによるリン酸化パターンの変動をモニターすることができる[6]。特にc-SrcおよびAbl反応により応答を示していた数種の基質プローブにおいて，SPRシグナルの顕著な増大が確認された。この系において，c-Srcに選択的な阻害剤であるSU6656を共存させると，シグナルの低減が確認される[6]ことから，NGFによる刺激が，少なくとも一部はc-Src活性の亢進に関与していることが示唆される。SPRイメージング解析は，有用な基質プローブの種類を多く揃えることにより，細胞レベルでの解析にも十分に適用できるものと考えられる。

2.4.2　SPRイメージング解析によるPK阻害剤の評価

リン酸化の阻害効果に関するアレイ解析には，主として，①固定化ペプチドの密度を高めることによる解析の高感度化，②少量の試料や試薬で解析が可能であること，③多種類の基質プローブに関するリン酸化のパターンを得ることができる，という有利な点がある。特に，細胞溶解液中には多種類のPKが発現しており，それらの活性はアレイ解析におけるリン酸化パターンに反映されるものと考えられる。

種々の濃度の阻害剤共存下でOn-chipでのリン酸化反応を行う，PKの阻害アッセイについてもSPRイメージング解析は有用である[7]。例えば，PKA阻害剤であるprotein kinase A inhibitor 5-24（Amide 5-24）の共存するアッセイ系について，阻害剤濃度に依存してProbe 1におけるリン酸化シグナルの消失する様子がSPRイメージングおよびオートラジオグラフィによりモニターされる（図6(A)および(B)）。

阻害剤濃度に対するSPR解析により得た阻害活性をプロットすることにより，阻害曲線が得られる。阻害メカニズムの異なる2種類のPKA阻害剤（Amide 5-24およびH-89）を対比すると，Amide 5-24に関しては阻害剤のアミノ酸配列に，H-89に関しては反応系のATP濃度にそれぞれ依存して，阻害曲線の挙動に顕著な変化が確認されている[7]。これは，各阻害剤の阻害メカニズムが反映された結果と考えられる。さらには，リン酸化効率が12％程度の非常に低いレベルにおけるアッセイではあるが，スーパークエンチング法[18]に基づく溶液アッセイ結果と対比しても，ほぼ同様な阻害曲線の挙動が確認され，得られたIC_{50}（half maximal inhibitory concentration）についても両者で同等の値が得られている[7]。

亜鉛化合物を用いたSPRイメージング解析技術の結果，①PK阻害剤の阻害活性をモニターできること，②各種PK阻害剤の阻害メカニズムが反映される結果が得られること，③溶液アッセイによる結果と対比しても信頼性の高いIC_{50}値の得られることが検証された。本解析技術は，PK反応に関する阻害アッセイにも適用できる可能性が示唆される。

上述した通り，ペプチドアレイの表面化学を構築し，亜鉛化合物をSPRイメージングに適用した結果，固定化ペプチドのOn-chipリン酸化の検出および定量化を可能とし，PK活性を網羅的に

第2章 メーカー（企業）の開発動向

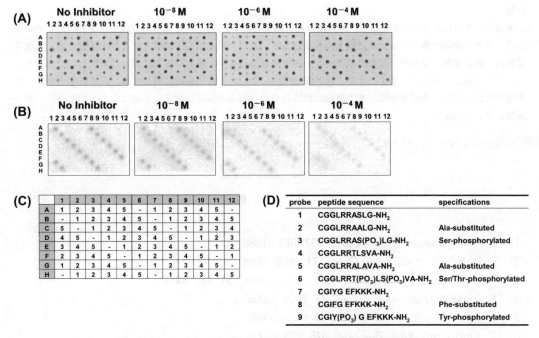

図6 SPRイメージング法によるPKA反応に関する阻害アッセイ
(A)SPRイメージ，(B)オートラジオグラム，(C)ペプチドアレイのパターン，(D)固定化ペプチドプローブのアミノ酸配列

解析するための有用な手法が得られ，創薬スクリーニングなどへ展開するための布石となるものと考える。

2.5 おわりに

SPRイメージング法は，他の種々の生体分子間の相互作用についても，網羅的な解析手法として有用である。筆者らは，SPRイメージング法により様々な生体分子に関する相互作用の多点解析を実現している。具体的には，抗体アレイによる細胞溶解液中に含まれる蛋白質との相互作用解析[19,20]，DNAアレイによる転写因子との相互作用解析[16]，光親和型架橋剤[21,22]を用いて，光反応により官能基に非依存的にランダム配向に低分子化合物を固定化したアレイによる蛋白質との相互作用解析[23]，光親和型固定化法[21,22]による糖鎖アレイによるレクチンとの相互作用解析[24]などが挙げられる。それぞれの解析系について，金チップ上の表面化学に特徴を有している。SPRイメージング法は，簡便にハイスループット解析が可能であり，その解析対象に適した表面化学のバリエーションを揃えることによって，様々な生体分子に関する相互作用解析に適用できるものと期待される。

謝辞

本稿は，平成14年度新エネルギー・産業技術総合開発機構（NEDO）「ゲノム研究成果産業利用のための細胞内シグナル網羅的解析技術」委託研究の成果であり，九州大学大学院工学研究院・片山佳樹教授，新留琢准教授，森健助教，北九州工業高等専門学校・園田達彦助教より，多大なるご指導，ご高配をいただきました．ここに感謝の意を表します．また，リン酸化検出に用いた亜鉛化合物に関しては，広島大学大学院・医歯薬学総合研究科・小池透教授，木下英司准教授のご尽力により検討に至ることができたものであり，厚く御礼を申し上げます．

文献

1) B. Rothenhäusler et al., *Nature*, **332**, 615 (1988)
2) B. P. Nelson et al., *Anal. Chem.*, **71**, 3928 (1999)
3) J. M. Brockman et al., *Annu. Rev. Phys. Chem.*, **51**, 41 (2000)
4) K. Inamori et al., *Anal. Chem.*, **77**, 3979 (2005)
5) K. Inamori et al., *Anal. Chem.*, **80**, 643 (2008)
6) T. Mori et al., *Anal. Biochem.*, **375**, 223 (2008)
7) K. Inamori et al., *BioSystems*, **97**, 179 (2009)
8) 稲森和紀ほか, *BIO INDUSTRY*, **23**, 35 (2006)
9) M. L. Lesaicherre, *Bioorg. Med. Chem. Lett.*, **12**, 2079 (2002)
10) M. L. Lesaicherre, *Bioorg. Med. Chem. Lett.*, **12**, 2085 (2002)
11) B. T. Houseman et al., *Nat. Biotechnol.*, **20**, 270 (2002)
12) E. Kinoshita et al., *Dalton Trans.*, **8**, 1189 (2004)
13) B. E. Kemp et al., *J. Biol. Chem.*, **252**, 4888 (1977)
14) T. Sonoda et al., *Bioorg. Med. Chem. Lett.*, **14**, 847 (2004)
15) J. M. Brockman et al., *J. Am. Chem. Soc.*, **121**, 8044 (1999)
16) M. Kyo et al., *Genes Cells*, **9**, 153 (2004)
17) S. Shigaki et al., *Anal. Sci.*, **23**, 271 (2007)
18) F. Rininsland et al., *Proc. Natl. Acd. Sci. USA*, **101**, 15295 (2004)
19) M. Kyo et al., *Anal. Chem.*, **77**, 7115 (2005)
20) H. Koga et al., *Electrophoresis*, **27**, 3676 (2006)
21) N. Kanoh et al., *Angew. Chem. Int. Ed.*, **42**, 5584 (2003)
22) N. Kanoh et al., *Angew. Chem. Int. Ed.*, **44**, 3559 (2005)
23) N. Kanoh et al., *Anal. Chem.*, **78**, 2226 (2006)
24) M. Kyo et al., *Methods Mol Biol.*, **577**, 227 (2009)

3 ELISA法の原理と測定法—免疫反応の形式（サンドイッチ法，競合法）と測定反応（吸光法，蛍光法）ならびに測定時の注意点—

境　雅寿*

3.1　はじめに

　ELISAとはEnzyme Linked Immuno Sorbent Assayの略で，酵素免疫測定法とも呼ばれる免疫学的測定法の一種である。定量性を特徴とするELISA法は，元をたどれば1950年代にS. A. BersonとR. S. Yalowによって開発されたラジオイムノアッセイ（Radioimmunoassay, RIA）に端を発している[1,2]。

　RIAは，あらかじめ放射性物質で標識した抗体を用いて微量の抗原を検出・定量する測定法で，高い特異性と検出感度を持つ優れた測定法であった。しかしながら，RIAは放射性物質を用いるために取扱に細心の注意が必要であり，被爆を防ぐために特別な設備を必要とするなど，測定のしやすさという観点からは問題のある方法であった。そこで，より安全性が高く，安価で簡便な方法として，抗体の標識物質を放射性物質からペルオキシダーゼなどの酵素に変更したELISA法が開発された。

　現在では，ELISA法は，①信頼性が高く，②測定に特別な機器を必要とせず（一般的にELISA法で必要になる器具は，試料溶液調製用のガラス器具類，マイクロピペット，吸光度計などである），③多検体を同時に，安価に測定できる測定系として，臨床診断をはじめ食品検査や環境検査など様々な分野で使用されている。しかしながら，一口にELISA法といえども，測定原理の違いなどから様々な方法がある。本節では，ELISA法の種類と測定時の注意点について概説したい。

3.2　ELISA法の分類

　ELISA法とは，測定対象物に特異的に結合する抗体，あるいは測定対象物そのものを蛍光物質や酵素で標識し，抗原抗体反応を利用して試料溶液に含まれる測定対象物を定量する測定法である。ELISA法は，測定原理の違いからサンドイッチ法と競合法に，標識に用いる物質の違いにより吸光法と蛍光法に大別される。以下に，それぞれの方法について概説したい。

3.2.1　サンドイッチ法

　サンドイッチ法は，抗原抗体反応を用いて試料溶液中から測定対象物を分離した後に，酵素標識した抗体を用いて測定対象物を検出，定量する方法である。

　サンドイッチ法では，測定の最初のステップで，測定対象物に特異的な抗体を固定したプレートウェルに試料溶液を添加して一定時間静置し，試料溶液に含まれる測定対象物を抗体に結合させる（一次反応）。その後，プレートウェルの内容液を廃棄し，洗浄することによって試料溶液中から測定対象物のみを分離する。ここに酵素標識した第2の抗体を添加すると，再度抗原抗体反応が起こり，結果として固相化抗体—測定対象物—酵素標識抗体のサンドイッチ構造を形成する

---

*　Masatoshi Sakai　㈱森永生科学研究所　研究開発部　製品第2担当リーダー

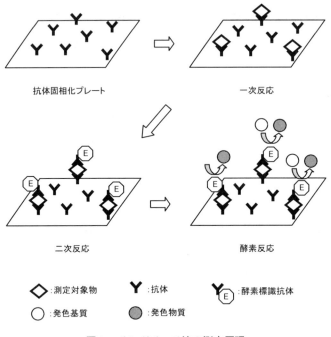

図1　サンドイッチ法の測定原理

(二次反応)。再度プレートウェルの内容液を廃棄，洗浄して未反応の酵素標識抗体を除去すると，ウェル内には固相化抗体―測定対象物―酵素標識抗体のサンドイッチ構造のみが残る。このサンドイッチ構造は試料溶液中の測定対象物量に比例して生成するため，ここに発色基質液を添加すると，結果的に試料溶液中の測定対象物量に比例して発色する（酵素反応）。すなわち，試料溶液中に測定対象物が多く含まれれば濃く，少なければ薄く発色することになる。この発色度合いを測定し，濃度既知の標準物質を用いて作成した検量線を用いて測定対象物量を定量する。

サンドイッチ法の最大の利点は，測定対象物を固相化抗体と酵素標識抗体の2種類の抗体を用いて検出するため，特異性が非常に高い点が挙げられる。また，サンドイッチ法では，プレートウェルへの酵素標識抗体の非特異的な結合を抑制し，高力化の抗体を用いることにより，アットモルレベルの高感度測定が可能になることが示されている[3]。一方で，サンドイッチ法が成立するには，測定対象物は2カ所以上で抗体と結合しなければならず，測定対象物が小分子物質の場合はサンドイッチ法での測定が不可能な場合がある。

3.2.2　競合法

競合法は，試料溶液中に含まれる測定対象物と酵素標識した測定対象物（標識抗原）が共存した状態で抗体と反応させることにより，測定対象物を定量的に測定する方法で，直接競合法と間接競合法の2種類がある。

第2章 メーカー(企業)の開発動向

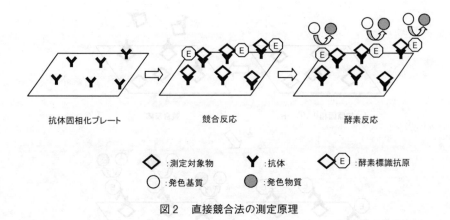

図2 直接競合法の測定原理

(1) **直接競合法**
　測定対象物に特異的な抗体を固定したプレートウェルに試料溶液と標識抗原を添加して一定時間静置する。このとき，試料溶液中に測定対象物が含まれていると，抗体の抗原結合部位を標識抗原と奪い合うことになる（競合反応）。すなわち，試料溶液中に測定対象物が多く含まれると固相化抗体に結合する標識抗原量は少なくなり，試料溶液中に含まれる測定対象物が少ないと固相化抗体に結合する標識抗原量は多くなる。その後，プレートウェルの内容液を廃棄し，洗浄することによって未反応の標識抗原を除去する。ここに発色基質液を添加すると，結果的に試料溶液中の測定対象物量に反比例して発色する（すなわち，試料溶液中に測定対象物が多く含まれれば薄く，少なければ濃く発色する）ので，この発色度合いを測定し，濃度既知の標準物質を用いて作成した検量線を用いて測定対象物量を定量する。

(2) **間接競合法**
　測定対象物を固定したプレートウェルに試料溶液と測定対象物に特異的な抗体（一次抗体）を添加して一定時間静置する。このとき，試料溶液中に測定対象物が含まれていると，抗体の抗原結合部位をプレートウェルに固定した測定対象物（固相化抗原）と奪い合うことになる。すなわち，試料溶液中に測定対象物が多く含まれると，固相化抗原に結合してプレートウェルに固定される一次抗体量は少なくなり，試料溶液中に含まれる測定対象物が少ないとプレートウェルに固定される一次抗体量は多くなる。その後，プレートウェルを洗浄して未反応の一次抗体を除去後，酵素標識した二次抗体を加えて一次抗体と結合させる。再度洗浄して未反応の二次抗体を除去した後に発色基質液を添加すると，直接競合法と同様に試料溶液中の測定対象物量に反比例して発色する。この発色度合いを測定し，濃度既知の標準物質を用いて作成した検量線を用いて測定対象物量を定量する。

　競合法は1種類の抗体で測定対象物を検出するので，測定対象物が持つエピトープは1種類で

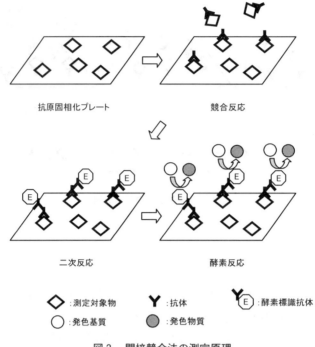

図3　間接競合法の測定原理

よい。そのため，サンドイッチ法と異なり小分子物質でも測定が可能である。

　一方で，競合法では，測定系の特異性が1種類の抗体の特異性に依存するため，2種類の抗体で測定対象物を検出するサンドイッチ法と比べて非特異反応が出やすい。また，感度の面でも，競合法では試料溶液中の測定対象物量に反比例して発色するため，測定対象物量が微量の場合にはブランクとの吸光度差が測定誤差に隠れてしまい，サンドイッチ法に比べて高感度化が難しいという短所がある。

3.2.3　吸光法

　これまで述べてきた方法は，全て標識物質として酵素を用い，最終的に発色基質液を反応させて生じた発色物質の量を吸光度計で測定することにより，測定対象物の量を定量する方法である。このような方法は吸光法と呼ばれる。吸光法で使用される酵素としては西洋わさびペルオキシダーゼ（horseradish peroxidase：POD）やアルカリフォスファターゼが汎用されており，発色基質としては，西洋わさびペルオキシダーゼでは3,3',5,5'-テトラメチルベンジジン（3,3',5,5'-tetramethylbenzidine：TMB）が，アルカリフォスファターゼではo-フェニレンジアミン（o-Phenylenediamine：OPD）がよく用いられている。これら発色基質は，それぞれ固有の吸光スペクトルを持ち，測定時には使用する発色基質に応じた波長の吸光度を測定する。例えば，TMBを発色試薬に用いて測定する場合は450 nmの吸光度を，OPDの場合は490 nmの吸光度を測定する。さらに，測定の際には，使用するプレートウェル自体が持つゆがみなどによる影響を除くた

め，450 nm あるいは490 nmの吸光度に加えて630 nmの吸光度も同時に測定し，これを先の吸光度からさし引くことにより補正を行うことが望ましい．

3.2.4 蛍光法

標識物質に蛍光物質を用い，これに励起光を当てて生じる蛍光を蛍光度計で測定・定量する方法が蛍光法である．一般に蛍光法は吸光法よりも検出感度が良いが，一方で測定に用いる蛍光度計が吸光度計に比べて高価であり，設備投資に費用がかかるという欠点がある．

3.3 測定時の注意点

ELISA法は，特別な機器を必要とせず，機器分析法と比較して導入が容易な測定系であるが，その反面，測定時の環境や手技などによって思わぬ測定誤差が出る場合がある．

以下に，そのような誤測定を防ぐための注意点を列記する．

3.3.1 マイクロピペットの誤操作

測定結果のばらつきや予想外の結果が出る場合，マイクロピペットの誤操作がその原因であることが多い．よくあるマイクロピペット誤操作には，以下のものがある．

(1) 試料溶液・試薬の分注量の間違い

ELISA法で正確な測定を行うには，試料溶液や抗体溶液などの試薬を，正確な容量で再現性よく分取し，ウェルに分注する必要がある．試薬の分取量がウェル毎にばらつくと測定結果に大きく影響するので，正しい量を分注するのはもちろん，チップ表面に付着した試料溶液の混入にも気を付けなければならない．

(2) 試料溶液・試薬分注時のチップの交換忘れ

同じチップで異なる試料溶液を分注することは，試料溶液のコンタミネーションを引き起こすので必ず避けなければならない．また，1つの試薬を同じチップで異なるウェルに分注する場合にも，チップ先端がすでに分注されている溶液に触れるとコンタミネーションの原因となるので気を付けなければならない．

(3) 試料溶液の異なるウェルへの混入

試料溶液をウェルに分注する際に，近くのウェルに試料溶液がはねて混入する場合があるので，分注操作は丁寧に行う必要がある．チップ先端をウェルの壁面に軽く当てるようにして分注操作を行うと，試料溶液のはねを防止することができる．

3.3.2 反応時間の厳守

試料溶液や試薬の分注に時間が掛かりすぎると，最初と最後のウェルで反応時間に差が出てばらつきの原因となる．特に短い測定時間で定量するキットでは反応時間による差が大きく出るので，できるだけ速やかに分注操作を行わなければならない．ウェル間の時差を少なくし，測定精度を良くすることができるので，試薬の分注に8連，または12連のマイクロピペットを使用することが望ましい．

3.3.3 試薬温度

抗原抗体反応や発色反応は，反応時の温度によって反応効率が左右されるため，冷蔵保存した試薬を冷たいまま使用すると十分な吸光度が得られない場合がある。そのため，測定に用いる試薬類は1〜2時間室温に置き，十分に温度を戻してから使用するべきである。

3.3.4 反応温度

先にも述べたように，抗原抗体反応や発色反応は，反応時の温度によって反応効率が左右されるため，測定時にはプレートを一定温度に設定したインキュベーター内に置き，できるだけ温度変化のない状態で行われるべきである。特に冬場は試験場所の気温が低くなっている場合が多いので，十分に留意が必要である。

3.3.5 プレートの乾燥

プレートを洗浄後，次の溶液を分注せずに空のまま長時間放置すると抗体の力価が低下したり，バックグラウンドが上がるなど測定に悪影響を及ぼすことがあるので，洗浄後はなるべく速やかに次の溶液を分注することが望ましい。

また，反応中のプレートを，エアコン風下など通気の良い場所に放置すると，インキュベーション中にプレート外周のウェルから溶液が蒸発することがある。このように溶液が蒸発すると，プレート外周のウェルの吸光度が他のウェルよりも高くなる，いわゆるエッジ効果の原因となるため，風が当たらないよう紙箱やインキュベーター内で反応したり，プレートをラップなどで包むことが望ましい。

3.3.6 洗浄不良

洗浄不良は，ELISA測定においてバックグラウンドを上昇させ，測定精度の低下を引き起こす最大の要因である。プレート洗浄は洗浄液をウェルに分注し，直ちに廃棄するという操作を3〜6回繰り返すことにより行われるが，この際に洗浄液の廃棄が不十分だとプレートの洗浄効率が低下し，洗浄不良の原因となるので，プレートをキムタオルなどに叩きつけるようにして洗浄液を完全に廃棄することが望ましい。

3.3.7 プレート底面の汚れ

プレート底面が汚れていると，吸光度計で各ウェルの吸光度が正確に測定できず，ばらつきの原因となる。特にプレート洗浄操作において，プレート底面に付着した洗浄液を放置しておくと乾燥して汚れとなるので，最後の洗浄液を廃棄した後，底面をキムワイプなどで拭い，汚れの発生を防止することが望ましい。

3.4 おわりに

先にも述べたように，ELISA法は信頼性が高く，特別な機器を必要とせずに多検体を同時に測定できる測定系である。そのため，ELISA法を利用した食品検査は，中小の食品企業でも容易に導入できる極めて有用な検査法である。

本節で述べた諸注意は，ELISA法を用いた検査において正確な検査結果を得るためのキーポイ

第2章 メーカー（企業）の開発動向

ントであり，ELISA測定を行う際に参考にしていただければ幸甚である。

文　献

1) S. A. Berson *et al.*, *J. Clin. Invest.*, **35**, 170（1956）
2) S. A. Berson *et al.*, *J. Clin. Invest.*, **38**, 1996（1959）
3) 石川榮治，超高感度免疫測定法，1，学会出版センター（1993）

4 低分子抗原用抗体およびイムノセンサの実用化

高木陽子*

4.1 はじめに

　1959年にインスリンのラジオイムノアッセイが開発されると，その後に酵素抗体法とラジオイムノアッセイとを併せた酵素免疫測定法の開発の試みが1971年に報告され，酵素免疫測定法（Enzyme linked immunosorbent assay：ELISA）は目覚ましい発展を遂げ，蛋白質などの高分子から化学物質などの低分子まで多岐にわたる化合物の微量分析に必須の方法論となった。

　一方，1960年代半ばに発表された"酵素電極"にはじまり，米国と日本を中心に生物電気化学センサの研究が進み，バイオセンサの実用化に向けた研究に多くの企業が参入し，我が国においては血糖値センサなど医療分野を中心に数百億円のバイオセンサ市場が形成されたと言われている。1970年代後半には，抗体を分子認識材料とし，抗原―抗体の親和性を利用したイムノセンサが東京工業大学の鈴木研究室から発表され，この技術を医療分野のみならず，環境・食品分野に応用しようとする研究例が多数報告されてきた。

　近年，世界レベルで問題となっている環境中におけるPCB，DDT，ダイオキシンなどのPersistent Organic Pollutants；POPs（残留性有機汚染物質）について，2001年5月，「残留性有機汚染物質に関するストックホルム条約」が採択され，我が国においても2002年8月にPOPs条約を締結したことから，国際的に協調して積極的にPOPsの廃絶，削減などの対応を講じる必要がある。また，食料自給率が低く海外からの輸入に頼らざるを得ない我が国の食糧事情においては，作物の残留農薬，食品への化学物質の曝露など，安全性が十分に評価されないまま消費者に届けられており，食の安全が求められている。このような背景の中，環境中に存在する発がん性や内分泌かく乱物質などの残留性の高い物質や，食品に残存する農薬などの迅速かつ簡易なモニタリング・スクリーニングのニーズが高まり，これまで主として採用されていたGC/MSなどの煩雑な精密分析方法に代わる，生物機能を利用したより簡易な分析法が求められるようになってきた。

　環境試料や食品中の試料には，血液や尿などの人体試料とは異なり，不測の妨害因子の混入により，時に，分析値が真値より大きく乖離する場合があることから，試料を十分に前処理し，使用する抗体などの分子認識素子の特異性の情報などを十分に知得して測定系を構築しなければ分析の正確性を担保することは困難である。ここでは，これらの課題を解決することで，ダイオキシン類やPCBなどの環境中の低分子化学物質に対するイムノセンサの実用化に成功した例について，抗体開発，センサ開発，および関連する技術について紹介する。

4.2 低分子抗原用抗体の開発

　抗体は，「鍵と鍵穴」に例えられるように分子認識力を発揮し，極めて特異的に標的対象物質となる抗原と相互作用する。低分子抗原はハプテン（hapten）と呼ばれ，免疫原性を欠きこれらを

---

* Yoko Takagi　京都電子工業㈱　バイオ研究部　主任研究員

直接免疫しても特異抗体は得られず，反応原性のみをもつ抗原，つまり，特異抗体と反応はするが，抗体やリンパ球の増殖や分化を誘導しない性質をもつ物質であり，不完全抗原（incomplete antigen）とも呼ばれる。分子量数百以下の化学物質，脂質や核酸，ペプチドなど，これらハプテンは高分子のキャリア蛋白質と結合することにより免疫原性をもつようになる。キャリア蛋白質としては，ウシ血清アルブミン（BSA），卵白アルブミン（OVA），スカシガイ由来ヘモシアニン（KLH）などが挙げられる。キャリア蛋白質とリンカーを介し共有結合によりコンジュゲートした免疫原を，BALB/cマウスなどの哺乳類に，非経口的に投与すると抗原決定基（エピトープ）として働き，抗体が産生されるようになる。この方法により，我々は排ガス・ばいじん・燃え殻中のダイオキシン分析に適用可能な抗ダイオキシン抗体[1]，カネクロールの分析に適用可能な抗PCB抗体[2]などの抗体開発に成功している。

ハプテンに対する抗体開発においては注意すべき課題が多くあり，これらを考慮して開発を進めていかなければ，使用に耐えうる抗体が誘導されない，あるいは誘導されても実際の測定において機能しないなどの問題を抱えることとなる。以下に，低分子抗原用抗体の開発に際し，考慮すべき課題をまとめた。

【抗原設計・合成における課題】
① キャリア蛋白質をコンジュゲートする際のリンカー導入位置の設計
② 高純度な抗原を得るための合成ルートの構築
③ スペーサー末端への活性エステル基導入などにより，キャリア蛋白質へ定量的かつ効率的に化合物を導入
④ 環境中の化学物質の多くの特徴である難分解性の改善を狙った設計

【免疫・抗体選抜における課題】
① マウス抗血清中の抗体価に応じた免疫間隔や感作量のコントロール
② キャリア蛋白質に対する抗体を除くスクリーニング
③ 有機溶媒（例えばジメチルスルホキシド；DMSO）存在下における抗体選抜
④ 開発測定系（非競合法あるいは競合法）に応じたスクリーニング

4.3　イムノセンサの開発

バイオセンサ（biosensor）とは，生体起源の分子認識機構を利用した化学センサの総称であり，測定対象を認識する分子認識材料と，その際に発生する化学ポテンシャル，熱あるいは光学的な物理化学変化を電気信号へ変換するトランスデューサーから構成されている。バイオセンサの原理は1962年に Leland C. Clark により提唱され，1967年にアップダイクとヒックが酵素（グルコースオキシダーゼ）を使用して，基質（グルコース）の有無をゲルに担持した電極により検出する系について最初の論文を発表した[3]。

その後，酵素センサ，微生物センサ，免疫センサ，遺伝子センサ，細胞・器官センサ，脂質・脂質膜センサ，感覚模倣センサ（においセンサ・触覚センサ）などが開発されており，その中で

も抗原―抗体反応を利用したセンサを免疫(イムノ)センサと呼ぶ。

　血糖計を中心に発展してきたバイオセンサは，高感度化，共存物質の影響の排除，試料の微量化，測定系の安定化，小型化，操作性改善，用途の拡大，校正方法確立，計測時間短縮，センサ寿命延長，安価などの改良を目指して開発が進められ，特に，抗体を利用したセンサの研究報告としては，間接競合免疫測定法を利用した水晶振動子(Quartz Crystal Microbalance:QCM)によるビスフェノールAの測定(検出下限値：0.3±0.07 ng/ml)[4]や，抗体を利用した表面プラズモン共鳴センサ(Surface Plasmon resonance:SPR)によるサブppbレベルの多環芳香族炭化水素(PAH)の測定[5]あるいは，サブpptレベルの農薬[6,7]の測定例が報告されている。しかしながら，報告の多くは，環境水や媒体に測定対象である標準品を添加して調製した，環境試料を模した模擬試料による結果である。実際の環境試料は，様々な妨害物質(マトリクス)を含み，測定対象の環境中における媒体への分布も不均一であるなど，これらの報告技術が環境試料分析に直ちに適用可能となるには，さらなる多くの課題の克服が必須となる。

　特に，イムノアッセイの場合は，機器分析のように内部標準を添加することによる補正ができないため，マトリクスの十分な除去が可能な精製度の高い前処理法が必須となる。また，試料の希釈は有効な前処理法となることから，可能な限り高感度な抗体の開発が望ましい。

　以下に，イムノアッセイの環境分析適用時における課題をまとめたが，実際には，多くの環境試料を分析し，その分析値結果を機器分析などで得られる結果と照らし合わせ，十分に解析しつつ，機器分析などの先行技術との相関を確認することが必要である。

① 試料からの測定対象物質の抽出
② 精製度(クリーンアップ度)，再現性の高い前処理
③ 高感度な抗体
④ イムノアッセイに適用可能な溶媒(DMSO)への効率的な置換方法
⑤ 試料溶液の均一性
⑥ 分析時に使用する機器・器具類・部材への測定対象化合物吸着の有無
⑦ 試料吸着(キャリーオーバー)の判断方法およびその洗浄方法の確立
⑧ 標的対象化合物と類似構造を有する異性体情報の調査
⑨ 標準品の管理

4.4　イムノセンサの実用化

　我々の開発したイムノセンサの実用例として，まずダイオキシンバイオセンサがある(図1)。本センサは，蛍光標識された抗体を測定する検出部，自動で測定試料などをフローさせることのできる送液系，複数の測定試料を1つのセルに順番に送液するための切り替えバルブ，送液や検出部の再生，洗浄などをコントロールするパーソナルコンピューターなどからなり，イムノアッセイの分類においては，標識法の内の，不均一(ヘテロジニアス)法，非競合法に分類され，フロースルー形の測定方法を採用していることから，フロー式イムノセンサと命名されている。測

第2章 メーカー（企業）の開発動向

図1 フロー式イムノセンサ
（ダイオキシン・PCB用）

表1 ELISAとフロー式イムノセンサ（ダイオキシン）の原理の比較

	ELISA	フロー式イムノセンサ
測定法	Competitive ELISA	Kinetic Exclusion Assay（KinExA®）
測定原理・特徴	バッチ式の反応系 反応槽内で抗体とダイオキシンと競争物質が長時間競合反応し，三者が平衡に達した時の抗体と競争物質の結合量を測定する。	フロー式の反応系 抗体とダイオキシンとの反応により形成された平衡状態を可能な限り変動させずに，未反応抗体のみを固相化抗原でトラップし測定する。
原理図	バッチ式の系	フロー式の系

定原理は，結合平衡除外法（Kinetic Exclusion Assay：KinExA®）を採用しており[8,9]，酵素免疫測定法に代表されるELISAなどのバッチ式の反応系と異なり，高感度かつ高精度の測定系の実現が可能である。両系の原理の比較を表1に示したが，抗原抗体複合体（B：Bound）および遊離体（F：Free 遊離の抗原，または抗体）を分離後，F画分の標識シグナルを検出することによって非標識の抗原を測定する方法であるという点で共通であるが，ELISAでは捕捉される固定化抗原（ELISAプレート上）と，遊離の測定対象化合物（ダイオキシンなど）との間で，競合が起

こるのに対し，KinExA®では，予め形成された試料中のダイオキシンと抗体による抗原抗体複合体と，遊離の抗体との平衡状態を保持したまま，セル送液時に未反応の抗体のみを捕捉してB/F分離を行うことから，低濃度の試料になるにつれ不安定となるELISAの系と比較してKinExA®はより安定かつ高感度な系の構築が可能となる（図2）。

　分析操作としては，まず，予め，試料瓶の中でダイオキシンを含む試料と一定濃度の抗体溶液とを反応させ，抗原抗体複合体を形成させる。この時，反応溶液中には抗原抗体複合体，および未反応抗体が存在し，これを抗原誘導体が固定化された測定セル（検出部）内に送液することによって，反応溶液中の未反応抗体のみが抗原誘導体に捕捉されることとなる。抗体には蛍光色素が標識されているため，測定セルで捕捉された抗体量に応じた蛍光強度を受光素子で検出する。測定試料中に，ダイオキシンを含まない場合の抗体結合量，つまり最も高い蛍光強度に対し，測定試料中のダイオキシン濃度に応じて減少する蛍光強度の減少率を求めて，標準試料にて作成した検量線より濃度を算出する（図3）。

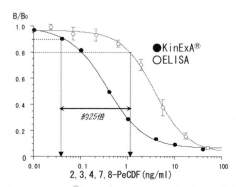

図2　KinExA®およびELISAによる測定系の感度

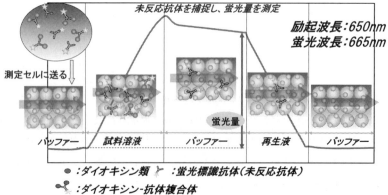

図3　測定原理（KinExA®法）

第2章 メーカー（企業）の開発動向

　本センサは，抽出液を自動で前処理を行うダイオキシン自動前処理装置と共にシステム化され，これまで1〜2週間を要していた高分解能のGC/MSによる分析法に対して，およそ2時間半と短時間で濃度を求めることができる。また，セル内の固定化抗原と抗体の変更だけで，種々の測定対象物質へと容易に適用が可能であるため，新たに開発した抗カネクロール抗体を適用させた絶縁油中微量PCB分析系の実用化にも成功している。ダイオキシン簡易分析法およびPCB分析法は，いずれも前処理法と併せたシステムとしてそれぞれ，「排出ガス，ばいじんおよび燃え殻のダイオキシン類簡易測定法（生物検定法）」，「絶縁油中の微量PCBに関する簡易測定法（迅速判定法・簡易定量法共に）」として環境省に認められたほか，PCBの免疫測定法通則[10]（JIS K0464）にも規定されるなど，精度，感度，特異性，実用性共に認められた公的技術となった。前処理法は，硫酸シリカゲル・硝酸銀シリカゲルを固定化したシリカゲルを重層した多層シリカゲルカラムにより，芳香族化合物および硫黄成分の効率的除去が可能なクリーンアップ，これに連結したアルミナカラムにより，ダイオキシン類，PCBなどを捕捉することで，濃縮・溶媒溶解を同時に行うことができる。エバポレーターなどによる濃縮・溶媒置換操作など，操作間における差が生じる工程を省き，精製・濃縮・溶媒転溶の全工程をカラム上で完了することから，人的誤差を削減し，再現性の高い精製が可能となる。排ガス・ばいじん・燃え殻中のダイオキシン類，絶縁油中のPCBの前処理に関してはそれぞれ装置化されている（図4）[11,12]。

　フロー式イムノセンサにおける1試料の分析時間はわずか3分と短時間で，連続して4試料まで自動で分析結果を出すことが可能である。一連の分析のシーケンスおよび解析は自動で行われることから人的誤差の削減，人件費の削減などに大きく貢献することができる。装置化においては，試料間のコンタミネーションの排除，試料のキャリーオーバー削減を目的とした部材選択およびシーケンスの構築，コストダウンを目的としたデバイス（測定セル）の再利用化などの課題に尽力した[13〜17]。

ダイオキシン自動前処理装置

絶縁油中PCB用前処理装置

図4　イムノセンサ用ダイオキシン自動前処理装置と絶縁油中PCB用前処理装置

4.5 おわりに

本節で紹介した実用化されたバイオセンサは，これからのバイオアッセイ分野において，新たな前処理技術・分析法の開発過程において，標準機としてそれぞれの評価結果の妥当性などの判断に使用ができ，これまでの煩雑で時間・手間を要する機器分析における評価を不要とすることができるという点で，大きな貢献が期待できるであろう。

また，今後は，特に食品中に含まれる化学物質の測定系開発を積極的に行い，税関などにおけるスクリーニングの適用などを目指し，できるだけ多検体・多成分をチェックすることで化学物質に曝された危険な食品の流入を水際で堰き止める役割などを担っていけたらと考えている。

文　　献

1) 高木陽子ほか，特許第4276091号（2009）
2) 高木陽子ほか，特願2006-114732（2006）
3) S. J. Updike *et al.*, *Nature*, **214**, 986（1967）
4) Y-B. Shim *et al.*, "The Ninth World Congress on Biosensors, Delegate Manual"（2006）
5) KV. Gobl *et al.*, *Sensors and Actuators B*, **108**, 784（2005）
6) J. Tschmelak *et al.*, *Analytical and bioanalytical chemistry*, **379**, 1004（2004）
7) G. Liu *et al.*, *Analytical Chemistry*, **78**, 835（2006）
8) II. R. C. Blake *et al.*, *Analytical Biochemistry*, **272**, 123（2004）
9) T. R. Glass *et al.*, *Analytica Chimica Acta*, **161**, 417（2004）
10) 二瓶好正，日本工業規格 JIS K0464（2009）
11) 藤田憲之ほか，環境化学，**15**, 117（2005）
12) 藤田憲之ほか，環境化学，**15**, 585（2005）
13) T. Matsuki *et al.*, *Organohalogen Compounds*, **67**, 39（2005）
14) T. R. Glass *et al.*, *Analytical Chemistry*, **78**, 7240（2006）
15) Y. Takagi *et al.*, *Organohalogen Compounds*, **69**, 800（2007）
16) Y. Takagi *et al.*, "Persistent Organic Pollutants（POPs）Research in Asia", p.12, Edited by Masatoshi Morita（2008）
17) Y. Takagi *et al.*, *Organohalogen Compounds*, **71**, 2749（2009）

5 電気泳動用高度分析試薬の開発

遠藤　真[*1], 山本佳宏[*2]

5.1 はじめに

　近年のゲノム，トランスクリプトーム解析技術の急進により，主要な生物種において，遺伝情報が生体に与える影響，RNA転写レベルの増減と生命現象の変化から多くの知見が得られている。現在ではRNA転写と密接な関係を持ち，実際に生体の代謝に関与するタンパク質の機能解析（プロテオーム）へと進展し，代謝成分の網羅的解析（メタボローム）の進歩と併せ，オミックス解析への期待が高まっている。

　二次元電気泳動法は，タンパク質の三次構造を解きほぐし，生体からより多くの種類のタンパク質を定量性を確保しつつ抽出し，高精度のpH勾配を形成する両性担体により等電点分離を行い，さらにアクリルアミドのマトリックスにより分子量分離を平面状で行うことで，数百から数千のタンパク質（サブユニット）を分離する手法である。1回の操作で非常に多くのタンパク質を同時定量できることから網羅的解析と表現されることも多い。

　この方法では，生体からのタンパク質抽出の際，強力な界面活性剤，尿素，DTTなどの薬剤を使用することができる。この処理によりタンパク質は変性し，またS-S結合の切断により，そのサブユニットも分割される。このため，二次元電気泳動で分離されたスポットはタンパク質のサブユニット，単量体であり，1本のペプチドであることから，エドマン型シーケンサー，質量分析装置の解析によりゲノム配列との相関を得ることが可能である。

　この過程でゲノム配列データベースを利用することから，プロテオーム解析はゲノム解析と密接に連携し，ゲノム情報の整備がなければ，現状のプロテオーム解析の成立はありえなかったと考えられる。

　しかし，単一手法で効率的な抽出，精製が可能な核酸とは異なり，タンパク質はその種類毎にイオン吸着特性，疎水性，塩，有機溶媒に対する挙動が異なるため，網羅的な解析を実現するためには多くの困難が伴っている。

　遺伝子の機能解析を行う場合には，例えば，フェノールなどの強力な薬剤で処理を行ったとしてもDNA，RNAの生体活性は保持されているが，ペプチドを含むタンパク質は複雑な立体構造によりその生体活性を実現していることから，熱，薬剤による変性により永久に機能を失うことから機能もしくは発現量のどちらを主とするか明確な戦略が必要となる。

　また，遺伝子分析技術においては解析の対象となるDNA，RNAを効率よく，分解させずに抽出する専用キットが実用化，市販され，広く利用されている。一方，プロテオーム解析（主に二次元電気泳動解析）を行うための第一段階である網羅的な解析に必要なタンパク試料を調製する

[*1] Makoto Endo　日本エイドー㈱　京阪営業所　営業所長
[*2] Yoshihiro Yamamoto　京都市産業技術研究所　加工技術グループ　バイオチーム
　　主席研究員

抽出試薬キットは，性能面において最先端の研究者を十分満足させるものではない。

二次元電気泳動が最先端の研究分野のみならず，様々な分野の企業や各種試験・研究機関で手軽に利用されるためには，前処理と分析試薬の分析データの再現性向上が求められる。これによって初めて試料調製段階から二次元電気泳動までの各過程における再現性を担保し，データの解析を統計的に処理することができ，定量性のある結果が期待できる。

5.2 抽出試薬キットの開発

現在市販されている二次元電気泳動用のタンパク質抽出キットは，抽出時のタンパク質分解を抑える機能を持たない不完全なものである。抽出時のタンパク質の分解を抑えるという意味では競合する製品としてプロテアーゼインヒビターカクテルが挙げられるが，これはすべての酵素の不活化を実現できるものではなく，キット添付のプロトコールの2倍量を加えても，（写真1A）のように抽出時の分解が観察されている。また，DNA，RNAなどの核酸とは異なり，タンパク質はフェノール，グアニン塩酸塩などの強力な薬剤を使用すると，簡単に変性，不溶化を生じ，解析が不可能になる。逆に，穏やかな条件で抽出すると，操作中にプロテアーゼなどの酵素によるタンパク質の分解が進み，正確な生体現象の定量解析が不可能になる。このような理由で，タンパク質の二次元電気泳動解析は，その重要性とは裏腹に，再現性や定量性の面で大きな問題がある。これらの試料調製段階での諸問題を解決するためには，新しいタイプの二次元電気泳動用前処理試薬（抽出キット）の開発が必要である。新抽出キットがクリアーすべき課題は以下の4点に大別される。

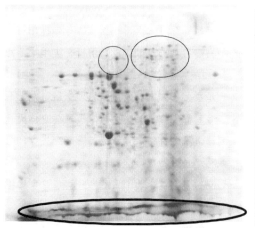 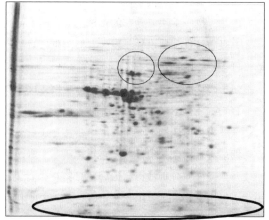

A プロテアーゼインヒビターカクテル（倍量）　　**B** 新規抽出試薬キット

写真1　抽出時，細胞から流出した酵素によってタンパク量が変動（分解）
Aの場合，高分子成分の減少と低分子側にブロードなタンパクのバンドが広がる。Bは，Aに比べ高分子タンパクが明確に検出され，低分子領域のブロードバンドはほとんど見られない。

第2章　メーカー（企業）の開発動向

① 抽出効率の向上
② 抽出時タンパク質の分解を抑制する
③ 不溶化によるタンパク質の脱落を抑制する
④ 核酸などの分析妨害成分を抑制する

　トータルタンパク質の抽出試薬キット開発を念頭に，上記の問題を解決するため，地域で取り組む酒造酵母育種選抜のために開発してきた各種分析技術をベースとした産学官の連携研究開発プロジェクトにより，試薬の組成や抽出条件などの基礎検討を行い，その結果を得て，新しいタイプの抽出試薬キットの開発を実現することができた。地域公設試の実用醸造株の開発段階での経験から，すでに改良点や強化すべき特徴点が明確化していたことが期間短縮に繋がったといえる。この新規抽出試薬には，

① Totalタンパク質の抽出効率向上と分解の抑制
② 疎水性タンパク質の可溶化と妨害成分抑制の機能

を持たせることができた。疎水性タンパク質の可溶化と分析妨害成分対策についても，積極的な酵素処理を取り入れた新たな前処理技術[1]を開発し（写真2），この技術をキット化し，「疎水性タンパク質可溶化前処理試薬」（製造㈱バイオエックス，販売日本エイドー㈱）として既に市販している。

　さらに，抽出時のタンパク質分解を最小限に抑えるため，最適な試薬組成の検討や，破砕，抽出プロトコールの最適化，原料試薬の高純度化を図った結果，「タンパク質抽出試薬キット」（製造㈱バイオエックス，㈱エマオス京都，販売日本エイドー㈱）を開発することができた。この抽出キットを使用した場合（写真1B）に見られるように，（写真1A）で低分子領域に見られていたブロードなタンパクバンドは消失しており，プロテアーゼによる分解の抑制が確認できる。ま

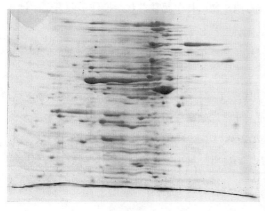 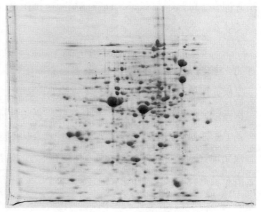

未使用　　　　　　　　　　　　**使用**

写真2　大腸菌対数増殖期細胞 2D像
（サンプルに可溶化前処理試薬を1/5容加え30 min静置）

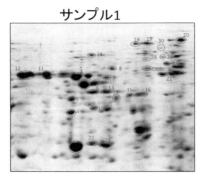
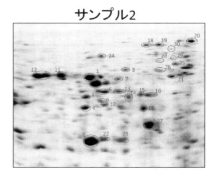
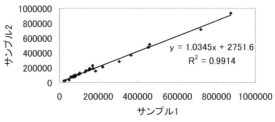

図1　実際の解析結果

た，同一の培養酵母を用い，キットを使って個別に前処理を行い，二次元電気泳動後のスポットを比較したところ，良好な再現性が確認できた（図1）。

　この抽出試薬キットは，エクストラクターA，B，Cの3種類の試薬と希釈液から構成されており，強力な薬剤によるタンパク質の活性抑制効果と酵素による前処理を組み合わせた試薬キットであり，キット内の試薬だけでトータルタンパク質の抽出が可能である。キット内には，微生物・培養細胞・動物細胞など試料の種類別に抽出操作方法や使用具が記載された操作手順書が添付されている。

5.3　機器と試薬の最適化

　二次元電気泳動システムとして，現在，広汎に用いられているIPG（固定化pH勾配ゲル等電点）二次元電気泳動システムは，高分解能である反面，非常に厳密なサンプル調製を要求されるシステムであるが，先に述べたように，サンプル調製のためのキットが整備されているわけではない。二次元電気泳動で再現性のある分析データを得るためには，抽出，前処理試薬，分離分析試薬と装置を最適化し，トータルとしてシステムの再現性，分析の確実性を高めていくことが重要である。

　等電点電気泳動の再現性を高めるため，より簡便に操作が可能なシステムの開発を目指し，新たな分析キットの開発を行った。

　この研究開発では，一次元目の等電点に安価でサンプル調製が容易なDiscカラムを用いた分離

第2章　メーカー（企業）の開発動向

写真3　Disc等電点電気泳動装置

分析試薬キットを開発し，事業化を行っている（「二次元電気泳動用分析試薬セット」（製造・販売　ナカライテスク㈱））。この分析キットは，Disc等電点二次元電気泳動装置（写真3）向けに開発されたキットであり，分析に必要な試薬全てをオールインワンにした商品である。以後，新規開発される抽出・前処理キットは，この二次元電気泳動分析試薬キットに適合する方向で整備を進めている。

5.4　二次元電気泳動システムの検証と今後の展望

　二次元電気泳動という分析法を最先端の研究現場だけではなく，企業や試験場などで商品開発，品質管理，組成分析などに手軽に利用してもらうためには，操作性がよくなければならない。加えて，二次元電気泳動分析の操作を標準化することにより，抽出を含めた全ての操作過程での誤差要因を極力小さくすることが必要である。この問題を解決するために，中小企業のための分析機器利用マニュアル「タンパク質・ペプチド配列分析」[2]が作成されている。このマニュアルには，タンパク質の抽出から二次元電気泳動，ゲル内消化，アミノ酸シーケンスに至るまでの詳細な手順と分析例がイラスト付で掲載されており，分析を行う上で大きな手助けとなると考える。
　酵素処理を利用した抽出・前処理技術については，リアルタイムPCRによるRNA発現解析，ガスクロマトグラフィによる代謝産物，プロテオーム解析の連携解析について評価を行い，RNA発現とタンパク質発現の関連について相関を示すデータが得られている。
　なお，京都市産業技術研究所では，二次元電気泳動に携わる学生や研究者を対象に前述のシステムを使った無料の実技講習会を定期的に開催している。この実技講習会では，先のマニュアルに沿って，タンパク抽出からアミノ酸シーケンスまで，全ての分析過程を体験する試みが始まっている。

タンパク質二次元電気泳動は，既に食品バイオの分野でも利用されている技術ではあるが，今回の試薬キットの開発をきっかけに，この分野において実用的な分析技術として一層の貢献ができることを期待したい。

文　　献

1) Y. Tsujimoto *et al.*, *J. Electrophoresis*, **51**, 15 (2007)
2) 近畿地域イノベーション創出協議会，中小企業のための分析機器利用マニュアル ペプチドシーケンサー タンパク質・ペプチド配列分析：
http://unit.aist.go.jp/kansai/innovation/21B.pdf

6 高感度信号累積型ISFETバイオセンサーの開発

谷　敏夫*

6.1 はじめに

　近年食の安全に対する消費者の関心は日増しに高まっており，食品に含まれる成分についてその含有量の基準が論議される機会が急増している。食品に含まれる農薬などの有害な残留物質はいうまでもなく，これまで特に害があるとされていなかったものについても，摂取過多による健康被害の予防的な観点から，その内容と摂取量が議論されるようになってきており，やや過熱気味であるといってもよい。それに対応して生産者や供給者は要求通りの品質を確保すると同時に食品中の成分を明らかにして表示することや，生産された履歴を明示する，すなわちトレイサビリティが要求される。生産者側としては品質を管理する，あるいはそれを表示する上で正確な分析が必要となるが，それに時間と費用がかかってコスト高になることは避けなければならない。そういった背景の下では簡便でコストの安い，しかも精度の高い食品安全性検査システムの開発が急務である。

　ここに紹介する半導体バイオセンサー（高感度信号累積型ISFETプロトンセンサー）は酵素反応を簡便に効率良く定量測定ができることから，食品安全性を確保するための食品成分検査システムとして最適であると考えられる。以下にその開発の経過を述べる。

6.2 高感度半導体センサー開発の経過

　2003年にヒトゲノムの解析が完了し，ポストゲノムの段階へと移行した。そしてゲノムシーケンス技術の発達に伴いSNPs（一塩基多型）解析技術が飛躍的に進展し，オーダーメード医療への道筋がついたかに思えた。しかし実際に得られたものはこのSNPsと疾患との因果関係を統計的に集計したデータベースに過ぎず，実際にSNPsがタンパク形成にどのように関与し，そのタンパクが代謝系にどのように影響を与えるかについては解明されておらず，疾患との具体的な因果関係はまだ明確でない。SNPs解析技術のゲノム創薬，遺伝子診断，遺伝子治療などへの展開を図るためにはSNPsがどのような疾患の原因になるのか，あるいはSNPsが疾患マーカーとして病理検査に使用できるのかといったことを解明し，タンパク質や代謝レベルでの明確な根拠を明らかにする必要があり，そのためのタンパク質の機能解析が不可欠となる。しかしこれまでSNPsがコードするタンパク質を体系的に評価する解析手法は見つかっていない。そういった背景の下に新しいタンパク質の機能解析開発技術の必要性が高まり，その候補としてこのプロトン検出型ISFETバイオセンサーの技術に注目し，京都大学農学部植田充美教授をリーダーとする多くの研究機関や企業によって構成された平成18〜19年経済産業省地域新生コンソーシアム研究開発事業として研究開発を展開し，その成果として高感度信号累積型ISFETプロトンセンサーおよびそれを用いた生理活性反応測定装置の開発に至った。

---

　*　Toshio Tani　㈱バイオエックス　代表取締役

6.3 ISFETセンサーの原理

FET（電界効果トランジスタ）とはソース，ドレイン端子間のチャンネルに設けたゲート電極に電圧をかけ，チャンネルにおける電界により，端子間の電子の流れを制御するトランジスタであり，スイッチング素子や増幅素子として利用される。ゲート電流が小さい，構造が平面的であるといったことから集積化が容易で，現在の電子機器で使用される集積回路で多用される。このFETのゲート電極の役割を溶液中のイオン量の変化に置き換えたものがISFET（イオン感応型電界効果トランジスタ）である。図1にISFETセンサーの断面図を示す。

ISFETセンサーは，ISFETゲート上のイオン感応膜に溶液が接すると，溶液中のイオン活量に応じて界面電位が発生するしくみを利用している。感応膜が水素イオンに感応するとpHセンサーになる。

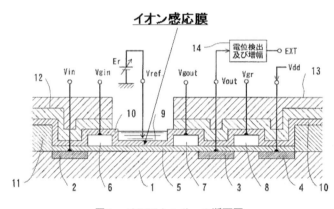

図1　ISFETセンサーの断面図

6.4 高感度信号累積型ISFETプロトンセンサー（AMISセンサー）

ISFETの歴史は古く，1970年オランダのBergveldが不完全ながらISFETの概念を導き出し[1]，その後東北大学の松尾らによって現在のISFETの原型が提案された[2]。以来これまでISFETの応用については数多くの研究がなされてきたが，一部pHセンサーとして実用化されている以外には際立った応用例は見当たらない。その理由はISFETセンサーの感度が十分でなく，信号レベルが低くてノイズに埋もれてしまうため，微小な変化に対応できないとされてきたからである。

この点を改良するために開発したのが信号累積型ISFETプロトンセンサー（AMISセンサー）である[3]。この画期的なバイオセンサーはデバイスをCMOSベースにし，電荷をセンサー内に蓄積できるようにしたもので，測定を瞬時に複数回繰り返し，デバイス内に信号を累積させ，増幅した後に信号を取り出すという機能を備えているためにS/N比（信号／ノイズレベル比）が飛躍的に向上し，微小変化の検出を要求される高感度バイオセンサーとしての応用が可能になったものである。

第2章 メーカー(企業)の開発動向

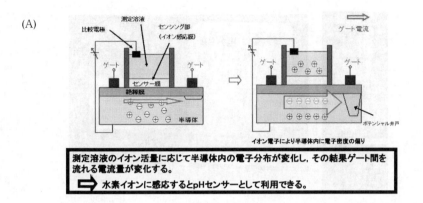

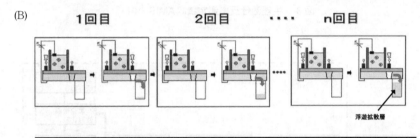

図2　AMISセンサーの測定原理(A)と信号累積の原理(B)

図2にAMISセンサーの測定原理 (A) と信号累積の原理 (B) を示す。

半導体内(チャンネル)を流れる電流は半導体内の電子の配列状態によって流れやすさが決まるが，半導体表面付近の電荷の変動(ゲート電圧)により半導体内の電子の分布状態が変化し(電界の変化)，半導体内を流れる電流量(端子間電流)が変化する。逆にこの電流の流れやすさの変化を測定することによってセンサー表面における電荷の変動が測定できるということになる。すなわち，半導体表面に設けられたセンサー部分で酵素反応によって発生したプロトンの変動を検出するものである。ただし，このままでは従来のISFET同様電流変化量が小さく，十分な感度が得られないが，AMISセンサーは，1回の測定における変化量をセンサー内に電荷として蓄積し，複数回測定することにより信号を累積する構造を持っている。すなわち，浮遊拡散部に電荷として転送することを繰り返し，浮遊拡散部に電荷が累積されるべく構成したことにより，センシング部の表面電位の変化が微量であっても確実に検出し，高感度にイオン濃度の変化を検出することができるのである。この方法は国内外に特許が成立している。

図3にAMISセンサーを装備した測定装置，生理活性反応測定装置(AMIS-101)を示す。

本装置は，センサーと参照電極を含む測定機本体，および制御コンピュータから構成される。

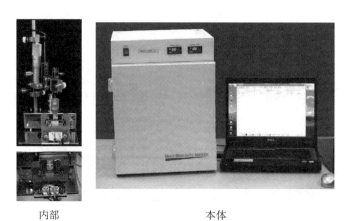

内部　　　　　　　　　　本体

図3　生理活性反応測定装置AMIS-101

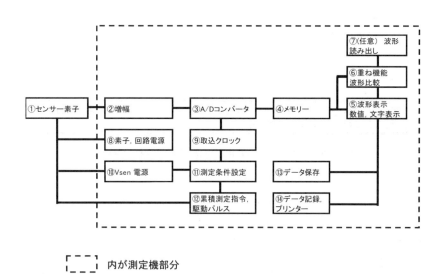

└ ─ ┘ 内が測定機部分

図4　生理活性反応測定装置AMIS-101ブロック図

AMISセンサーによって検出された信号は直ちにデジタル化され，保存されるためデータ処理が容易になっている。図4に測定機のブロック図を示す。

6.5　AMISセンサーの特徴

　AMISセンサーは酵素反応で生じる微量なプロトン量の変化を直接かつ効率良く電気信号に変換するので，従来の光学的検出方法で要求されるラベリングや発色のための複雑なプロセスを必要としない。また，AMISセンサー上の反応セル容量は20 μL であり，数μLという微量の試料で酵素反応が測定でき，しかも反応をリアルタイムでモニターできる。

第2章　メーカー（企業）の開発動向

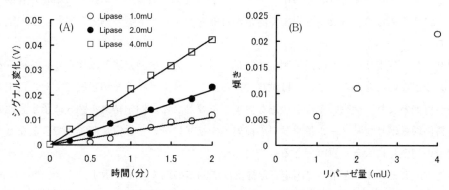

図5　リパーゼ活性測定のタイムコース(A)および活性度依存性のグラフ(B)
（京都市産業技術研究所提供）

表1　AMISセンサーによる酵素反応測定例

基質	酵素	補酵素	基質検出感度（μM）	酵素検出感度（20μl中の絶対量）	検出対象
グルコース	Glucose Oxidase		10 μg/ml (55 μM)	0.5 μg/ml (1 ng)	過酸化水素+グルコン酸
グルコース	Glucose Dehydrogenase	NAD	20 μg/ml (111 μM)		プロトン
グリセロール	Glycerol Kinase + Glycerolphosphate Oxidase	ATP	1.5 μg/ml (16 μM)		過酸化水素
エタノール	Alcohol Dehydrogenase	NAD	10 μg/ml (217 μM)		プロトン
ホルムアルデヒド	Formaldehyde Dehydrogenase	NAD	0.3 μg/ml (10 μM)		プロトン+蟻酸
アセトアルデヒド	Aldehyde Dehydrogenase	NAD	5 ng/ml (0.1 μM)		プロトン+酢酸
ATP	Alkaline Phosphatase		5 μg/ml (10 μM)	0.1 unit/ml (0.002 unit)	リン酸
尿素	Urease		2 μg/ml (33 μM)		アンモニア
クレアチニン	Creatinine Deiminase		1 μg/ml (8.8 μM)	1 μg/ml (2 ng)	アンモニア
オリーブ油	Lipoprotein Lipase		100 μg/ml		オレイン酸
リノール酸コレステロール	Cholesterol Esterase		200 μg/ml (300 μM)		リノール酸
DL-BAPNA	Tripsin		60 μg/ml		アルギニンカルボン酸

またセンシング部の表面積は0.05 mm^{2}となっており将来の装置の小型携帯機器化が容易で，試料をラボに持ち込むのではなく，現場で測定が可能なオンサイト型の測定機器として有望なシステムである。

　測定例として酵素リパーゼの活性測定の結果を示す。光学的測定法とは異なり，試料液が透明である必要がないことから，ここでは試料であるトリグリセライドを超音波でミセル化するだけで測定が可能となり，従来のような複雑な処理が不要となる。測定結果を図5に示す。他の例として飲料中の総ポリフェノール量を試料の前処理をせずにそのまま定量測定ができるなど，いずれも測定の簡便化に大きく貢献できるものである。

　その他AMISセンサーを用いて測定した酵素反応測定の例を表1に示す。

6.6　おわりに

　このようにAMISセンサーはこれまで測定が困難あるいは不可能とされていた酵素反応の測定を簡便に行うことができ，酵素を選択することにより食品中に含まれる種々の成分や有害残留物質を1台の装置で測定できる新しい画期的なセンサーである。

文　　　献

1) P. Bergveld, *IEEE Trans.*, **BME-17**, 70（1970）
2) T. Matsuo *et al.*, Digest of Joint Meeting of Tohoku Sections of IEEE, October（1971）
3) 特許第4195859号

〔機能解析編〕

第3章　大学・研究機関の研究動向

1　食品成分の機能評価法：肥満・メタボリックシンドロームへのアプローチ

坂本智弥[*1]，山口侑子[*2]，高橋信之[*3]，河田照雄[*4]

1.1　背景・概要

厚生労働省の発表によると現代の日本において，死因の約27％を占めるのは心疾患や脳血管疾患であり，これらの疾患による死亡数・死亡率は増加の一途をたどっている。これらの疾患の主な原因は，内臓脂肪型肥満を基盤とする高血圧，脂質異常症，高血糖といった複数の危険因子が重複したメタボリックシンドロームであると考えられており，メタボリックシンドロームの予防・改善は我々の健康を守るうえで重要なことである。

このメタボリックシンドロームの病態基盤として重要であるインスリン抵抗性には，脂肪組織の炎症反応が密接に関与することが知られている。脂肪細胞は過栄養や運動不足により生じる余剰エネルギーを中性脂肪というかたちで細胞内にため込み，自身のサイズを肥大化させていく。一般的にヒトの脂肪細胞の平均直径は約60～90 μmであるが，肥満状態では直径140～150 μmまでに肥大化する。肥満状態の脂肪組織では，tumor necrosis factor α（TNFα）やmonocyte chemoattractant protein-1（MCP-1）などの炎症性サイトカインや遊離脂肪酸の産生が亢進することが報告されている[1～3]。また，脂肪細胞から分泌されたこれらの液性因子は脂肪組織へのマクロファージの浸潤・活性化を促進し，炎症性サイトカインの分泌を亢進することも知られている[3,4]。TNFαやMCP-1がマクロファージなどの免疫系細胞の炎症を促進することは広く知られているが，肥大化脂肪細胞から分泌される飽和脂肪酸がマクロファージのToll様受容体-4（Toll-like receptor-4, TLR4）に結合する内因性リガンドとして機能し，マクロファージを活性化することが報告された[3,5]。また，マクロファージから分泌された炎症性サイトカインが脂肪細胞における中性脂肪の分解を過剰に促進し，多くの遊離脂肪酸を生み出す原因となることも明らかとなっている。この炎症反応の悪循環が脂肪細胞におけるインスリンシグナルを減弱させ，「インスリン抵

[*1]　Tomoya Sakamoto　京都大学大学院　農学研究科　食品生物科学専攻
　　　　　　　　食品分子機能学分野　大学院生
[*2]　Yuko Yamaguchi　京都大学大学院　農学研究科　食品生物科学専攻
　　　　　　　　食品分子機能学分野　大学院生
[*3]　Nobuyuki Takahashi　京都大学大学院　農学研究科　食品生物科学専攻
　　　　　　　　食品分子機能学分野　助教
[*4]　Teruo Kawada　京都大学大学院　農学研究科　食品生物科学専攻
　　　　　　　　食品分子機能学分野　教授

図1　脂肪細胞とマクロファージの相互作用

抗性」を引き起こす（図1）。実際にTNFαは脂肪細胞のc-Jun amino-terminal kinase（JNK）を活性化し，insulin receptor substrate 1（IRS1）をリン酸化することでインスリンシグナルを抑制することが報告されている[6,7]。

　このように脂肪組織における炎症がインスリン抵抗性の主要な原因となると考えられている。したがって，脂肪組織の炎症を抑制することでインスリン抵抗性の改善，さらにはメタボリックシンドロームの改善も行うことができると考えられ，抗炎症作用を有する薬剤や食品成分がメタボリックシンドロームの予防・改善に有効であることが知られている。本研究室においても抗炎症作用を有する食品成分を同定し，脂肪組織における炎症改善作用を報告した[8〜10]。

1.2　食品成分のスクリーニングとその機能解析
1.2.1　ルシフェラーゼアッセイ

　抗炎症食品成分のスクリーニングには，ルシフェラーゼアッセイが用いられてきた。ルシフェラーゼアッセイとは，ルシフェラーゼをレポーター遺伝子として利用し，目的遺伝子の転写活性や標的とする核内転写因子の転写活性化能を評価する実験系である。抗炎症食品成分のスクリーニングには炎症性サイトカインの発現を制御するプロモーター領域やNuclear Factor κB（NF-κB）などの炎症性サイトカインプロモーター領域内に存在する核内転写因子応答配列が用いられている。これらの塩基配列によりルシフェラーゼの発現が制御されるように構築されたプラスミドを培養細胞に導入し，食品成分存在下での転写活性を評価する。ルシフェラーゼアッセイが広く用いられている理由としては，①高感度，②定量性に優れている，③操作が簡便，④測定時間が短い，⑤RIなどを使用しなくて良い，⑥活性発現に翻訳後修飾を必要としない，などレポーターとして優れた特長を有することが挙げられる。

　しかしながら，ルシフェラーゼアッセイは酵素基質反応を利用するため，その反応には高価な基質であるルシフェリンが必須となる。したがって，多数のサンプルをスクリーニングする場合，

第3章　大学・研究機関の研究動向

コストが高くなる。また，ルシフェラーゼーールシフェリンの酵素基質反応による化学発光を検出するには，感度の良い検出系が必要であり，高額な初期投資が必要となる。以上のように，ルシフェラーゼアッセイは検出感度は非常に優れているが，実験コストという観点からは問題がある実験系である。

1.2.2　抗炎症食品成分の機能解析

本研究室では，ルシフェラーゼアッセイのスクリーニングによって同定された食品成分は，RAW264マクロファージや3T3-L1脂肪細胞を用いた培養細胞レベルでの実験を行い，作用メカニズムの解明を行う。培養細胞レベルで脂肪組織内の炎症状態を模倣する実験モデルとして，RAW264マクロファージと3T3-L1脂肪細胞を同一の培養器の中で培養する共培養実験系が確立されている[1]。この共培養系に食品成分を添加することで，脂肪組織の炎症に対する食品成分の効果を検討することができる。また，脂肪細胞とマクロファージのどちらの細胞に効果を示すのかを明らかにするために，遊離脂肪酸や炎症性サイトカインを多く含有する3T3-L1脂肪細胞の培養上清をRAW264マクロファージに添加し，食品成分がマクロファージの炎症状態をどの程度抑制することができるか検討を行う。さらにRAW264マクロファージの培養上清を3T3-L1脂肪細胞に食品成分と共添加し，脂肪細胞に対する抗炎症抑制作用についても同様に検討を行う。当研究室ではこの方法を用いて，シソ由来ポリフェノールであるルテオリンが共培養系において炎症性サイトカインの産生を抑制し，この作用は主にマクロファージに対する効果であることを明らかとした[9]。

上記の実験系で測定するものは，主に両細胞における炎症性サイトカインのmRNA発現量や培地中に分泌された炎症性サイトカインのタンパク質量であり，食品成分の添加によりこれらの因子がどのように変化するかを評価する。炎症性サイトカインの発現量や分泌量を測定する実験系は，実際に生体内でメタボリックシンドロームを悪化させる因子そのものの変化を測定できるため，非常に有用である。一般的にmRNA発現量の評価にはRT-Real time PCR，培地中の炎症性サイトカインの測定にはELISAが用いられることが多い。しかしながら，RT-Real time PCRは細胞からmRNA抽出後にcDNAへ逆転写を行い，さらにそのcDNAをPCRするといった多段階の実験が必要であり，サンプル数が増加すると手間や時間がかかる。また，逆転写，PCRともに逆転写酵素やDNAポリメラーゼなどの高価な酵素を使用するため，実験コストの面でも多数のサンプル処理には不向きである。さらにEILSAは抗体抗原反応を応用した実験系であるため，測定するサイトカイン特異的な抗体が必須であり，RT-Real time PCRと同様にコストの面から大量のサンプル測定にはコストがかかり，不向きである。

1.3　新たなスクリーニング系の構築
1.3.1　蛍光タンパク質レポーターを用いたスクリーニング系の構築

上述の通り，ルシフェラーゼアッセイによるスクリーニングや直接炎症性サイトカインの発現量や分泌量を測定する実験系は，コストの面で多検体のスクリーニングには不向きである。我々

はスクリーニングを二段階で行うことができれば，コストを抑えた多検体のスクリーニングも可能であると考えている。つまり，第一段階（一次スクリーニング）で抗炎症作用を有する食品成分を選び出し，第二段階（二次スクリーニング）でその効果の濃度依存性や培養細胞への効果をルシフェラーゼアッセイや炎症性サイトカインの発現量・分泌量で詳細に検討するということである。今回我々は第一次スクリーニングとして利用できる簡便かつ低コストである抗炎症食品成分のスクリーニング系構築を試みた。

我々が新たに構築したスクリーニング系に用いるレポーター遺伝子は蛍光タンパク質（fluorescence protein）である。緑色蛍光タンパク質（Green fluorescence protein, GFP）をはじめとした蛍光タンパク質は自己触媒による翻訳後修飾により蛍光を発するため，蛍光観察に基質が必要なく，蛍光を検出するためのコストは低い。また，ルシフェラーゼのように細胞を溶解させる工程も必要なく，生きた細胞での遺伝子発現変化を観察することができるため，経時的変化の検討も容易である。また蛍光タンパク質レポーターは青，緑，黄，赤と多様な蛍光を利用することができる。そのため，それぞれを目的遺伝子のプロモーター領域と結合し，細胞に導入することで一つの細胞から多数の遺伝子発現を検討することができる。当研究室では前述したマクロファージや肥大化脂肪細胞から産生されるTNFαやMCP-1のプロモーター領域によってGFPの発現が制御されるように構築したレポータープラスミドをRAW264マクロファージに導入し，マクロファージ由来の炎症性サイトカインの発現をモニターする実験系の構築を行った。

十分に分化させた3T3-L1脂肪細胞の培養上清（conditioned medium, CM）によりTNFα プロモーター-GFPレポータープラスミドを導入したRAW264マクロファージを刺激すると，GFP由来の蛍光強度が有意に増加した。また，NF-κBの核移行を阻害するBAY 11-7085（BAY）を添加したところ，刺激により誘導された蛍光強度が減少した（図2 A，B）。この時，TNFα mRNA発現量，培地中に分泌されたTNFαタンパク質量を検討したところ，蛍光強度と同様の変化を示した（図2 C，D）。したがって，TNFα プロモーターによって誘導された蛍光強度はこれらの炎症変化を表す指標となることが示された。また，3T3-L1脂肪細胞との共培養を行っても同様の実験結果が得られた。現在，MCP-1などの他の炎症性サイトカインプロモーターでも同様の実験系を構築し，脂肪細胞の炎症状態をモニターするための検討も行っている。脂肪細胞とマクロファージの両細胞の炎症性サイトカインの発現を異なる色の蛍光タンパク質によりモニターできると，従来，培養上清を用いた実験でしか得ることができなかった「どちらの細胞に抗炎症効果が現れているのか？」といった検討事項について，共培養を行うだけで明らかにすることができる。また経時的な変化を検討できるため，どちらの細胞に先に効果が現れるかなどの知見を得ることができると期待している。

前述の通り，蛍光タンパク質は生きた細胞での発現をモニターできる。つまり，蛍光タンパク質を目的遺伝子のプロモーターで発現させるように構築したトランスジェニックマウスを作製することで，動物個体内での目的遺伝子の発現を検討することができる。我々はTNFα プロモーターを用いた炎症性サイトカイン発現評価系を培養細胞レベルで構築後，そのレポータープラスミ

第3章　大学・研究機関の研究動向

ドを用いた動物個体レベルでの実験系を構築中である．肥満状態の動物個体内でいつ，どこで，どのように炎症性サイトカインが産生され，それが抗炎症食品成分でどのように改善されていくのかといった様子を観察でき，食品成分の作用機序を詳細に検討できると期待している．また，従来，共培養系でしか検討することができなかった脂肪細胞−マクロファージの相互作用を生体内で観察することもできると考えている．

1.3.2 蛍光タンパク質レポーターの課題

蛍光タンパク質レポーターを用いた本実験系は刺激依存的にシグナルの強度が変化する直線性はあるものの，やはりルシフェラーゼアッセイと比較するとsignal-noise（S/N）比が悪い．それ

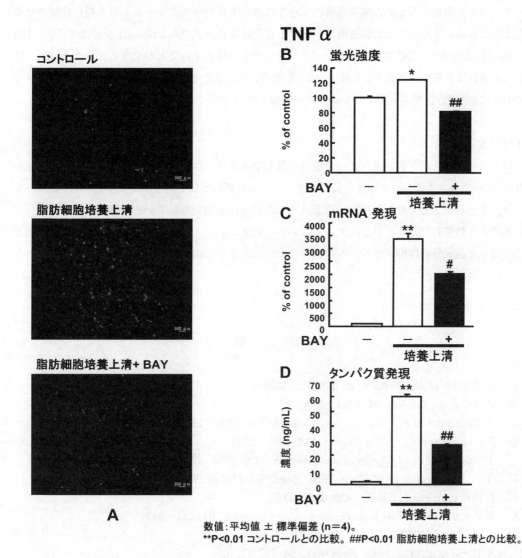

図2　TNFα プロモーター−GFPによる新規スクリーニング系の構築

は蛍光タンパク質レポーターのシグナルは蛍光タンパク質一分子が蛍光を発し，ルシフェラーゼ-ルシフェリンといった酵素基質反応のような増幅が起こらないことに起因する。また，蛍光タンパク質は細胞内で比較的安定なタンパク質（半減期は24時間以上）であるため，非誘導時にわずかに発現する蛍光タンパク質が細胞内に蓄積し，これがコントロールとなる蛍光強度を増加させてしまう。また，食品成分を添加した際の抗炎症効果についても蛍光強度の減少が大きく見られないということにもつながる。こうした問題を解決するために，我々はDestabilization Domain (DD)-Fluorescence Protein Reporter System（Clontech社）を導入し，検討を行っている。本システムでは，N-末端側にタンパク質の不安定化ドメイン（DD）を融合して蛍光タンパク質を発現させる。DD融合蛍光タンパク質はプロテアソームにより迅速に分解されるため，レポーターアッセイを開始するまでの非誘導時のリークに由来するバックグラウンドを大幅に低減させることができる。また，ここに膜透過性の低分子化合物リガンドであるShield1を添加すると，DDにShield1が結合し，DD融合蛍光タンパク質を分解から保護することができる。したがって，目的の誘導物質を細胞に添加する際にShield1を同時に加えることで，プロモーターを活性化させる時のみにDD融合蛍光タンパク質レポーターを安定化させることができる。

1.4 まとめ

以上，蛍光タンパク質レポーターを用いた新たなスクリーニング系を述べてきたが，本実験系は*in vitro*でのハイスループット食品成分スクリーニング系として利用することが可能であり，ルシフェラーゼアッセイやRT-PCR，ELISAなどの従来から用いられている実験系と組み合わせることでより効果的で低コストなスクリーニングを実現できることが期待される。また，*in vivo*での応用も食品成分の作用メカニズムの解明に非常に大きな役割を果たすと考えられる。

文　献

1) C. S. Kim *et al.*, *FEBS Lett.*, **548**, 125 (2003)
2) R. Yu *et al.*, *Obesity*, **14**, 1353 (2006)
3) T. Suganami *et al.*, *Arterioscler. Thromb. Vasc. Biol.*, **25**, 2062 (2005)
4) Xu. Hayan *et al.*, *J. Clin. Invest.*, **112**, 1821 (2003)
5) T. Suganami *et al.*, *Arterioscler. Thromb. Vasc. Biol.*, **27**, 84 (2007)
6) G. S. Hotamisligil *et al.*, *Proc. Natl. Acad. Sci. U S A.*, **91**, 4854 (1994)
7) J. Hirosumi *et al.*, *Nature*, **420**, 353 (2002)
8) MS. Kang *et al.*, *Biochem. Biophys. Res. Commun.*, **69**, 333 (2008)
9) C. Ando *et al.*, *FEBS Lett.*, **583**, 3649 (2009)
10) S. Hirai *et al.*, *Mol. Nutr. Food Res.*, **54**, 797 (2010)

2 メタボリックフィンガープリンティングによる食品／生薬の品質評価

津川裕司[*1]，小林志寿[*2]，馬場健史[*3]，福崎英一郎[*4]

2.1 はじめに

人が感じる味およびにおいは，食品／生薬中に含まれる多種多様な低分子有機化合物に起因するところが大きい。一般的に，食品／生薬の品質評価は，官能試験によって行われるものの，費用，労力，そして再現性などの問題があり，客観的なデータに基づいた品質評価法の開発が広く望まれている。そこで，生体試料中に含まれる有機化合物の包括的な理解を目的とするメタボロミクス研究が，客観的なデータからおいしさや品質を評価するための技術として近年注目されている。筆者らは，メタボロミクス技術の一種であるメタボリックフィンガープリンティングを用いることで，様々な食品／生薬の品質評価系の構築を行ってきた。本節では，食品／生薬研究におけるメタボロミクス研究の位置づけや実用例を紹介すると共に，GC/MSメタボロミクスに焦点を当てた独自の技術開発について述べる。

2.2 食品／生薬研究におけるメタボロミクスの位置づけ

一般的に食品／生薬のおいしさ・品質の評価は，特別な訓練を必要とする官能試験によるところが大きい。例えば，緑茶の品質は品評会により色，味，香りなど総合的な人的官能試験から定められる。また，生薬においては，人の五感により，形状，色，におい，味などを判定基準として品質，価格が決められている。すなわち，食品／生薬の品質を評価するには「官能試験のスペシャリスト」が必要であった。しかしながら，人による官能試験は個人差や測定時の体調などが結果に大きな影響を及ぼすことや，官能士一人育てるのには膨大な時間と費用を要するといった問題があるため，客観的なデータからおいしさ・品質を評価するための技術開発が望まれる。筆者らは，このような食品／生薬の評価における問題の解決策としてメタボロミクスを適応し，その技術開発および応用研究に取り組んでいる。メタボロミクスは，生体試料に含まれる有機化合物の総体（メタボローム）を包括的に解析し，生体を理解しようとするオミクス解析の一種である。メタボロミクスの技術は，新規候補化合物の毒性マーカー探索や安全性評価系の構築，臨床研究の診断ツール，植物やヒトの代謝分析など，様々な分野で利用されている[1~3]。食品／生薬分野においても，メタボロミクスの技術は品質，安全性，規制法，微生物学，加工法の評価に利用されている。評価対象としてはチーズや肉，ジャガイモ，トマト，ワインなど様々な嗜好品の研

[*1] Hiroshi Tsugawa　大阪大学　大学院工学研究科　生命先端工学専攻　博士後期課程学生

[*2] Shizu Kobayashi　大阪大学　大学院工学研究科　生命先端工学専攻　博士後期課程学生

[*3] Takeshi Bamba　大阪大学　大学院工学研究科　生命先端工学専攻　准教授

[*4] Eiichiro Fukusaki　大阪大学　大学院工学研究科　生命先端工学専攻　教授

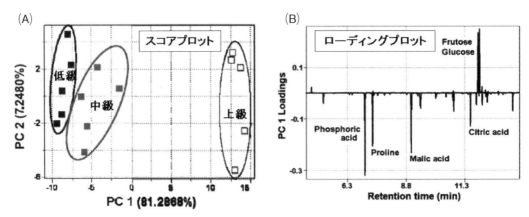

図1 GC/MSによる当帰品質評価のための主成分分析
(A)スコアプロット：上級，中級，低級当帰の比較
(B)ローディングプロット：等級に関与する成分
（文献9）より一部抜粋）

究が行われている[4]。また，食品と関わりが深く経験的に用いられている生薬分野においても，種の判別や品質の評価，および中医薬や漢方薬で用いられる生薬の山薬や黄連の研究などに，メタボロミクス技術が応用されている[5]。

一般的にメタボロミクス研究では，まずサンプルの採取，調製，抽出，そして必要ならば誘導体化などの前処理を行った後，ガスクロマトグラフィー（GC），液体クロマトグラフィー（LC），電気泳動（CE），超臨界流体クロマトグラフィー（SFC）を用いた分離技術，そして質量分析装置（MS）や核磁気共鳴（NMR）といった検出器によってデータを取得する。そして，得られたデータを用いて，主成分分析を利用したサンプル間の比較や，回帰分析による品質予測などを行う。

筆者らは，ノンターゲット解析に基づいたメタボリックフィンガープリンティングに重きを置き研究を行ってきた。メタボリックフィンガープリンティングでは，化合物同定できたクロマトグラムピークだけでなく，同定できなかったピークも同様にデータ行列に加え解析に供し，より包括的な解析を行うことを目的とするメタボロミクス手法の一種である。過去に，食品ではスイカやお茶，生薬では当帰を用いて熟練評価者の官能試験を主成分分析や回帰モデルによって成分的な評価を可能としてきた（図1）[6〜9]。そして現在，筆者らはより客観的で，かつ簡易な評価系の構築を行うため，GC/MSに基づいたメタボロミクスの技術開発を精力的に行っている。次に，筆者らがこれまで行ってきたGC/MSの技術開発の進展について述べることにする。

2.3 GC/MSメタボロミクス

複数あるメタボロミクスプラットホームの中でも，GC/MSは汎用性，安定性に優れており，品

第3章　大学・研究機関の研究動向

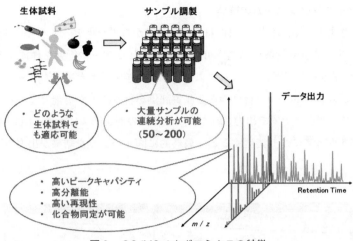

図2　GC/MSメタボロミクスの特徴

質評価に頻用されている分析技術である。生体試料をトリメチルシリル（TMS）化などの誘導体化を行った後GC/MSで分析すると，アミノ酸，TCA回路の代謝物を含め300〜500もの親水性低分子の一次代謝産物由来ピークが得られる。さらに，GC/MSは一度のバッチで50〜200もの生体試料を安定に，かつ再現性良く分析することが可能であり，自身で構築した化合物の保持時間，スペクトルデータベース（reference library）を基にピークを同定，もしくは推定することができる（図2）。筆者らの研究室では500以上の化合物情報を格納したreference libraryを独自に作成し，1サンプルにつき100前後のピークの同定が可能なシステムが構築できている。しかしながら，50〜200ものサンプルをGC/MS分析することによって得られた生データから共通のピーク情報を抽出してデータを整理し，1つの行列にまとめ上げるのは容易ではなく，大変時間と労力を要する作業である。これがGC/MSメタボロミクスの大きな課題とされていた。

　GC/MSはメタボロミクス分析技術の中核をなすものの，データ処理法については簡単にノンターゲット解析が可能な公開ソフトウェアがなく，AMDIS[10]やMETIDEA[11]などのピーク検出，エリア値計算を行うソフトウェアを用いた複雑な処理，および目視によってピーク同定作業を行うのが現状であった。しかし，解析者の経験，知識によって化合物同定・推定の正確性が異なり，特に，化合物推定に関してはマスフラグメンテーションに関する豊富な知識が要求されるため，結果の質が解析者の熟練度に大きく依存してしまう。このような状況の中，食品／生薬の官能試験と代謝産物の相関が得られたとしても，今度は「メタボロミクスのスペシャリスト」が必要になってしまう。このことから，GC/MSメタボロミクスが食品／生薬研究に貢献するには，データ処理システムの構築は必須といえる。

2.4 データマイニングシステムの開発

上記の課題を解決すべく，筆者らは独自に，GC/MSから得た生データから，自動的にピークを同定・推定し，さらに多変量解析に適応可能な整理されたデータ行列を作成するソフトウェア（AIoutput[12]）を開発した（図3）。これにより従来手作業で行われてきたデータ処理を自動で行うことができ，より客観的かつ再現性のある品質評価を行うことが可能となった。筆者らが構築したデータマイニングシステムで出力されたデータ行列の例を図4に示す。GC/MSから得られた生データをソフトウェアにより処理すると，最終的に図4のような結果が出力される。抽出され

図3　AIoutputソフトウェア

RT	QuantMS	Compound_Name	No1-1	No1-2	No1-3	No6-1	No6-2	No6-3	No11-
276.29	152	2-Hydroxypyridine	0.096376	0.078623	0.064011	0.098055	0.064505	0.074903	0.159
281.24	174	Oxalacetic acid	0.006475	0.004506	0.004605	0.006674	0.004897	0.005632	0.006
286.99	130	Noise1(for silyl)	0.015323	0.012709	0.013172	0.015287	0.011267	0.01391	0.014
316.84	116	Alanine(2TMS)	0.421901	0.44016	0.381843	0.578632	0.474943	0.557118	0.394
317.84	147	Unknown_OrganicAcid	0.058661	0.14289	0.142693	0.141435	0.1489	0.170282	0.197
317.94	204	Noise6(for silyl)	0.009983	0.024407	0.024603	0.023644	0.025508	0.029718	0.033
321.34	174	n-Butylamine	0.035857	0.038589	0.038979	0.035423	0.034761	0.039894	0.037
336.14	147	Oxalate	2.787463	2.289362	2.232833	0.564343	0.433361	0.436316	0.79
354.94	147	Unknown_OrganicAcid	0.017567	0.015078	0.010735	0.020706	0.016615	0.016368	0.020
371.99	174	Unknown_Amine	0.002863	0.003495	0.004043	0.002767	0.003335	0.004014	0.003
382.89	147	Malonic acid	0.051799	0.04012	0.035901	0.038475	0.029383	0.029096	0.040
389.79	144	Valine(2TMS)	0.051361	0.047746	0.041175	0.123324	0.099958	0.106333	0.043
389.84	147	Unknown_OrganicAcid	0.009467	0.00751	0.006318	0.020877	0.016825	0.017924	0.007
400.09	174	Unknown_Amine	0.024584	0.021865	0.023934	0.025384	0.019409	0.024428	0.02
408.34	147	Urea	0.005804	0.004881	0.004953	5.7E-05	6.01E-05	6.22E-05	0.005
416.29	147	Serine(2TMS)	0.015272	0.014615	0.014939	0.01215	0.012559	0.015871	0.013
421.14	174	2-Aminoethanol	0.03062	0.033708	0.034241	0.047544	0.043895	0.045589	0.022
422.39	302	Unknown	0.05198	0.053667	0.053142	0.060179	0.051496	0.060744	0.03
422.44	300	Unknown	0.518844	0.536091	0.527187	0.597114	0.507992	0.593901	0.333
422.49	299	Pyrophosphate	1.984832	2.039976	2.003427	2.275512	1.92558	2.243971	1.258
423.44	158	Leucine	0.03062	0.03729	0.032554	0.113656	0.109212	0.107142	0.024
436.44	158	Isoleucine	0.022366	0.026516	0.022756	0.067851	0.063003	0.064042	0.026
438.04	117	Threonine(2TMS)	0.01749	0.018226	0.017027	0.028264	0.031997	0.040019	0.021
441.44	142	Proline	0.055875	0.069813	0.05954	0.09988	0.095451	0.09236	0.03
444.94	174	Glycine(3TMS)	0.032736	0.03183	0.02977	0.039587	0.035392	0.042166	0.026
444.94	174	Unknown_Amine	0.032736	0.03183	0.02977	0.039587	0.035392	0.042166	0.026
449.29	148	Unknown	0.075842	0.075734	0.07065	0.055188	0.049273	0.056138	0.060

図4　AIoutputの出力例

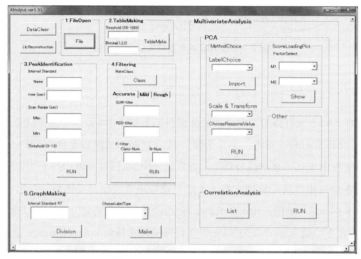

第3章 大学・研究機関の研究動向

たピークの保持時間，定量に用いたm/z，化合物名，そして各サンプルにて検出されたピーク高さの値が格納されている。また筆者らは，未知ピークを推定するアルゴリズムも独自に開発している。化合物名の欄に，Unknown_○○で示されているものは，同定はできなかったものの，そのマススペクトルから予測される化合物群を示している。なお，図4に示すピーク高さ値は，内部標準物質であるRibitolの高さとの相対強度値を表している。

2.5 データマイニングシステムの緑茶研究での検証

今回，筆者らが構築したデータマイニングシステムの有用性を示すために，別手法により解析された緑茶サンプルのデータ[6]を用いて比較解析を行った。このデータは，品評会に出された緑茶の茶葉30サンプルを，親水性のメタボロームに焦点を絞り，メトキシアミン，MSTFAにより誘導体化後，GC-TOF/MS分析することによって得られたものである。これらの生データを，構築したデータマイニングシステムにより解析し，出力されたデータ行列を用いて主成分分析を行った（図5）。主成分分析は，得られたデータの傾向を大まかに見るために用いられる優れた多変量解析手法であり，AIoutputにも実装している。

図5(a)は，筆者らの研究室で従来用いられていた手法[13]により出力されたデータ行列を用いて主成分分析を行った結果である。これは，PiroTran，LineUp（Infometrix Inc.）ソフトウェアを用いて，クロマトグラム波形のパターンマッチングを利用したデータ処理法である。以前の手法は，メタボリックフィンガープリンティングと呼ばれる全クロマトグラム情報を用いたノンターゲット解析であり，大雑把ではあるが短時間でサンプルの傾向を掴むために開発されたデータマイニングシステムである。しかし，マススペクトル情報を加味しないクロマトグラム波形のみの

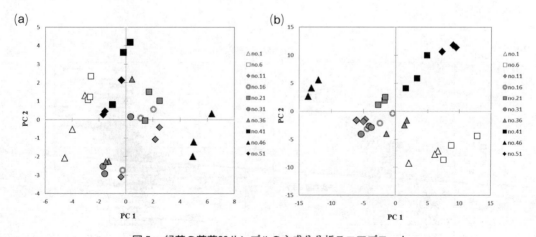

図5　緑茶の茶葉30サンプルの主成分分析スコアプロット
(a)PiroTran，LineUpにより出力されたデータ行列を用いた結果
(b)AIoutputにより出力されたデータ行列を用いた結果

データを用いるため，得られる代謝産物情報は少なく，食品／生薬の官能試験と結びつけるのは難しかった。今回開発したAIoutputは，30分ほどで従来では不可能であった迅速な化合物同定・推定およびデータ行列の作成が可能である。緑茶サンプルデータの解析では，全サンプルに共通して231のピークを認識，かつ欠損値のないデータ行列を出力し，その231ピークのうち，112ピークの化合物を同定，加えて84ピークの化合物を推定することができた。このように，AIoutputは未知ピーク情報も含めたノンターゲット解析が可能であり，メタボリックフィンガープリンティングの新手法として今後期待されるソフトウェアである。また，2つの結果を見比べると，図5(b)は図5(a)に比べて群内の変動が小さい結果が得られており，当該新規データマイニングシステムは「解析手法によるノイズ」が比較的排除できていることもわかる。これは，トータルイオンではなく，シングルイオンを用いて化合物を定量した結果であると考えられる。

　AIoutputによって出力されたデータを用いて緑茶の品質を客観的に表現するために，PLS解析を行った結果を示す（図6）。PLSは，回帰分析手法の1つであり，用いる変数が膨大にあるような場合に有用な多変量解析手法である。特にS. Woldらが開発したO-PLS手法は，今回のようにY変数（今回の場合，緑茶の品質順番1位～53位）が1種類の場合，X（GC/MSデータ）の中からYと最も相関のある評価軸（潜在変数と呼ばれる）を1つだけ抽出することができ，データの解釈を容易にしてくれる解析方法である[14]。図6(a)は，O-PLSを行うことによって得られた予測値と実測値の関係をプロットしたものである。予測残差は5.7であり完璧とはいえないものの，この結果は緑茶の品質を客観的に評価できる可能性があることを示している。また，潜在変数を構成するのに重要な因子を調べるため筆者らはS-plotを良く利用する[15]。S-plotは，生化学的に意味のあるバイオマーカーを見つけ出すためには，共分散と相関係数両方を評価する必要があるという考えをもとに，X軸に共分散の値，Y軸に相関係数の値をプロットしたものでる。右上および左下にプロットされている化合物ほど，共分散，相関係数が共に高い値を持ち，有力なバイオ

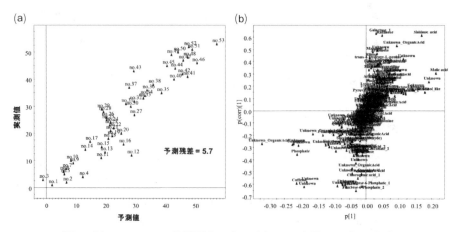

図6　(a)O-PLSによる品質予測モデル，(b)S-plotを用いたデータ探索

第3章　大学・研究機関の研究動向

マーカー候補と成り得ることを示している。図6(b)は，O-PLS解析により抽出された評価軸のS-plotである。これを見ると，シキミ酸とカフェインの2つの化合物が緑茶の品質評価の代謝物マーカーとなる可能性があることを示している。筆者らは今後，サンプルの抽出法や分析法，さらに解析手法を検討し，再現性および信頼性の高い食品／生薬の品質評価法を構築していく予定である。

2.6　食品／生薬におけるメタボロミクス研究のこれから

　本節では，メタボロミクス技術の適応例として，食品／生薬のおいしさ・品質評価を客観的に行った応用研究を紹介した。筆者らは現在，メタボロミクスの技術を本格的な産業利用を目的として，実用的なシステムの構築を目指して試料調製，分析手法の検討や再現性の確認などに取り組んでいる。より現場に適した分析機器としてコストが掛からず低価格で購入することができるGC/FIDやNIRのメタボリックフィンガープリンティングの適用についてもスイカやお茶を用いて検討を行っている[7,8]。また，実際に品質評価を行う産業の現場でメタボロミクス技術を適用するためにはMSの分析に由来するバッチ間での再現性が問題となる。そこで実際に現場に適応するためには注目する化合物に焦点を絞ったターゲット解析手法の確立が必須である。筆者らは，100化合物くらいに焦点を絞り，定量に用いるm/zを予め決定しておき，バッチ間での比較を容易にするためのターゲットGC/MS解析プラットホームの構築を試みている。さらに，より選択性，感度の高いターゲットメタボロミクスを実行するため三連四重極型質量分析計を検出器としたGC-MS/MSを用いたSRM（selective reaction monitoring）が可能なシステムの構築も同時に行っている。これに加え，近年では液体クロマトグラフィー，超臨界クロマトグラフィー／質量分析を用いた高分子量代謝物，および脂質プロファイリングによる食品評価も積極的に行っている。

　メタボロミクスは幅広い分野で利用可能な有用技術として注目されているが，実用技術，とくにデータ解析部分の開発が不十分であったことに加え，操作の複雑さから分析者や解析者の技量に結果が依存することから，一般化した手法として認知されていないのが現状であった。しかし，各種分析機器の発展や筆者らが行ってきたGC/MSメタボロミクスプラットホームの開発により，メタボロミクス技術は分析面，解析面，すべてにおいて充実してきており，そのため，生化学者や医学者のような分析や情報科学に精通していない分野の研究者であっても簡単な操作マニュアルを覚えるだけで有用な結果が取得可能となってきている。そして今後，メタボロミクス技術が食品／生薬の安全，品質管理，おいしさの評価などに大きく貢献することは間違いなく，技術のさらなる発展と社会への普及が期待される。

文　　献

1) O. Fiehn et al., *Nature Biotechnology*, **18**, 1157 (2000)
2) A. Sreekumar et al., *Nature*, **457**, 910 (2009)
3) K. Bando et al., *Journal of Bioscience and Bioengineering*, **110**, 491 (2010)
4) S. W. David, *Trends in Food Science and Technology*, **19**, 482 (2008)
5) A. Zhang et al., *Planta Medica*, **76**, 2026 (2010)
6) W. Pongsuwan et al., *Journal of Agricultural and Food Chemistry*, **55**, 231 (2007)
7) S. Tianniam et al., *Journal of Bioscience and Bioengineering*, **109**, 89 (2010)
8) T. Ikeda et al., *Plant Biotechnology*, **26**, 451 (2009)
9) S. Tianniam et al., *Journal of Bioscience and Bioengineering*, **105**, 655 (2008)
10) JM. Halket et al., *Rapid Communications in Mass Spectrometry, RCM*, **13**, 279 (1999)
11) CD. Broeckling et al., *Analytical Chemistry*, **78**, 4334 (2006)
12) H. Tsugawa et al., *BMC Bioinformatics*, accepted (2011)
13) E. Fukusaki et al., *Zeitschrift für Naturforschung. C, Journal of Biosciences*, **61**, 267 (2006)
14) J. Trygg et al., *Journal of Chemometrics*, **17**, 53 (2003)
15) S. Wiklund et al., *Analytical Chemistry*, **80**, 115 (2008)

3 栄養アセスメントのための計測技術の現状と発展

木村美恵子*

3.1 栄養アセスメント計測の現状

ヒトの健康状態チェックのために，通常，健康診断が行われている。これは病気の早期発見を目的として，体格，視力，聴力，血圧，心電図，胸部レントゲン撮影等々の生理学検査，血液検査，尿検査などの生化学的検査などを実施している。そして，栄養アセスメントは臨床現場において治療の一貫としての指針を目的としているのが現状で，疾病予防，健康維持・増進を目的としているものはほとんどなく，健康の基本である栄養状態には立ち入っていない。

予防医学的見地から，病気にならないためには，健康の基本である栄養状態，特に，潜在的な栄養の過不足のアセスメント（評価）が必須である。現在実施されている病気を発見するための健康診断において，病気がみつけられた場合，元の健全な健康状態を取り戻すことは困難であることはいうまでもない。

栄養アセスメントの方法として，基本的には，①簡易所見（主観的包括的評価：Subjective Global Assessment=SGA），②身体計測（body composition, 身長：height, 体重：body weightなど），③栄養歴（nutrition history, 栄養摂取環境，栄養摂取量など），④血液・血清・尿の生化学的検査値（biochemical measurements）などのデータを基に総合判断する。

臨床的には，英国静脈経腸栄養学会によって考案されたMUST（Malnutrition universal screening tool：Malnutrition, Advisory Group. A Standing Committee of BAPEN：The 'MUST', Explanatory Booklet. A Guide to the 'Malnutrition Universal Screening Tool' ['MUST'] for Adults. BAPEN, 2003）を用いてBMI（Body Mass Index：体重kg/身長m^2），体重減少率（最近3〜6カ月間の減少%），栄養摂取状況（最近5日間の食事の有無）から栄養障害状況をスクリーニングし，臨床治療法を選択する。

栄養アセスメント法を機能面からみると，①静的アセスメント（static nutritional assessment）［現時点での普遍的栄養指標として身体計測や血清総タンパク値など代謝回転の遅い指標］，②動的アセスメント（dynamic nutritional assessment）［窒素バランスg/dl＝タンパク質摂取量g/6.25－24時間尿素窒素量＋4］，③術後の予後判定（prognostic nutritional assessment）［複数の栄養指標を組み合わせて栄養障害の程度を栄養判定指数（PNI：prognostic nutritional index）にて判定[1]］の3種の方法[2]を用いている。

上記のように，栄養アセスメント法として一般に利用されている方法のほとんどは臨床現場での病態対応を目的としたものであり，予防医学的立場からの一般個人の健康管理には必ずしも適応していない。一歩踏み込んで，栄養士による栄養指導では，習慣病治療の一貫として行われている。代表的なものとして糖尿病患者への摂取エネルギー制限が挙げられる。

---

* Mieko Kimura　タケダライフサイエンスリサーチセンター　所長

3.2 日本人の食事摂取基準と日本食品標準成分表

　世界の多くの国では，国民の食事摂取の基準が取り決められており，我が国においても，健常日本人の食事摂取基準（2010年版）[3]が厚生労働省により取り決められている（厚生労働省，平成21年5月）。その項目は，その必須性が証明されている栄養素の内，表に示すエネルギー，たんぱく質，脂質，炭水化物，ビタミン（脂溶性ビタミン，水溶性ビタミン），ミネラル（多量ミネラル，微量ミネラル）である。摂取基準の指標として，エネルギーは推定必要量，その他の栄養素では健康の維持・増進と欠乏症予防を目的に，推定平均必要量（estimated average requirement：EAR）と推奨量（recommended dietary allowance：RDA）の2指標とし，上記2指標設定の科学的根拠に至らない場合には目安量（adequate intake：AI）を，過剰摂取による健康障害を未然に防ぐことを目的に耐容上限量（tolerable upper level：UL），生活習慣病の予防をめざし，当面の目標とすべき摂取量として，目標量（tentative dietary goal for preventing life-style related

表1　食事摂取基準（2010年版）における設定項目

エネルギー		エネルギー
たんぱく質		たんぱく質
脂質		脂質，飽和脂肪酸，n-6系脂肪酸，n-3系脂肪酸 コレステロール
炭水化物		炭水化物，食物繊維
ビタミン	脂溶性ビタミン	ビタミンA，ビタミンD，ビタミンE，ビタミンK
	水溶性ビタミン	ビタミンB_1，ビタミンB_2，ナイアシン，ビタミンB_6，ビタミンB_{12}，葉酸，パントテン酸，ビオチン，ビタミンC
ミネラル	多量ミネラル	ナトリウム，カリウム，カルシウム，マグネシウム，リン
	微量ミネラル	鉄，亜鉛，銅，マンガン，ヨウ素，セレン，クロム，モリブデン

表2　五訂増補日本食品標準成分表の記載項目

エネルギー		エネルギー
たんぱく質		たんぱく質
脂質		飽和脂肪酸，一価不飽和脂肪酸，多価不飽和脂肪酸脂質
コレステロール		コレステロール
炭水化物		炭水化物
食物繊維		水溶性，不溶性，総量
ビタミン	脂溶性ビタミン	ビタミンA*，ビタミンD，ビタミンE**，ビタミンK
	水溶性ビタミン	ビタミンB_1，ビタミンB_2，ナイアシン，ビタミンB_6，ビタミンB_{12}，葉酸，パントテン酸，ビタミンC
無機質		ナトリウム，カリウム，カルシウム，マグネシウム，リン，鉄，亜鉛，銅，マンガン

　*レチノール，α-およびβ-カロテン，クリプトキサンチン，β-カロテン当量ならびにレチノール当量
　**α-，β-，γ-およびδ-トコフェロール

第3章 大学・研究機関の研究動向

disease：DG）とし，各栄養素についての科学的情報量により，使い分けている．表1に示されていない項目で，特に，無機質についてはその必須性が明らかにされているものも多くあることを付記する．

　これら摂取基準設定には，未だ，その根拠とする資料が少なく，厳格な指針とはなり得ていない．本来，食事摂取基準は栄養士による栄養指導の指針として厚生労働省により作成されており，その指導に際し，文部科学省科学技術・学術審議会により作成されている日本食品標準成分表（五訂増補日本食品標準成分表，平成17年1月）[4]に記載されている各種栄養素のデータとがその両輪として必須である．しかし，現場で食事摂取基準を目標に栄養素摂取量を算出するには，その基となる食品成分表のデータが大きく不足，また，確定的でないものが多いため，正確な栄養素摂取量の算出は困難である．即ち，改訂を重ねてきた五訂増補食品標準成分表にも，①無機質の内，ヨウ素，セレン，クロム，モリブデンについてはデータが全くなく，算出不可能な項目と値を設定している，②食品品目が不足している，③産地による食品成分の違いの記載はない，④調理損耗についてデータ不足と定常性がない，等々多くの問題点を残している（表2）．栄養指導の現場や自己の栄養摂取状態を考えようとしたとき，大きな戸惑いに直面する．

　特に，食事摂取基準と食品標準成分表の作成に際し，両サイドからの突き合わせや問題点などについての検討が不十分であることは否めない．両者の作成・指導が厚生労働省と文部科学省と縦割り行政下で行われていることの弊害の可能性も考慮される．

3.3　健康って何？

　健康とは一体なんだろうと，原点に戻って，辞書をみると，「健康とは体に悪いところなく，健やかであること，そして人間の持っている身体的，精神的および社会的能力を十分に発揮できるような心身ともに健やかな状態をいう」と書かれている．しかし，健康といえば，医学，日本における医学は治療医学・臨床医学が中心であり，目にみえる病気になって，初めて，健康に関心を持つというのが日本人の健康関心度であり，"健康の保持・増進"ではなく，やっと，"病気の早期発見"が啓蒙されているのが現状である．一旦病気になってしまうと，元どおりの健康状態を取り戻すことは不可能で，破綻に陥ったヒトの健康を取り戻すため，医学の研究は人々の身近な健康問題ではなく，臓器移植，iPS細胞，人工臓器，クローン人間へと関心が飛躍している．高齢化社会が到来，今，医療保険の破綻に直面して，ようやく，予防医学的見地から健康が注目され始めた．中でも予防医学としての栄養学が多くの方々から大きな関心を集めている．健康の保持・増進の推進，そのため日常生活の中で，健康日本21：「栄養，運動，休養」に注目を！と厚生労働省は提唱している．

3.4　健康増進志向の中での個人の栄養アセスメントの現状と課題

　高齢化・医療技術の進歩で莫大な医療費が増加しているが，一方，転がり落ちる日本の経済状況下，医療費節減を迫られている．個人の健康志向の高まりの中，健康の保持・増進には，自己

の健康状態・栄養状態を知り，適正な食品の摂取，また，近年，個人によっては栄養補助食品の選択が課題となる。現状では，栄養摂取状況の把握が難しく，個々の必要に応じた正確な栄養アセスメント（評価）法がなく，どのようにして，自己の栄養摂取状態をアセスメントすれば良いか，大きな壁にたちまち突き当たる。

栄養管理（個人によっては栄養補助食品の利用も）に際し，正しい栄養状態を現状把握するには，まず，摂取した食事から量ること，身体・生理機能から評価，さらに，生化学的数値からの判定が必要となる。そして，最も大切で，後れをとっている健康・栄養に関する正しい知識の向上を図ることである。

3.5 栄養はバランスが最も重要

必須栄養素とは生物の生命維持活動，つまり，栄養に必要な物質の内，体内で合成ができないか，または，体内の合成だけでは不足するものを外部から摂取しなければならない。三大栄養素は炭水化物，たんぱく質，脂質を指し，微量栄養素には，ビタミン（水溶性ビタミン，脂溶性ビタミン）と無機質＝ミネラル（多量元素，微量元素）がある[5]。これら多くの栄養素の最もよいバランスは未だ明らかでない部分が多い。例えば，カルシウム（Ca）／マグネシウム（Mg）摂取比により，ビタミンB_1をはじめ，Ca, Mg は勿論，鉄（Fe），マンガン（Mn），銅（Cu），亜鉛（Zn）など多くの栄養状態に大きな変化をもたらすこと，この比が高いと高血圧・高脂血症・虚血性心疾患を招くこと等々栄養素間の相互作用があり，ほとんどの元の原因となる栄養の過不足・原因が明らかでなく，治療対処に間違いが生じ易い[6~13]。

ちなみに，哺乳動物の栄養素として，現在，必須性が証明されている無機質は，ナトリウム（Na），カリウム（K），Mg, Ca, リン（P），ケイ素（Si），バナジウム（V），クロム（Cr），Mn, Fe, コバルト（Co），ニッケル（Ni），Cu, Zn, 砒素（As），セレン（Se），モリブデン（Mo），

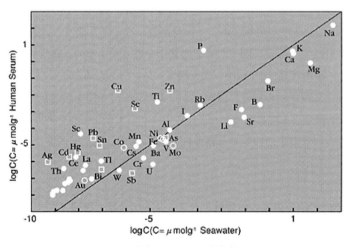

図1　ヒト血清中ミネラルと海水中ミネラル

第3章　大学・研究機関の研究動向

錫（Sn），ヨウ素（I），鉛（Pb），フッ素（F），ルビジウム（Rb）の22種類がある。そして，多分必須であろうと考えられているが，まだ必須性が証明されていないものに，リチウム（Li），ベリリウム（Be），ホウ素（B），アルミニウム（Al），ゲルマニウム（Ge），臭素（Br），ストロンチウム（Sr），銀（Ag），カドミウム（Cd），アンチモン（Sb），セシウム（Cs），バリウム（Ba），タングステン（W），金（Au），水銀（Hg）が挙げられている[14]。しかし，そのほとんど，正確に栄養アセスメントできる方法はないのが現状である。

　生物体の85％は水。生体の構成単位である細胞は豊富な水を含んでおり，細胞がどれだけの水分を含んでいるかということが，若さ，元気さ，生命の証である。赤ちゃんの皮膚はみずみずしく，歳をとると，細胞の水分が減って，細胞は老化する。生命は水とともにあるが，水だけあればいいのだろうか。水は生命を司る体液の溶媒として存在しており，体液はミネラルをはじめ多くの栄養成分を常に良いバランスで保ち，生命維持の泉となっている。そして，種の起原は海からといわれるように，海水とヒト血清中ミネラルをはじめ動植物の体液濃度バランスは正の相関関係を持ち，絶妙なバランスを保っている。海水のミネラル濃度は海水からの水分蒸発により血清の4倍であることは周知であり，そして，海水には85種類の元素存在と濃度が明らかにされている（図1）。

3.6　健康栄養インフォメーション

　では，具体的に自己の栄養状態を知る手近な手段は何であろうか。食事摂取状況が大きな栄養アセスメントの方法であるが，各種栄養素摂取量の算出は素人には困難である。自己の栄養摂取

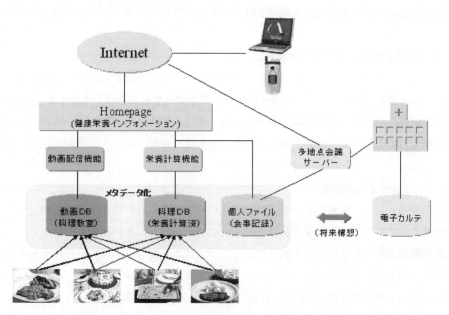

図2　インターネット経由の自己栄養摂取量の算出と評価・指導

状況を知る簡易な方法として，我々が開発した栄養と健康に関する様々な情報を提供するサイト「健康栄養インフォメーション」がある（総務省研究費により作成）。特に，自己管理が可能な栄養計算と食事管理・指導の充実した機能を持っており，http://www.health-info.jp/nutrition/calc/ は，インターネット経由で，Web上で，誰でも，どこからでも容易に利用できる。栄養計算は，栄養のことは全くわからない素人向きとしており，初めての画像（献立写真）入力タイプで，主要栄養素について，性別，年齢別食事基準に対する過不足をレザーチャートで表示，そのチャートから過不足改善推奨献立を画像表示・指導できる。このサイトの利用により健康状態の大きな改善効果が高く評価されている[15,16]（図2）。

3.7　日常生活の見直し

栄養アセスメントの原点である栄養摂取の他，体格・生理機能・運動機能などの生活の見直しが大切である。栄養では栄養摂取量のみではなく，食習慣として，食事は規則正しく，摂取量は朝食，昼食はしっかりと，夕食は軽めに，飲酒は適量以下であることは勿論，休肝日（肝臓を休める）を必ず設けるなどの習慣を，そして，月1回は見直し，実行できているか確認をする。目安として使う最も容易な肥満度BMI（体重kgを身長mの2乗で割る）のチェックがある。また，生活習慣病への警告から，肥満が問題となって久しい中，近年，過度の肥満指導教育の弊害ともいえる痩せの危険性が特に若年層にクローズアップされている。急激な減食や肥満への恐怖に近い思い込みによる食事摂取不足は身体機能・免疫能低下などを招き，病気を招く結果となる[17]（木村美恵子，新保慎一郎編，若者の生活，食・栄養と健康―健康の科学シリーズ―，日本学会センター）。ちなみに，統計結果では，最も健康で長寿のグループはBMI 24～26のやや太めであることを再認識したい。そして，坂道や長い階段での歩行が容易であることも良い目安になる。

3.8　栄養状態表示のための生化学検査

血液・尿など生体試料による栄養アセスメントのための生化学検査方法は，栄養状態を的確に反映するものは非常に少なく，その開発・標準化・基準値の設定などは大きな未解決問題である。生体試料測定のための種々の精密機器が開発され，生化学検査に用いられているが，その多くは病態を指摘するものであり，潜在的栄養状態の変化を読む栄養アセスメントの方法には至っていない。

3.8.1　成分別測定の必要性

特に，微量のビタミンや無機質，特に微量元素の病態に至らない僅かな変化を測定するのは大変困難である。そして，これら栄養素はそれぞれの機能を持ち，その代謝系も異なる。したがって，血液中栄養素の分析には，その働きによりどの血液成分部分（表3）に存在するかの確認が必要である。例えば，生化学検査結果表をみると，無機質では血清中Na，K，Ca，Mg濃度が記載されている。本来，機能的にNa，Caは細胞外液に，K，Mgは細胞成分に存在，血清中ではホメオスタシス機構により常に一定の濃度を保っており，K，Mgの血清値が目にみえて変化するこ

第3章　大学・研究機関の研究動向

表3　血液の成分

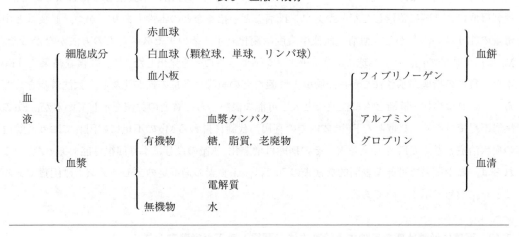

とはホメオスタシス機構が破綻に陥るような大きな病態を示すもので，栄養アセスメントの指標には不適切であり，正しい栄養状態を把握できない。また，ビタミンでは，ビタミンB_1は赤血球，ビタミンB_6は血清，ビタミンD，E，Kなどは血清での濃度など，それぞれ機能により存在部分が明らかにされているものもあるが，未解明のものがほとんどである。そして，検査の現場では多くの項目が科学的論拠なく血清中の値を測定し，栄養指標として提供されており，このような結果からの栄養指導により，かえって健康を害することも起こりうる。

血液試料の他，尿中に排泄された栄養素濃度を測定して，栄養状態の判定に用いているものも多い。ビタミンの内，水溶性のものは過剰であれば尿中排泄されるが，脂溶性のものは過剰であっても尿中排泄できず臓器中に蓄積するので，その濃度の高低がいずれの栄養素も同様に体内の栄養状態を示すものではない。

3.9　他の栄養素のアンバランスを招く

無機質は体内には骨という大きな貯蔵庫があり，不足すると一定の血中濃度を保つホメオスタシス機構が働き，骨から動員する。特に，過剰摂取の場合，過剰のミネラルを血清という通路を通し腎臓から尿中排泄するが，その際，血清中濃度を生命維持のため一定濃度に維持する必要から，ターゲット元素以外の無機質が骨から血清中に動員，排泄されてしまうため，骨中無機質のアンバランスな不足状態を招き，骨の脆弱化が惹起される。その好適例が，骨塩量低値を指摘され，栄養補助食品などからの過剰なCa摂取により逆に測定上の骨塩量は上がるが，骨強度は低下，骨折など骨トラブルの原因となる。骨はCaのみで成立するのではなく，種々の無機質をはじめとする種々の栄養素が必須であるという，当然のことを再認識せねばならない。それに加えて，幼児期の偏ったCa摂取過剰は生育の遅延・停止などを招くことも報告されている。

例えば，私たちの研究から得られた結果として，①Mg欠乏はビタミンB_1欠乏の原因となり，

Caなど多くのその他の栄養素のアンバランスを招くこと[6]．②Mnは栄養素として必須であるが，過剰摂取により脳に蓄積してパーキンソン氏病などを招くなどの毒性もあり，かつ，必要量と中毒量の幅が狭い．しかし，血清，血液中濃度は変化せず，そのアセスメントの方法がなかった．Mnは血液成分の内，リンパ球によりアセスメントできることを見出した[18,19]．③検査結果ではFe不足・貧血の指標が示されながら，脾臓，肝臓などの組織に多量の鉄が沈着し，鉄沈着症をもたらす．これは症状・診断ともに血液など入手可能な試料からは貧血の数値を示しているが，Feの摂取不足ではなく，摂取したFeの体内での利用・代謝に携わるMgの不足に起因しており，貧血の症状治療と考えてFeを与えると，その病態は増悪化，Mgの投与により回復可能であった[8]．これらは，ヒト試料で可能な表面的な検査のみでは，栄養素の過不足のアセスメントは困難であることを，改めて示すものである．

3.10 正確に栄養状態を反映する検査方法の開発と適正な栄養アセスメント

我々は，容易に利用できる血液などの試料により，これまで精度の良い計測ができなかったビタミン，無機質など微量栄養素のより良い高精度，高感度，容易な計測法が開発できた．例えば，ビタミンB_1[20~22]，ビタミンB_6[23]，ビタミンA，ビタミンE[24~26]，ビタミンK[27,28]などのビタミン類や微量元素[18,19]などである．現在，予防医学的見地からの栄養アセスメントのための分析法の開発を継続して行っている．

ヒトの健康を考え，健康寿命が叫ばれている今，病態ではなく，予防医学的立場からの栄養アセスメントは迷路に入り込んでいる．日々，テレビ，新聞，雑誌，インターネット経由などからバラバラな健康情報が溢れ，いったい何が正しく，何をどれだけ食べれば元気で過ごせるのか，栄養補助食品，サプリメントなどをどのように利用すればよいのか，暗中模索状態で，かえって健康障害がもたらされているのが現状である．特に，糖尿病予備軍と肥満への警告から，誰もがダイエットという言葉に翻弄され，若者までもが痩せ志向となり，免疫能の低下，不妊など種々の健康障害が広がっている．

生物・生命・健康科学の深めた研究が望まれる中，計測機器の開発は進歩しているが，現場での必要で的確・適正な計測機器の利用技術が大幅に後れをとっていて，特に微量の生体栄養素の栄養状態を正しく測る技術は非常に乏しい．我々は栄養アセスメントを目的として，容易に現場でも利用できる血液，尿などの生体試料を用いた栄養素，特に，微量であるビタミンや微量元素を含む無機質の定量法の開発に努力してきた．微量の試料にてビタミンB_1[18]，ビタミンB_6，ビタミンE，ビタミンKなどの高感度定量法，そして，微量ミネラルの精度高い分離定量法の開発にも挑んできた．しかし，これらの課題は，未だ，開発途上，無関心の中におり，栄養補助食品の急激な氾濫とあいまって混乱した食生活・栄養状態の正しい科学的技術の判定による指導が望まれる．その前提としての測定技術の開発が急務であろう．

第3章　大学・研究機関の研究動向

3.11　まとめ

表4　個人の栄養アセスメントを量る
（健康・栄養管理，栄養補助食品の利用には正しい現状把握（アセスメント）が必須である）

①健康・栄養に関する正しい知識の向上・啓蒙を図る
②食事摂取から量る
　　食事調査：栄養計算→食事摂取基準への摂取過不足の判定
③身体・生理的機能から評価
　　○体格　○身長　○体重　○肥満度　○血圧　○呼吸　○脈拍など
④生化学的数値から判定
　　○各種栄養素・代謝物の血清・血液（各種血液成分）中濃度　○関連酵素活性
　　○各種栄養素・代謝物などの尿中排泄

文　　献

1) K. A. Kudsk and G. F. Sheldon, Nutrition assessment. Surgical Nutrition, J. E. Fischer ed, Little, Brown and Company, Boston（1983）
2) C. L. Gonzalez *et al.*, *Nutr. Hosp.*, **16**, 7（2001）
3) 厚生労働省，日本人の食事摂取基準（2010年版）（平成21年5月）
4) 文部科学省科学技術・学術審議会，五訂増補日本食品標準成分表（平成17年1月）
5) 木村美恵子，ミネラルバランス，カルシウム：その基礎・臨床・栄養，西沢良記ほか編，全国牛乳普及協会（1999）
6) M. Kimura *et al.*, *J. Nurochem.*, **28**, 389（1977）
7) 木村美恵子，病態生理，**9**, 921（1990）
8) M. Kimura *et al.*, *Bio. Trace Elem. Res.*, **51**, 177（1996）
9) 木村美恵子，横井克彦ほか，*JJSMgR*, **11**, 19（1992）
10) 横井克彦，木村美恵子ほか，微量栄養素研究，**8**, 23（1991）
11) 横井克彦，木村美恵子ほか，微量栄養素研究，**7**, 125（1990）
12) M. Kimura, M. Ujihara *et al.*, *Bio. Trace Elem. Res.*, **52**, 171（1996）
13) 木村美恵子ほか，*JJSMgR*, **9**, 93（1990）
14) 木村美恵子，最新医学，**45**, 725（1990）
15) 木村美恵子，深層海水と健康研究会誌，**4**, 39（2004）
16) 木村美恵子，IPv6技術を用いた健康栄養学情報のメタデータ流通に関する研究開発，GIGABIT NETWORK SYMPOSIUM 2004〜JGNの軌跡と新たな飛躍〜プロジェクト番号：JGN-P341023
17) 木村美恵子，新保慎一郎編，若者の生活，食・栄養と健康—健康の科学シリーズ—，日本学会センター（2004）
18) A. Matsuda, M. Kimura *et al.*, *Clin. Chem.*, **35**, 1939（1989）

19) A. Matsuda, M. Kimura *et al., Clin. Chem.*, **41**, 829 (1994)
20) M. Kimura, T. Fujita *et al., Clin. Chem.*, **28**, 29 (1982)
21) M. Kimura, Y. Itokawa, *Clin. Chem.*, **29**, 2073 (1983)
22) M. Kimura, Y. Itokawa, *J. Chromatogr.*, **332**, 181 (1985)
23) M. Kimura, K. Kanehira, *J. Chromatogr. A*, **722**, 296 (1996)
24) Y. Satomura, M. Kimura *et al., Clin. Chem.*, **38**, 1189 (1992)
25) 里村由紀子, 木村美恵子ほか, ビタミン, **67**, 121 (1993)
26) 里村由紀子, 木村美恵子ほか, ビタミン, **67**, 111 (1993)
27) H. Hiraike, M. Kimura, *J. Chromatogr.*, **430**, 143 (1988)
28) H. Hiraike, M. Kimura, *Am. J. Obstet. Gynecol.*, **158**, 564 (1988)

4 新規半導体デバイス（積分型ISFET）の食・計測技術への展開

山本佳宏*

4.1 食品産業における計測技術の重要性

　食品産業は農産原料にエネルギーを加え，物質転換を行うことで，安全性，保存性，風味，栄養価，おいしさを高める技術を集約したものである。文明の発展とともに，食品加工技術は進化し，よりおいしい，より安全な，より保存性の高い製品を開発してきた。

　食品製造技術と分析技術は不可分の関係にあり，科学的な体系を伴わなかった時代には，製造技術者のカン，経験といわれる非公開のノウハウであり，限定的に古文書で伝承されている例が一部ではあるが確認できる。食品製造において，科学的な機構解明と技術体系の整備が行われたのは明治以降のことであり，特に高度かつ重要な食品製造技術として，官主導の技術開発が進められた領域は清酒製造分野であった。

　清酒製造業界には科学的な研究開発，技術改善を受け入れる素地と資本があり，安全な製造法の開発，製品の品質向上は各企業とも非常にニーズの高い要望であったことから，官民一体となった技術開発が行われ，国税庁所定分析法として体系的に整備されている。

　一般に，酒類は付加価値が高く，現在，清酒製造現場で生産される大吟醸，純米大吟醸の製品価格は先端バイオ製品であるバイオ産業向け酵素製品と大きく変わらないほどの高付加価値製品であり，現在では高級食品としてバイオ関連製品としては大きな市場を形成している。

　この製品をよりおいしく，安全に，生産性を向上させるため，各種バイオ系技術を駆使し，新たな清酒製造用酵母，麹が開発され，また，新たな原料米の開発，製造技術の改良が進められている。この結果，伝統的な食品においても，より市場ニーズに応える製品として日々進化を続けている。たとえば，現在主流となっている，洋ナシ香の高い大吟醸酒は昭和の時代には流通していなかった製品である。

　しかし，市場ニーズに応える製品製造は製造技術の改善とともにより精密な工程管理，清酒の場合，発酵制御が必要になる。これまで，淡麗，辛口，高香気の方向で製品開発のトレンドが進んできたが，実現のためには発酵工程を極めて理想的な状態で管理する必要がある。これまで，工程管理にはボーメ（比重：糖の指標），品温（温度計），酸度（滴定），アミノ酸度（滴定），アルコール（蒸留液の比重）で管理しているが，高付加価値製品に要求される高度な工程管理の指標とするには，より詳細な分析技術が求められている。また，製品の安全性については消費者の関心，ニーズが高く，安全性を担保するためには分析技術，設備が必要ではあるが，食品製造企業は中小企業が大部分であり，容易に，かつ安価に計測できる確度の高い方法が求められている。

＊　Yoshihiro Yamamoto　京都市産業技術研究所　加工技術グループ　バイオチーム
　　主席研究員

4.2 現在の分析技術の課題と解決のための技術開発

発酵工程により生ずる代謝物を分析定量する方法として，ガスクロマトグラフ，高速液体クロマトグラフ，キャピラリー電気泳動法などの方法で高精度に分離定量する技術が急速に進歩している。また，質量分析装置と接続することで成分の同定能力を飛躍的に向上でき，高感度，高速の網羅的分析手法として脚光を浴びる技術である。

しかし，質量分析装置を組み込んだ場合，非常に多種の，また現在想定されていない微量有害成分の分析にも必要に応じ対応できる優れたシステムであるが，これらの分析装置の導入には1,000万円以上の費用が必要であり，かつ高度な分析要員の育成が必要となる。

中小食品メーカーでは，現在，臨床診断分析から派生した酵素反応測定キットを用いた，発色法による分析が導入されつつある。酵素反応計測系は簡便な装置（分光光度計）で計測でき，特異性が高く，高感度かつ再現性，定量性も高い優れた計測法である。

しかし，酵素反応計測系は測定項目ごとに専用の測定キットを開発する必要がある。発色基質を含めた酵素反応系，特に発色基質の設計，合成には大きな開発コストが生じることから，市場の小さな分析項目への拡大は困難な状況であり，望むような項目が分析できるわけではない。

また，特殊な発色基質を必要としない検出法として，マイクロカロリーメーター，SPR分析法が普及しているが，どちらも先端研究用の装置であり導入コストと，運用に必要な技術的な知識，ノウハウは，ガスクロマトグラフ質量分析装置をはるかに上回るものが必要となる。精密な光学技術や断熱温度計測技術が必要なこれらの方法は現状では簡易工程分析に利用できるものではない。

4.3 食品分析領域へのバイオセンサーの応用

ノンラベルで設計可能な検出法として普及している，温度（マイクロカロリーメーター：酵素反応計測），屈折率（SPR：抗体分析）に対し，我々はイオン計測，一般にはpH計測に使われている技術を利用した簡易計測系の構築を行った。これは酵素反応で生じるイオンの増減をISFET，ガラス電極で経時的に計測することで酵素反応を計測する方法である。

デバイスとして，原理的には一般的なpH計測用ガラス電極を利用することも可能であるが，微量分析，すなわち試薬使用量が極微量（20 μl）で済む半導体技術を利用したイオンセンサーであるISFETを選定し反応系を構築した。

使用したISFETセンサー（バイオエックス製：AMIS）は微量成分分析を想定し，信号を累積することでS/N比の向上とシグナル増強をオンチップで処理し，非常に高い感度を実現するデバイスである。

中小食品製造企業で利用する分析では，その分析単価が安いことが求められる。近年のバイオ技術の進捗から，計測用酵素は性能が飛躍的に向上するとともに，販売価格も低下する傾向にある。このことは，酵素反応計測系を利用した工程管理用分析技術の実用化にとって追い風であり，微量な試薬で計測が可能なISFETデバイスは分析単価を引き下げることが可能である。

第 3 章　大学・研究機関の研究動向

4.4　測定用酵素反応機構の開発：食品管理項目の測定例
4.4.1　エタノールの測定

　清酒製造分野で工程分析する項目としては，ボーメ（比重），酸度（滴定），アミノ酸度（滴定），アルコール濃度（蒸留後の比重）であり，ボーメは糖濃度，酸度は有機酸濃度，アミノ酸度は総アミノ酸濃度の指標である。

　特にアルコール濃度計測は，酒税の算定根拠となるなど非常に精度の高い値が必要であるが，現在，主流となっている浮標での測定ではその器差が大きな問題となり，また，低アルコール飲料の場合，浮標では正しく測定することは困難である。

　測定にはアルコールデヒドロゲナーゼを使用し，製造もろみで計測する範囲で検量線を作成した。図1にISFET半導体デバイスによるアルコール測定の結果を示す。

　この結果，清酒の工程分析に必要な2.5～20%までの範囲で直接計測することが可能であり，また，測定時間も5分ほどで完了するという結果となった。信号累積型ISFETはfmol/ml以下のオーダーで酵素活性測定が可能な高感度計測デバイスであるが，%オーダーの計測も可能な広いレンジを持つことが確認できた。

4.4.2　プロテアーゼ活性の測定

　麹のプロテアーゼは旨み成分であるアミノ酸の生成に関与しており，製造条件の検討にはその活性測定が必要となる。従来の活性測定は基質にカゼインを使用し，反応をトリクロロ酢酸で停止させた後，種々の手法によって生成したペプチドを定量する手法が用いられているが，発色合成基質の使えない，非常に手間のかかる方法である。

　今回新規開発のISFETセンサーは従来法の分光光度計とは全く異なる原理により酵素活性を測定する分析機器である。ここでは，ISFET分析装置を利用することで，プロテアーゼの活性を経

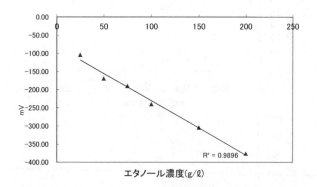

図1　アルコールデヒドロゲナーゼを利用したエタノール計測
$CH_3CH_2OH + NAD^+ \rightarrow CH_3CHO + NADH + H^+$
測定試薬　NAD 1.8 mg/ml, ADH 9.90 U/mlを含む
1mM K-PBSl pH7.0 NaCl 50 mM, 0.01% Triton X-100
18 μlに2.5～20%サンプル2μl添加

時的に測定する簡便な活性測定法を紹介する。

　プロテアーゼ（ペプチダーゼ）の測定については図2のように推測している。タンパク質の消化ではカルボキシル基，アミノ基が一対ずつ生成し，pHは変化しないように思われる。しかし，断片化したペプチドの総体の挙動は酸性，もしくはアルカリ性に微妙にシフトするようである。

　まず確認として，既存のプロテアーゼ計測法と比較を行うために，測定系の確立したトリプシンを使い，計測を行った。基質として合成基質 N α-Benzoyl-D,L-arginine 4-nitroanilide hydrochloride（BANI）を使用した。これはトリプシン計測用の合成基質であり，プロテアーゼにより分解されると 4-ニトロアニリンなどが生成する。ISFETでは，この生成物のイオン変化を

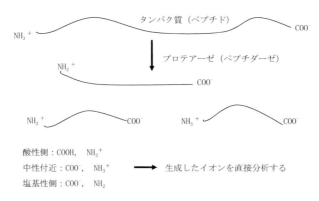

図2　ISFETによるプロテアーゼ（ペプチダーゼ）活性測定

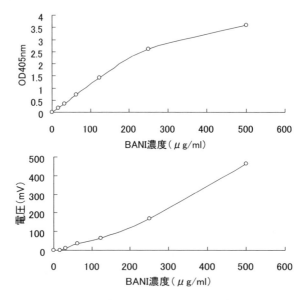

図3　分光光度計とISFETセンサーの感度比較

第3章　大学・研究機関の研究動向

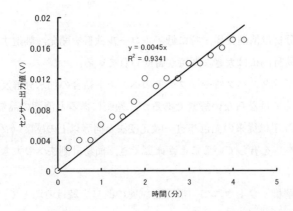

図4　ISFETセンサーによる酸性プロテアーゼ活性測定結果

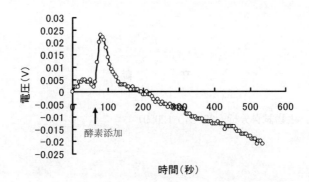

図5　中性プロテアーゼのISFETセンサーでの分析結果

検出することとなる。0.5 mg/ml BANI（シグマ製）の2.5 mM Tris-HCl（pH=8.5）の溶液を基質とし，0.1 mg/mlトリプシン（ナカライ製）溶液でプロテアーゼ活性を測定した。従来手法である吸光度計測との比較を行ったところ，この反応系では従来法とほぼ同等の感度を得ることができた（図3）。

　次に，牛血アルブミンを基質として，pH 3に調製した分析試薬を用い，麹から5％NaClで抽出したプロテアーゼの活性測定を行った（図4）。センサー出力の経時的な増加は酸性プロテアーゼにより加水分解されたペプチドのアミノ基の増加による微小のイオン変化を捉えており，従来法と比較して簡便で微量の分析が可能である。

　中性付近ではプロテアーゼの加水分解によって同時に生じるカルボキシル基とアミノ基による変化が相殺され緩衝能のある溶液中ではプロトン変化が生じにくいことが予想される。しかし，0.1 mMのpH 7のリン酸緩衝液を用い牛血アルブミン（pH 7, 0.1％）を調整し，トリプシン（最終濃度0.01 mg/l）の活性分析を行ったところ，中性付近でも継時的な出力電圧の減少を検出できた（図5）。

4.5 まとめ

　エタノールの簡易分析は清酒業界，特に低アルコール飲料を開発，製造する企業からは要望の多い項目であり，簡易計測には大きな期待が寄せられている。

　また，プロテアーゼはタンパク質やペプチドのペプチド結合の加水分解反応を促進する酵素であり，清酒製造になくてはならない酵素であるが，過剰にあると清酒の品質に悪影響を与える。この計測においてISFETは従来の発色基質—吸光度法と同等以上の感度（プロテアーゼ）または計測範囲（エタノール）を有していることが確認でき，簡易計測法への大きな足掛かりを得ることができた。

　今後，計測装置，解析ソフトウエア，計測用試薬の改良を続けることで，より小型で，簡便，かつ短時間で食品管理項目を分析できるデバイスを実現し，中小食品企業での分析技術高度化の切り札として，活用できることを期待している。

文　　献

1）　西矢芳昭ほか，生物試料分析，**32**, 240 (2009)

5　米粒および米加工品におけるタンパク質の可視化技術の開発と利用

齊藤雄飛[*1]，増村威宏[*2]

5.1　はじめに

　米タンパク質は，米に含まれる栄養成分のうち，炭水化物に次いで多く含まれる成分であり，標準的な施肥条件で栽培したイネでは，玄米中に6～8％程度含まれている。米タンパク質は，穀類タンパク質としてアミノ酸組成バランスが優れた良質なタンパク質である。また，米タンパク質の量と質は，米の食味に深く関与すると共に，日本酒，米菓，米粉パンなどの米加工品の品質に大きな影響を与える[1,2]。米飯の食味に関しては，タンパク質含量が低いほど良いと指摘されており，栽培現場では施肥管理により米のタンパク質含量が高くならないような指導がなされ，各地で良食味米の生産が行われている。

　米の食味は，専門のパネラーが炊飯米を食して測定する官能検査と，計測器を用いて玄米，精米，炊飯米を測定する理化学試験によって評価される。前者は，外観，味，香り，硬さ，粘りの5項目の総合で判定されるのに対して，後者は，アミロース含量やタンパク質などの食味関連成分の分析や米飯物性測定などを行って食味値を判定する方法であるが，メーカーによって計算式が異なっている。近年の消費者の良食味志向を受けて，ヒトが判定する食味官能検査と理化学的評価を関連付けて評価することがますます重要になっている。

　上記の観点から，筆者らは，これまでに国内の農業研究機関などで育成された様々な品種について，電気泳動分析，免疫蛍光顕微鏡観察，電子顕微鏡観察を用いて，米粒中のタンパク質の分析を行い，米タンパク質の特性に関する研究を進めてきた。本節では，最近筆者らが開発した米粒中のタンパク質分布の解析方法や，米加工品中のタンパク質の分析例について紹介する。

5.2　米粒中のタンパク質分布の解析

　米タンパク質の主成分は，発芽時の窒素供給源となる貯蔵タンパク質である。米貯蔵タンパク質は，主に希酸または希アルカリ可溶性のグルテリン，アルコール可溶性のプロラミンから成る[3-5]。これらのタンパク質の存在割合は，品種によって異なるが，グルテリンが60～65％，プロラミンが20～25％であると推定されている[3]。

　米タンパク質の量については，タンパク質中の窒素量を測定するケルダール法，燃焼法[6]を用いることで測定可能である。一方，米タンパク質の組成については，ドデシル硫酸ナトリウム－ポリアクリルアミドゲル電気泳動（SDS-PAGE）法を用いることで測定可能である。しかしながら，米粒中のタンパク質分布については，これらの方法では調べることができない。米粒中のタンパク質分布に関する情報は，米飯の食味に関する科学的評価，米加工品原料の精米歩合の決定

[*1]　Yuhi Saito　京都府立大学大学院　生命環境科学研究科　特任助教
[*2]　Takehiro Masumura　京都府立大学大学院　生命環境科学研究科　講師；京都府農林水産技術センター　生物資源研究センター　主任研究員

食のバイオ計測の最前線

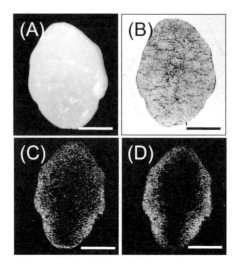

図1 米粒における貯蔵タンパク質の分布
(A) 米粒（横断面）の実体顕微鏡観察像。(B) 米粒の粘着フィルム切片の光学顕微鏡観察像。(C) 蛍光標識した抗グルテリン抗体を用いた免疫蛍光顕微鏡観察像。(D) 蛍光標識した抗プロラミン抗体を用いた免疫蛍光顕微鏡観察像。スケールバーは1mmを示す。

に重要である。そこで，筆者らは米粒におけるタンパク質分布の視覚化手法の開発を進めた。

視覚化を行うためには，顕微鏡観察用の薄切片を必要とするが，米は硬く脆いために，薄切片の作製が極めて困難であった。そこで，動物の骨などの硬組織観察用に開発された「粘着フィルム法」[7]をベースに，技術的改良を加え，免疫組織染色が可能な米凍結切片を作製することに成功した（図1）。米などの乾燥した試料の場合，急速凍結前に，減圧吸引により，組織内に包埋剤を浸透させることが重要である。この操作により，試料表面と粘着フィルムの接着性が向上し，良好な凍結切片（厚さ3μm）を作製することが可能となった（図1(B)）。この方法により作製した米の薄切片では，組織の脱離がほとんどみられず，デンプン粒などの細胞内構造を観察することが可能である（図1(B)）。詳細については，筆者らの文献を参照されたい[8]。

粘着フィルム切片上では，常法に従い，色素染色や免疫染色を行うことが可能である。米粒中のタンパク質の分布を視覚化するため，蛍光色素で標識した抗グルテリン抗体，抗プロラミン抗体を，薄切した米組織上で反応後，蛍光顕微鏡下で観察を行った（図1(C),(D)）。その結果，プロラミンは，種子の外周部に多く分布していることが明らかとなった。また，種子の長軸側（腹・背部）よりも，短軸側（側部）の外周部に，特に多く分布することがわかった（図1(D)）。グルテリンは，種子の外周部に多いが，中心部近くにも広く分布する傾向がみられた。

一般的に，タンパク質含量の高い米は，食味が低下すると言われてきたが[1]，タンパク質の組成が米の食味に影響を与えるメカニズムについては，これまでよくわかっていなかった。本研究の結果から，タンパク質含量の高い米で食味が低下する要因は，疎水性タンパク質であるプロラミンが米粒の外周部を取り囲むことで，米の吸水性を低下させ，物性的に硬さを増すためである

第3章　大学・研究機関の研究動向

と考察された。

5.3　米加工品中のタンパク質の分析例

　これまでに筆者らは，米タンパク質の種類，量，特に存在割合（プロラミンとグルテリンの比率）が日本酒の品質に影響を与えることを明らかにしてきた[9,10]。原料米に含まれるタンパク質の量および質は，日本酒，米菓，米粉パンなどの米加工品の品質に影響を与えると考えられる。しかしながら，製造された米加工品中のタンパク質に関する知見はあまり得られていない。そこで，ここでは米加工品の一例として米麹飲料を取り上げ，電気泳動分析，免疫蛍光顕微鏡観察，透過型電子顕微鏡観察により分析した結果について紹介する。

　米麹飲料は，米麹を用いて米のデンプンを糖化させて製造された新開発の飲料である。その米麹飲料を静置すると，透明度の高い上清と白く白濁した沈殿物に分かれる（図2(A)）。米麹飲料に含まれるタンパク質を明らかにするために，原料米，米麹飲料の上清，沈殿物から，それぞれタンパク質を抽出し，SDS-PAGE分析を行った（図2(B)）。原料米では，米タンパク質の主成分であるグルテリンの前駆体（pG）と2種類のサブユニット（GA, GB），プロラミン（13P）に由来

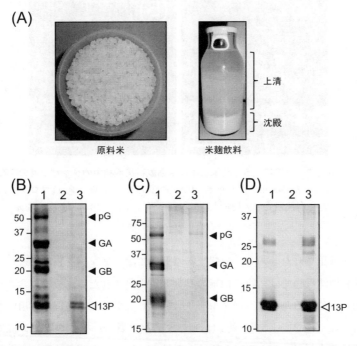

図2　原料米および米麹飲料中の米タンパク質のSDS-PAGE解析およびウェスタンブロット解析
(A) 原料米と米麹飲料の写真。(B) 原料米，米麹飲料に含まれるタンパク質のSDS-PAGE解析結果。(C) 抗グルテリン抗体を用いたウェスタンブロット解析像。(D) 抗プロラミン抗体を用いたウェスタンブロット解析像。Lane 1：原料米，Lane 2：米麹飲料の上清，Lane 3：米麹飲料の沈殿物。pG：グルテリン前駆体，GA：グルテリン酸性サブユニット，GB：グルテリン塩基性サブユニット，13P：13 kDaプロラミン。左側の数字は分子サイズ（kDa）を示す。

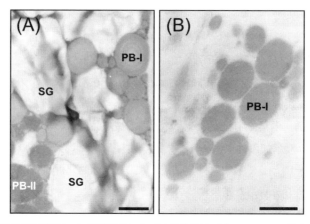

図3 透過型電子顕微鏡による原料米および米麹飲料沈殿物のタンパク質顆粒の観察像
(A) 原料米の透過型電子顕微鏡観察像。(B) 米麹飲料沈殿物の透過型電子顕微鏡像。SG：デンプン粒，PB-I：I型プロテインボディ，PB-II：II型プロテインボディ。スケールバーはそれぞれ2 μm(A)，1 μm(B)を示す。

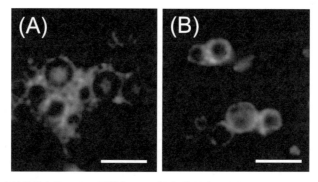

図4 免疫抗体染色法による原料米および米麹飲料沈殿物中のタンパク質の観察
(A) 抗プロラミン抗体を用いた原料米の免疫蛍光顕微鏡観察像。(B) 抗プロラミン抗体を用いた米麹飲料沈殿物の免疫蛍光顕微鏡観察像。スケールバーは1 μmを示す。

するバンドが複数検出された。一方，米麹飲料の上清には，タンパク質はほとんど検出されなかったが，米麹飲料の沈殿物では，約13 kDaのバンドが検出された。沈殿物に含まれているタンパク質の種類を明らかにするために，抗グルテリン抗体，抗プロラミン抗体を用いたウェスタンブロット解析を行った（図2(C)，(D)）。約13 kDaのタンパク質は，抗プロラミン抗体と反応したことから，沈殿物に含まれているタンパク質は，原料米に由来するプロラミンであることが明らかになった。

原料米の細胞内において，プロラミンやグルテリンは，それぞれ異なるタンパク質顆粒に蓄積している（図3(A)）。プロラミンは球状のタンパク質顆粒（Type I protein body, PB-I）を，グルテリンは不定形のタンパク質顆粒（Type II protein body, PB-II）をそれぞれ形成する[3〜5]。そ

こで，米麹飲料の沈殿物の形態観察を行うため，透過型電子顕微鏡観察を行った（図3(B)）。沈殿物において，プロラミンが蓄積するPB-Iと，極めて類似したタンパク質顆粒が多数観察された。抗プロラミン抗体を用いた免疫蛍光顕微鏡観察を行うと，この構造体は，白色の蛍光シグナルを示し，プロラミンが局在することがわかった（図4）。米麹飲料の沈殿物においても，原料米と同じ球状顆粒，すなわちPB-Iがそのまま存在していることが明らかになった（図4(B)）。以上の結果から，プロラミンが蓄積するPB-Iは極めて強固な構造であるため，製造過程では分解されず，米麹飲料に残存していることが示唆された。また，酒粕，米菓についても同様に，製品中にPB-Iが観察されており，プロラミンが残存していた[9]。

一般的に，タンパク質含量が高い米では，日本酒の香りや味が低下すると言われている。しかし，上記のように，米タンパク質の主要な成分であるプロラミンとグルテリンでは，加工後の存在形態が明らかに異なっていることから，米加工品の品質に及ぼす影響も異なると推察される。今後は，米加工品においても，総タンパク質含量だけでなく，プロラミン，グルテリンなどの米タンパク質の組成，量，分布などを科学的に評価することが重要であると考えられる。

5.4 おわりに

以上のように，電気泳動，免疫蛍光顕微鏡観察，電子顕微鏡観察などの分析技術を組み合わせることで，米粒や米加工品中の米タンパク質の特性をより深く理解できるようになってきた。現在，筆者らは，様々な原料米，米加工品中の組成分析，組織化学的解析を進めている。今後，研究成果の積み重ねやタンパク質分析技術のさらなる進展によって，原料となる米粒中のタンパク質の特性と，米加工品の品質との関係がより明確になることを期待している。

文　献

1) 増村威宏ほか，農業および園芸，**82**, 43（2007）
2) 増村威宏ほか，農業および園芸，**85**, 1235（2010）
3) M. Ogawa et al., *Plant Cell Physiol.*, **28**, 1517（1987）
4) K. Tanaka et al., *Agric. Biol. Chem.*, **44**, 1633（1980）
5) H. Yamagata et al., *Plant Physiol.*, **70**, 1094（1982）
6) 堀田博，分析化学，**55**, 323（2006）
7) T. Kawamoto et al., *Histochem. Cell Biol.*, **113**, 331（2000）
8) Y. Saito et al., *Biosci. Biotechnol. Biochem.*, **72**, 2779（2008）
9) 斉藤雄飛ほか，ニューフードインダストリー，**52**, 1（2010）
10) S. Furukawa et al., *Cereal Chem.*, **83**, 439（2006）

6 カロテノイドの抗アレルギー作用

山西倫太郎*

　免疫系は，病原性微生物の定着阻止や，ウイルス感染細胞・がん化細胞の駆除の役目を担っており，私たちの健康に欠かせない生体防御システムである。一方で，アレルギーや自己免疫疾患のように，免疫系の働きが原因となって起こる疾患もある。食品成分を活用することで，生体内での免疫系を適切にコントロールし，それらの疾患を回避することができれば，人間にとって好都合である。

　カロテノイドによる免疫系への影響の研究は，かなり以前から行われており，報告されている作用も多種類にわたっている。カロテノイドの免疫系に対する作用について，これまでの研究を背景として，抗アレルギーに関係する側面から論述することが，本節の目的である。ところで，ゲル＆クームスによる分類ではアレルギーは4通りに大別されるが，花粉症や食物アレルギーなど，現在社会問題化しているアレルギー疾患の多くは，IgE抗体が関与するI型アレルギーである。本節での抗アレルギーという記述は，このI型アレルギーの予防や抑制のことである。

6.1　免疫機能に対するカロテノイドの影響に関する研究報告の歴史

　まず，カロテノイドが免疫に及ぼす影響についてのこれまでの研究の歴史を振り返る。

　カロテノイドと免疫との関係についての最初の報告は，1930年にラットに対してβ-カロテンを投与することにより，感染症の予防効果を見出したものである[1]。翌1931年には，ヒトの子供でβ-カロテン摂取量が多いほど，呼吸器感染症患者数が少なく，症状も軽いことが報告されている[2]。ただし，これらのβ-カロテンの効果は，プロビタミンAとしてのものであり，カロテノイド分子としての作用というわけではない。カロテノイドの作用としては，1950年代の終わりに，非プロビタミンAであるリコピン腹腔内投与により，マウスの細菌感染や抗原性の高い腫瘍細胞の接種に対する抵抗性を向上させることが報告されている[3]。カンタキサンチンなど，その他の幾つかの非プロビタミンAカロテノイドにも免疫賦活作用が報告され，また，ビタミンAへの代謝変換活性がほとんどないネコでも，β-カロテンの免疫賦活作用が見出されたことなどから，近年では免疫賦活作用はビタミンA活性とは独立した，カロテノイド特有の性質であると考えられている[4]。免疫系に対して，カロテノイドとビタミンA・レチノイドで作用がまったく異なるという実験結果さえ報告されている[5]。

6.2　適応免疫系のTh1/Th2バランスとアレルギー

　免疫系には，自然免疫と適応免疫がある。自然免疫系は，異物を非特異的に処理し排除する仕

＊　Rintaro Yamanishi　徳島大学　大学院ヘルスバイオサイエンス研究部　食品機能学分野　准教授

第3章　大学・研究機関の研究動向

組みであるが，病原性微生物が有することの多い幾つかの典型的なパターンの構造を持った分子を，Toll-like-receptor（TLR）を介して認識することで活性化される。一方，適応免疫は，特異的に応答する免疫系である。これは，細胞傷害性T細胞などが異常な細胞の排除を行う細胞性免疫と，Bリンパ球から分泌された抗体が細胞外の異物の排除を行う液性免疫に分けられる。液性免疫では，抗原である異物を非特異的に取り込み分解する樹状細胞やマクロファージが，分解した抗原断片をMHC class IIとの複合体として細胞膜上に表出しヘルパーT（Th）細胞へ呈示する抗原呈示細胞としての役割を担っている。これらの抗原呈示細胞は，液性免疫の出発点となる細胞といえる。

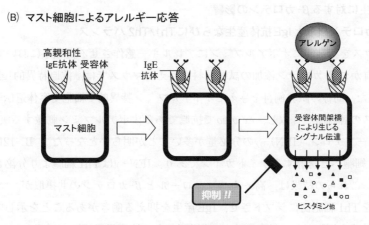

図1　アレルギー抑制のための作用点

Th細胞には主に二種類のタイプがある[6]。そのうちの一つであるTh1は，細胞性免疫に影響を及ぼす。もう一方のTh2は，液性免疫を主導する。どちらの細胞も，ナイーブTh細胞という共通の前駆細胞から生じる。Bリンパ球によって最初に作られる分泌型抗体はIgM抗体であり，他のアイソタイプの抗体はBリンパ球内のDNAの組み換えによって産生されるようになる。IgE抗体は，Th1細胞とTh2細胞の間の良好なバランスが崩れ，Th2細胞優位である状態下で産生されるようになるが，この時Th2細胞より分泌されるインターロイキン（IL）-4の作用が必要とされる。なお，Th1・Th2細胞以外に，免疫応答を抑制するTreg細胞や自己免疫疾患に関係するTh17細胞なども見出され，これらに対する食品成分の影響に関する研究も始まっているが，本節では割愛させて頂く。

　次に，Bリンパ球から分泌されたIgE抗体が，アレルギーに関与する仕組みについて説明する。分泌されたIgE抗体は，マスト細胞（＝肥満細胞）表面の高親和性IgE受容体（FcεR I）に結合する。そこに，IgE抗体と結合し得る抗原決定基（B細胞エピトープ）を複数有したアレルゲン分子が到来することにより，マスト細胞上の複数のIgE抗体が一つのアレルゲン分子と結合する。アレルゲン分子を介して複数の高親和性IgE受容体間が架橋されると，マスト細胞内においてシグナル伝達が活性化し，ヒスタミンなどのケミカルメディエーターが細胞外へと放出され，これらの働きによってアレルギー症状が引き起こされるのである。

　これまで述べてきた内容から，抗アレルギーには，大きく二通りの方法が可能と考えられる。一つは，IgE抗体を作っていない健常者を作らない状態のまま維持させる，いわばアレルギー体質化の予防である。この場合，抗アレルギー作用のターゲットとしては，複数の候補が挙げられるが，現在は，Th1/Th2バランスを良好に保つことを中心に研究が進められている。もう一つは，既にIgE抗体を有するアレルギーの患者が，アレルゲンに対して応答しないようにする方法であり，この場合の抗アレルギー作用のターゲットは，主として肥満細胞となる。この抗アレルギーの作用点について，適応免疫ならびにアレルギー応答の仕組みとともに，図1(A)，(B)に示す。

6.3　抗体産生に対するβ-カロテンの影響

6.3.1　β-カロテン摂取とIgE抗体産生ならびにTh1/Th2バランス

　BALB/cマウスを人為的にオボアルブミンにアレルギー感作させる実験系において，高α-トコフェロール含有かつβ-カロテン添加の試験飼料を与えたマウスでは，抗原特異的IgE抗体力価が低かった[7]。また，同様の試験飼料を与えたオボアルブミン特異的T細胞受容体遺伝子トランスジェニックマウスの脾細胞を採取し，ex vivoで抗原であるオボアルブミン刺激する実験において，IL-12とインターフェロン（IFN）-γの分泌量が多いことが明らかとなった[8]。IL-12は，ナイーブTh細胞をTh1細胞へと誘導するサイトカインであり，IFN-γはTh1細胞より分泌されるサイトカインである。これらの結果は，高α-トコフェロールとβ-カロテンの共摂取が，マウスのTh1/Th2バランスをTh1細胞側にシフトさせ，IgE産生を抑える働きがあることを示しており，食餌成分の影響を受ける細胞としては，IL-12の分泌源である抗原呈示細胞が予想される。

6.3.2 β-カロテンと抗原提示細胞の抗酸化性

α-トコフェロールとβ-カロテンが、抗原呈示細胞の抗酸化性に及ぼす影響について、マクロファージ培養細胞RAW264細胞をモデルとして検討された[9]。培地にこれらの物質を添加した結果、β-カロテン添加後には、チオバルビツール酸反応性物質（TBARS）値が速やかに上昇することが明らかとなった。ところで、TBARS値は通常、脂質過酸化の指標として用いられる。しかし、in vitro実験において、β-カロテン自体が酸化された結果として、TBARS値の亢進することが報告されている[10]。前述のRAW264細胞におけるTBARS値の上昇が、細胞膜脂質かβ-カロテンのいずれに起因するものかは確定されていないが、いずれにしろ、細胞膜で酸化が起こったことを意味している。一方、RAW264細胞へのβ-カロテン添加は、細胞質の抗酸化性を向上させた。α-トコフェロールは、細胞膜脂質の酸化を抑制するが、細胞質の抗酸化性には影響しなかった。細胞質の抗酸化性亢進は、細胞内の抗酸化性因子である還元型グルタチオン（GSH）量増加と関係があった。

細胞内GSH量の多寡は、抗原呈示細胞機能に影響することが報告されている[11]。GSH量が少ない場合を酸化型、多い場合を還元型の抗原呈示細胞と定義した場合、還元型の抗原呈示細胞の方が、IL-12産生能は高い。したがって、抗原呈示細胞であるマクロファージの還元型／酸化型のバランスが、Th1/Th2バランスに影響するということになる[12,13]。RAW264培養細胞における研究結果では、α-トコフェロールではなく、β-カロテンが抗原呈示細胞の細胞内GSH量に影響を及ぼしていた。α-トコフェロールを一定にし、種々の量のβ-カロテンを摂取させたマウスの脾細胞でも、β-カロテンを摂取するほど、細胞内GSH量が増加した[14]。つまり、β-カロテン摂取によって脾細胞は、還元型へと誘導されたことになる。これらのことより、マウスの脾細胞において、抗原呈示により惹起されるIL-12産生・分泌を増強させた主役は、β-カロテンであると考えられる。事実、マウス飼料へのβ-カロテンのみの添加による、血液中のIgE抗体値の減少・Th2サイトカイン分泌能の低下・血液中のIgG2抗体値の上昇・Th1サイトカイン分泌能の亢進が報告された（先に紹介した実験と比べて、基本飼料のα-トコフェロール含有量は多い）[15]。ニンジンジュースを用いた場合でも、似た傾向の結果が報告されている[16]。

以上のように、β-カロテンはマウスのTh1/Th2バランスをTh1側にシフトさせるのに貢献し、IgE抗体産生に対して抑制的に作用するものと考えられる。一方、レチノイドについては、β-カロテンとはまったく逆で、IgE抗体産生の亢進やTh2誘導作用が報告されている[17,18]。

6.3.3 抗原呈示細胞内の酸化還元状態とTh1/Th2バランス

還元型の抗原呈示細胞においてIL-12産生・分泌が高くなる理由の一つとして、細胞内プロテアーゼ活性亢進の可能性が示唆されている[11]。カテプシンは、リソソーム内に存在するプロテアーゼ類の総称であり、抗原呈示に関係が深い。カテプシン類の内、活性中心にシステイン残基を持つシステイン−カテプシンが活性を発揮するためには、抗酸化的な保護が必要である[19]。酸化によりシステイン−カテプシンの活性が阻害されると、抗原呈示が阻害されることになる。呈示された抗原がTh細胞に認識されること、つまり抗原呈示こそが、抗原呈示細胞にIL-12の産生・

分泌をもたらす刺激である。細胞質中のGSHは，活性酸素がリソソーム内へ到達する前に消去することで，システイン－カテプシンの活性発揮に寄与するものと予想される。

β-カロテンを摂取したマウスの脾臓に含まれる抗原呈示細胞画分のシステイン－カテプシン活性は，餌組成におけるβ-カロテン含有量と正の相関にあった[14]。これにより，食餌由来のβ-カロテンは，抗原呈示細胞内のGSH濃度を上昇させることにより，システイン－カテプシン活性ひいては，抗原呈示能を亢進させるというメカニズムが提案された（図2）。

ところで，Th細胞クローンを用いた$in\ vitro$抗体産生系に，アスタキサンチンなどを存在させると，IgMやIgG抗体産生量が亢進すると報告されている[20]。この研究結果から，カロテノイドは，Th細胞が抗原呈示細胞と接触する段階に作用するのではないかと指摘されており[21]，これは前述の提案と矛盾しない。

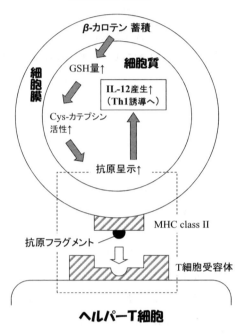

図2　抗原呈示細胞におけるβ-カロテン作用の仮説図

ここまで，主に抗原呈示細胞内GSH量の増加が，抗原呈示細胞自体の機能に影響を及ぼす場合について述べたが，一方で，抗原呈示細胞が，抗原呈示時に隣接するTh細胞に対してシステインを供給することで，Th細胞内の還元性（：GSH量）を亢進するという仮説[22]も示されていることから，β-カロテンによる抗原呈示細胞内のGSH量亢進も多面的な意味合いを持つ可能性がある。

6.4　肥満細胞に対するカロテノイドの影響に関する研究報告

アレルギー患者の発症を抑制する効果がある物質として，食品成分ではカテキン関連物質などのポリフェノール系の抗酸化物質についての研究報告が多い。これらは，肥満細胞の脱顆粒を抑制することが明らかとなっている。一方で，カロテノイドが肥満細胞に及ぼす効果に関する研究報告はほとんどなかった。しかし最近，ラット肥満細胞の培養細胞であるRBL-2H3やマウス骨髄由来肥満細胞を用いた実験で，カロテノイドであるフコキサンチン・アスタキサンチン・ゼアキサンチン・β-カロテンなどの処理により，アレルギー応答が抑制されると報告された[23]。細胞膜の脂質ラフト部位へのFcεRIの移行が，カロテノイド処理により妨げられるためとされ，カロテノイドが，アレルゲンの到来に起因する肥満細胞表面でのFcεRIの凝集を阻害することにより，細胞内のシグナル伝達を弱め，結果として脱顆粒が抑制されるというメカニズムが提案されている。細胞系だけでなく，ジニトロフルオロベンゼンの塗布により誘導されるマウス耳介浮腫モデ

第3章 大学・研究機関の研究動向

ルでも，カロテノイドの経口投与によるアレルギー応答の抑制が検出されている。β-カロテンが細胞膜構造を脆弱にするという報告[24]もあることから，細胞膜に蓄積したβ-カロテンが，細胞膜の物性に影響を与えた結果として，受容体などを介した情報伝達に影響することは充分に考えられる。ただし，非特異的に影響を及ぼすようであれば，生体に必要な情報伝達をも阻害する恐れがある。これまで，β-カロテンなどの一般的なカロテノイドの過剰症は柑皮症（皮膚が黄色くなること）しか知られていないが，細胞膜の物性への影響という現象については，効果・効能だけでなく，過剰症の観点からも注目される。

6.5 炎症の抑制とカロテノイド

血液中の炎症マーカーとカロテノイド濃度は逆相関することが，疫学研究により報告されている[25]。この逆相関性の解釈において，炎症という現象に対するカロテノイドの意義付けには，原因と結果の二つの可能性が考えられ得る。原因である場合，血液中のカロテノイド濃度が高いヒトにおいて炎症が少なかったということであり，結果である場合は，炎症によりカロテノイドが消費されたということである。最近，β-カロテンとβ-クリプトキサンチンを添加したRAW264細胞において，リポ多糖誘導性の炎症性サイトカインIL-1β・IL-6のmRNA発現が抑制されることが見出された[26]。この実験結果は，これらのカロテノイドが炎症を抑制する物質であることを示唆しており，先の疫学的研究における逆相関においてカロテノイドが原因をなしている可能性が高いと考えられる。炎症性サイトカインはアトピー性皮膚炎の増悪にも関係する因子であるので，この点からもカロテノイドの抗アレルギー効果が期待できるであろう。

文　　献

1) H. Green and E. Mellanby, *Br. J. Exp. Pathol.*, **11**, 81 (1930)
2) S. W. Calusen, *Trans. Am. Pediatr. Soc.*, **43**, 27 (1931)
3) A. Bendich, *Proc. Nutr. Soc.*, **50**, 263 (1991)
4) 長尾昭彦，食品機能性の科学，p.92，産業技術サービスセンター (2008)
5) J. Rhodes, *J. Natl. Cancer Inst.*, **70**, 833 (1983)
6) T. R. Mosmann et al., *J. Immunol.*, **136**, 2348 (1986)
7) N. Bando et al., *Biosci. Biotechnol. Biochem.*, **67**, 2176 (2003)
8) T. Koizumi et al., *Biosci. Biotechnol. Biochem.*, **70**, 3042 (2006)
9) T. Imamura et al., *Biosci. Biotechnol. Biochem.*, **70**, 2112 (2006)
10) K. Kikugawa et al., *Free Rad. Res.*, **31**, 517 (1999)
11) J. D. Peterson et al., *Proc. Natl. Acad. Sci. U.S.A.*, **95**, 3071 (1998)
12) 羽室淳爾，村田幸恵，モレキュラーメディシン，**38**, 1372 (2001)

13) 宇津木光克, 土橋邦生, 炎症と免疫, **11**, 25 (2003)
14) S. Takeda *et al.*, *Biosci. Biotechnol. Biochem.*, **72**, 1595 (2008)
15) Y. Sato *et al.*, *Biol. Pharm. Bull.*, **27**, 978 (2004)
16) H. Akiyama *et al.*, *Biol. Pharm. Bull.*, **22**, 551 (1999)
17) J. B. Barnett, *Int. Arch. Allergy Appl. Immunol.*, **67**, 287 (1982)
18) C. B. Stephensen *et al.*, *J. Immunol.*, **168**, 4495 (2002)
19) T. D. Lockwood, *Antioxid. Redox Signal*, **4**, 681 (2002)
20) H. Jyonouchi *et al.*, *J. Nutr.*, **125**, 2483 (1995)
21) 富田純史, カロテノイド―その多様性と生理活性―, p.74, 裳華房 (2006)
22) Z. Yan and R. Banerjee, *Biochemistry*, **49**, 1059 (2010)
23) S. Sakai *et al.*, *J. Biol. Chem.*, **284**, 28172 (2009)
24) C. S. Bestwick *et al.*, *Biochim. Biophys. Acta*, **1474**, 47 (1999)
25) T. P. Erlinger *et al.*, *Arch. Intern. Med.*, **161**, 1903 (2001)
26) S. Katsuura *et al.*, *Mol. Nutr. Food Res.*, **53**, 1396 (2009)

7 海藻の抗酸化物質とその機能解析

柴田敏行*

7.1 はじめに

　抗酸化物質は，脂質やタンパク質，DNAの酸化による損傷を防ぐことから食品の劣化防止や生活習慣病の予防，アンチエイジングなど幅広い利用と応用開発が期待されているバイオファクターである。海藻，特に大型藻類には，β-カロテンやトコフェロール類[1]など既知の抗酸化物質に加え，農畜産物にはない新奇な化合物あるいは特徴的に多い化合物が存在しており，分子構造の解析やラジカル捕捉活性の評価といった探索的研究が進められている。ここでは，フェノール性化合物とカロテノイドに焦点を当て大型藻類特有のフィトケミカルやそれらの持つ抗酸化作用に関する取り組みと知見を紹介する。

7.2 フロロタンニン類（海藻ポリフェノール類）

　近年，植物性食品素材に含まれる非栄養性成分，特にポリフェノール類の持つ抗酸化作用と健康維持機能に注目が集まっている。ポリフェノール類とは，ヒドロキシル基が2個以上結合した芳香族炭化水素の総称である[2]。陸上植物の生産するポリフェノール類は，構造上，主にFlavan-3,4-diol構造を持つ化合物（Leucoanthocyanidins）が重合した縮合型タンニン（Condensed tannins）と没食子酸（Gallic acid）やHexahydroxydiphenic acidなどの芳香族化合物とグルコースなどの糖質がエステル結合を形成した加水分解性タンニン（Hydrolyzable tannins）の2つに大別される[2]。それに対して褐藻類特有のポリフェノール類であるフロロタンニン類（Phlorotannins）は，フロログルシノール（1,3,5-Trihydroxybenzene）を構成単位とし，それらが単に重合した構造を持っている[3,4]。ヒドロキシル基以外の官能基を持つ化合物や配糖体なども存在しない。フロロタンニン類は，フロログルシノールの結合様式の違いから，Fucols, Phlorethols, Fucophlorethols, Fuhalols, Isofuhalols, Eckolsの6種類のサブユニットに大別することができる[3,4]（図1）。

　既知のフロロタンニン類の大半は，アスコセイラ目（Ascoseirales），シオミドロ目（Ectocarpales），ヒバマタ目（Fucales），コンブ目（Laminariales）に属する褐藻類から単離されている[3,4]。日本の沿岸域に分布する褐藻類では，アラメ（*Eisenia bicyclis*）[5,6]，イシゲ（*Ishige okamurai*）[7]，オオバモク（*Sargassum ringgoldianum*）[8]，カジメ（*Ecklonia cava*）[9,10]，クロメ（*Ecklonia kurome*）[11]，サガラメ（*Eisenia arborea*）[12,13]，ツルアラメ（*Ecklonia stolonifera*）[14,15]からそれぞれ化合物が単離・同定されている。アラメから単離されたフロロタンニン類の分子構造を図2に示した。これらは，Dibenzo-1,4-dioxin構造を持つEckolを基本骨格とするフロログルシノールの重合体であり，カジメとクロメにも共通の化合物として含まれている[16〜18]。また，フォトダイオードアレイ検出器を用いた3D-HPLC分析の結果，アラメ，カジメ，クロメにおけ

---

*　Toshiyuki Shibata　三重大学　大学院生物資源学研究科　生物圏生命科学専攻　講師

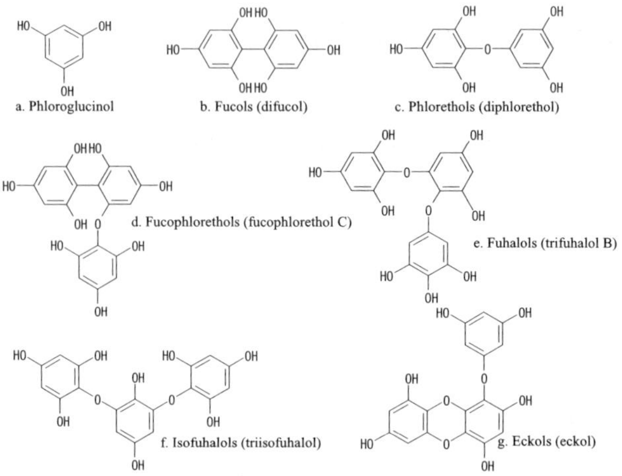

食のバイオ計測の最前線

図1 フロログルシノールとフロロタンニン類のサブユニットの構造式

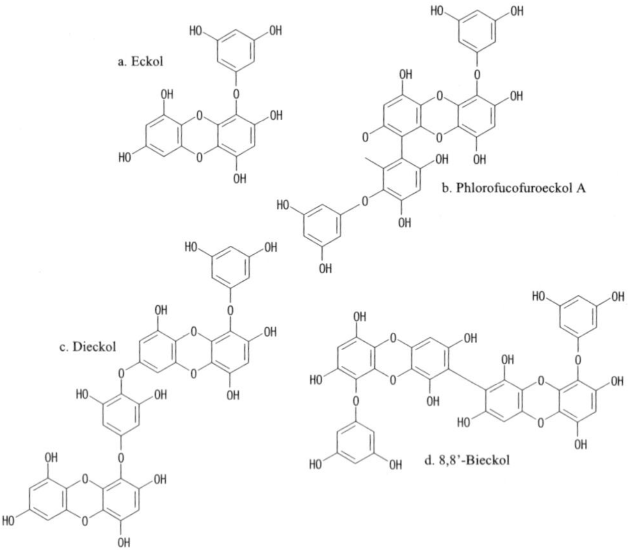

図2 アラメから単離・同定したフロロタンニン類の構造式

る総フロロタンニン含量は乾燥重量あたり約4.0～5.0％の範囲にあること，フロログルシノール5量体以上の化合物の占める割合が多く，それぞれの含量や組成に季節変動はないことも分かっている[16～18]。

筆者らの研究グループでは，図2に示した化合物を珪酸カラムクロマトグラフィーによりそれぞれ単離し，リン脂質リポソーム（生体膜モデル）中でのリン脂質過酸化抑制効果や，1,1-Diphenyl-2-picrylhydrazyl（DPPH）ラジカル，スーパーオキシドアニオンラジカル（O_2^-）捕

第3章　大学・研究機関の研究動向

捉活性を測定した[18,19]。2,2'-Azobis（2-amidinopropane）dihydrochloride（AAPH）から発生するペルオキシルラジカルにより、リン脂質リポソームは酸化され、過酸化リン脂質（ホスファチジルコリンヒドロペルオキシド、ホスファチジルエタノールアミンヒドロペルオキシド）が生じる。フロログルシノール5量体以上の化合物（Phlorofucofuroeckol A, Dieckol, 8,8'-Bieckol）は、1 μMの濃度でブドウ由来ヒドロキシスチルベン（Resveratrol）や抗酸化ビタミン類（Ascorbic acid, α-Tocopherol）より強いリン脂質過酸化抑制効果を持っていた。またDPPHラジカル、O_2^-ラジカル捕捉活性試験から算出されたそれらのEC_{50}値は、それぞれ12～15 μM、6.5～8.4 μMの範囲にあり、茶カテキン類（Catechin, Epigallocatechin gallate）と同程度のラジカル捕捉活性を持つことが分かった。さらにマウスへの経口投与試験の結果、前述した抗酸化作用の有効濃度以上の量（5 mg）を投与しても、それぞれのフロログルシノール・オリゴマーは生体毒性を示さないことも併せて確認した[20]。最近、カジメから図2に示した化合物に加え6,6'-Bieckol, Fucodiphlorethol Gが単離・同定され、それらの持つ抗酸化作用について電子スピン共鳴装置（ESR）によるヒドロキシルラジカル、ペルオキシラジカル捕捉活性の測定、コメットアッセイを用いたDNA損傷抑制効果の判定、膜タンパク質の酸化抑制効果などの試験から有効性が評価されている[9,10]。抗酸化作用以外の生理機能についても、図2に示した化合物群は、茶カテキン類より強いヒアルロニダーゼ阻害活性[16]やリポキシゲナーゼ阻害活性[21]、抗菌活性[20]などの生理機能も持っている。このように、褐藻類特有のポリフェノール類であるフロロタンニン類は、陸上植物の持つフラボノイド類と同様「機能性ポリフェノール」として非常に魅力的な性状を持っていることが分かる。

7.3　ブロモフェノール類

ハロ代謝物の1つであるブロモフェノール類（Bromophenols）は、多くの海洋生物に存在するフレーバー成分である[22~24]。Whitfieldらは、ガスクロマトグラフィー質量分析計（GC/MS）を用いて、東部オーストラリア沿岸域に分布する海藻49種（緑藻類：11種、褐藻類：19種、紅藻類：19種）87サンプルにおけるブロモフェノール類（2-Bromophenol, 4-Bromophenol, 2,4-Dibromophenol, 2,6-Dibromophenol, 2,4,6-Tribromophenol）の分布を報告している[24]。GC/MS分析の結果、全サンプル中の62％に5種類、32％に4種類、残りの6％に3種類のブロモフェノール類がそれぞれ検出されたことや、検出された化合物の中で2,4,6-Tribromophenolの濃度が最も高く大半の藻種に含まれることを明らかにしている[24]。また、藻種における総ブロモフェノール量の差違は、紅藻類が高く（最も高い*Pterocladiella capillacea*では藻体1 gあたり2,590 ng）、次いで褐藻類、緑藻類（最も低い*Codium fragile*では藻体1 gあたり0.9 ng）の順にあることも併せて報告している[24]。筆者らの研究グループでは、GC/MS分析により褐藻アラメとクロメから共通のブロモフェノール類として2,4-Dibromophenolと2,4,6-Tribromophenolを、アラメからDibromo-iodophenolをそれぞれ検出している[25]（図3）。Dibromo-iodophenolについては、特性基であるIとBrの位置は同定していないが、既知の化合物ライブラリーデータベースに存在しない

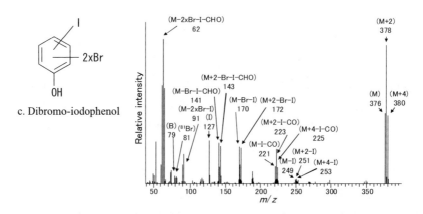

図3　アラメとクロメから検出されたブロモフェノール類

ため，新奇のブロモフェノール類である可能性が示唆されている。

　Fujimotoらは，紅藻ショウジョウケノリ（*Polysiphonia urceolata*）から単離・同定した2種類のブロモフェノール類（5-Bromo-3,4-dihydroxy benzaldehyde, 5-Bromo-3,4-dihydroxy benzylalcohol）が，ラット肝ミクロソームの脂質過酸化を抑制することを示している[26]。最近，ショウジョウケノリから新たに4種類のブロモフェノール類が単離・同定され，それらがDPPHラジカル捕捉活性を持つことが明らかになった[27]。ブロモフェノール類の持つ抗酸化作用に関する知見は少ないが，既知のフェノール性抗酸化物質と同様，分子内に酸化還元電位の低いフェノール性水酸基を持っていることから，海藻類に普遍的に含まれる抗酸化物質の1つとして機能していると考えられる。

7.4　カロテノイド

　カロテノイド（Carotenoid）とは，長鎖ポリエン構造を持つ化合物群の総称であり，炭化水素化合物であるカロテン（Carotene）と酸素を含む化合物であるキサントフィル（Xanthophyll）に大別される。海洋生物に特徴的に多いカロテノイドには，アスタキサンチン（Astaxanthin）とフコキサンチン（Fucoxanthin）がある。アスタキサンチンは，甲殻類やサケ・マス類の筋肉，マダイの皮膚，魚卵，緑藻類，微細藻類に含まれている[28]。一方，フコキサンチンはワカメ（*Undaria pinnatifida*）やマコンブ（*Laminaria japonica*），ヒジキ（*Sargassum fusiforme*），モズク（*Nemacystis*

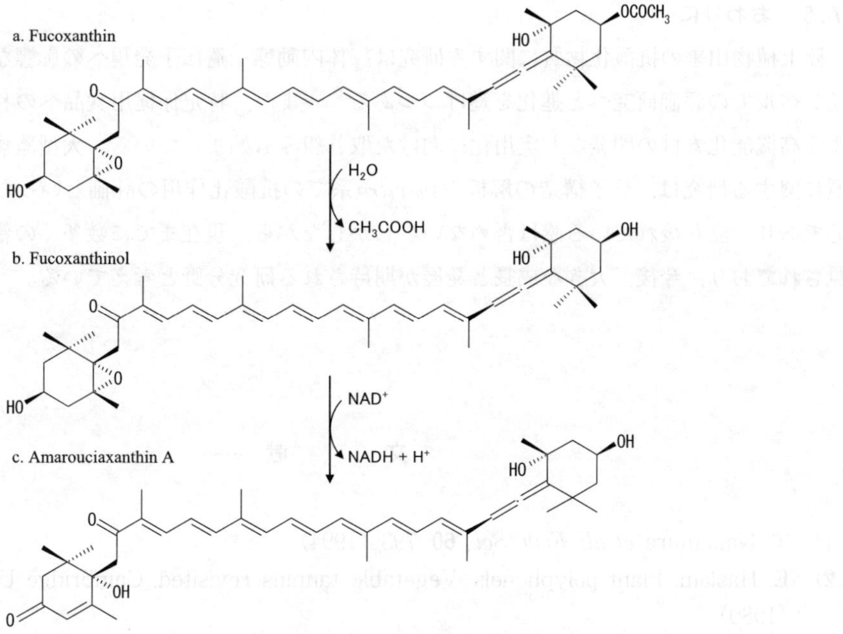

第3章　大学・研究機関の研究動向

図4　フコキサンチンの代謝

decipiens) など多くの食用褐藻類に存在しており[29]，乾燥重量100gあたり数十mg程度含まれている。

　ヒト大腸ガン由来細胞株Caco-2細胞と肝臓由来細胞株HepG2細胞を用いた評価試験，およびマウスを用いた経口投与試験から，摂取されたフコキサンチンは，リパーゼや脂肪酸エステル分解酵素の作用によりフコキサンチノール（Fucoxanthinol）へと加水分解された後，肝臓にてアマロウシアキサンチンA（Amarouciaxanthin A）に代謝・変換されることが明らかになっている[30]（図4）。フコキサンチンとフコキサンチノールは，DPPHラジカル捕捉活性を持ち，それぞれのEC$_{50}$値は164.60 μM，153.78 μMであることが報告されている[31]。さらに2,2'-Azinobis (3-ethylbenzothiazoline-6-sulfonic acid)（ABTS）ラジカル捕捉活性のEC$_{50}$値は，フコキサンチンが8.94 μM，フコキサンチノールが2.49 μMであること，ESR法および化学発光法を用いた測定により，フコキサンチンの持つヒドロキシラジカル捕捉活性がα-Tocopherolより強いことやO$_2^-$ラジカル捕捉活性はα-Tocopherolと同程度であることが示されている[31]。マウスへの経口投与試験から，摂取されたフコキサンチンは体内から検出されないこと，代謝物であるフコキサンチノールやアマロウシアキサンチンAなどの濃度は，血しょう中では低く脂肪組織や肝臓で高いことが分かっている。フコキサンチンの持つ抗酸化作用やその他の優れた生理機能は，その代謝産物が担っていると考えることができる。

7.5 おわりに

　陸上植物由来の抗酸化物質に関する研究は，体内動態や遺伝子発現への影響などより詳細な分子レベルでの評価研究へと進化を遂げつつある[32]。また，特定保健用食品への利用や分子修飾による高機能化素材の開発など実用化に向けた取り組みも始まっている。大型藻類由来の抗酸化物質に関する研究は，分子構造の解析や *in vitro* 系での抗酸化作用の評価といった探索的研究が中心であり，立ち後れている感は否めない。しかしながら，現在までに数多くの新奇な化合物が発見されており，今後，大きな成長と発展が期待される研究分野と考えている。

文　　献

1) T. Nakamura *et al.*, *Fish. Sci.*, **60**, 793（1994）
2) E. Haslam, Plant polyphenols. Vegetable tannins revisited, Cambridge University Press（1989）
3) M. A. Ragan, K.-W. Glombitza, *Progr. Phycol. Res.*, **4**, 129（1986）
4) C. D. Amsler, V. A. Fairhead, *Adv. Bot. Res.*, **43**, 1（2006）
5) 谷口和也ほか，日本水産学会誌，**58**, 571（1992）
6) T. Nakamura *et al.*, *Fish. Sci.*, **62**, 923（1996）
7) K. Toume *et al.*, *Nat. Med.*, **58**, 79（2004）
8) M. Nakai *et al.*, *Mar. Biotechnol.*, **8**, 409（2006）
9) G.-N. Ahn *et al.*, *Eur. Food Res. Technol.*, **226**, 71（2007）
10) Y. Li *et al.*, *Bioorg. Med. Chem.*, **17**, 1963（2009）
11) Y. Fukuyama *et al.*, *Chem. Pharm. Bull.*, **38**, 133（1990）
12) Y. Sugiura *et al.*, *Biosci. Biotechnol. Biochem.*, **70**, 2807（2006）
13) K. Tsukui *et al.*, *ITE Lett. Batter. New Technol. Med.*, **7**, 616（2006）
14) 谷口和也ほか，日本水産学会誌，**57**, 2065（1991）
15) S-Y. Shim *et al.*, *Bioorg. Med. Chem.*, **17**, 4734（2009）
16) T. Shibata *et al.*, *Int. J. Food Sci. Technol.*, **37**, 703（2002）
17) T. Shibata *et al.*, *J. Appl. Phycol.*, **16**, 291（2004）
18) T. Shibata *et al.*, *J. Appl. Phycol.*, **20**, 705（2008）
19) T. Shibata *et al.*, *ITE Lett. Batter. New Technol. Med.*, **7**, 69（2006）
20) K. Nagayama *et al.*, *J. Antimicrob. Chemother.*, **50**, 889（2002）
21) T. Shibata *et al.*, *J. Appl. Phycol.*, **15**, 61（2003）
22) F. B. Whitfield *et al.*, *J. Agric. Food Chem.*, **45**, 4398（1997）
23) F. B. Whitfield *et al.*, *J. Agric. Food Chem.*, **46**, 3750（1998）
24) F. B. Whitfield *et al.*, *J. Agric. Food Chem.*, **47**, 2367（1999）
25) T. Shibata *et al.*, *J. Appl. Phycol.*, **18**, 787（2006）

26) K. Fujimoto *et al.*, *Agric. Biol. Chem.*, **50**, 101 (1986)
27) K. Li *et al.*, *Bioorg. Med. Chem.*, **15**, 6627 (2007)
28) G. Hussein *et al.*, *J. Nat. Prod.*, **69**, 443 (2006)
29) K. Miyashita, *Forum. Nutr.*, **61**, 136 (2009)
30) T. Sugawara *et al.*, *J. Nutr.*, **132**, 946 (2002)
31) N. M. Sachindra *et al.*, *J. Agric. Food Chem.*, **55**, 8516 (2007)
32) 立花宏文, 日本薬理学雑誌, **132**, 145 (2008)

8 バイオ計測技術を応用した清酒酵母の分類と開発

廣岡青央*

　大規模食中毒，産地偽装，残留農薬などの食品の安全性が問題となる事件，事故が久しく続き，日本の消費者の食品の安全・安心に対する懸念は非常に高いものとなっている。清酒製造業者においてもこの問題は大変重要な問題であり，特に2008年に起こった事故米穀の不正転売事件以降，清酒原料に対しても非常に厳しい視線が注がれ，平成22年10月1日から米トレーサビリティ法が施行されることとなった。清酒の原料である米についての現状は上記のようであるが，清酒製造に用いられる微生物についても，安全・安心が求められている。清酒酵母や麹については過去から長期にわたり使用されていることからその安全性については確保されていると考えられるが，例えば遺伝子組み換え技術を応用した酵母などは消費者の安心を得るまでには至っていないのが現状である。また，消費者の安心を得るためには安定した品質の清酒製造が欠かせないが，酵母などの菌株の特性が保存中に変化し，安定した清酒製造に支障が生じることがある。これらのことから消費者の信頼を得るためには酵母の分類を行い，特性を把握し菌株を管理することは必須の事項である。

　本節では，食の安全安心を確保するため，最新のバイオ計測技術を応用した清酒酵母の分類，安定した高品質清酒製造に利用できる清酒酵母の開発について述べ，それらの技術が食の安全安心に寄与していることを述べたい。

8.1 タンパク質の二次元電気泳動法を用いた清酒酵母の発現解析

　清酒醸造に利用されている酵母には様々なタイプのものがあり，これらの酵母はそれぞれ醸造特性が異なっている。現在，実用化されている最も知られた清酒酵母として㈶日本醸造協会が領布している「きょうかい酵母」がある。これらの酵母を識別する手法には，TTC（2,3,5-トリフェニルテトラゾリウムクロライド）染色法による分類法，パントテン酸要求性を利用したβ-アラニンを含む培地による分類法，またマルトースやガラクトースなどのオリゴ糖を炭素源に用いた培地と上記のTTC染色法を用い，その炭素源の発酵能の違いにより分類するという方法が考案されてきた。これらの方法を用いることによって野生酵母と酒造用酵母の区別や酒造用酵母間を区別することができる[1]。また，過去にはパルスフィールド電気泳動法を利用して染色体の大きさや本数で分類しようという試みがなされてきている[2]。これらの結果は，きょうかい酵母のような実用株は非常に近接した株であることを示唆している。

　清酒酵母間の特性の差は，遺伝子上での微少な違いによって発現タンパク質量が変化することに起因し，そのタンパク質発現様式の差がそれぞれの酒造用酵母を特徴づけている。このことは酵母の発現タンパク質を網羅的に解析することにより，酒造用酵母の特徴を解析し，さらには分

＊ Kiyoo Hirooka　京都市産業技術研究所　加工技術グループ　バイオチーム　主席研究員

第3章　大学・研究機関の研究動向

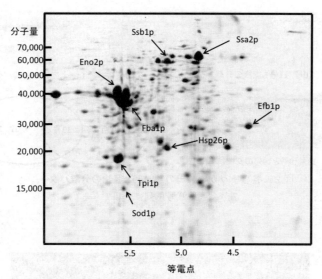

図1　清酒酵母の二次元電気泳動法による発現タンパク質分離例

類を行うことが可能であることを示唆している。

　タンパク質発現解析には，二次元電気泳動法を用いることで発現タンパク質の分離，さらには分離したタンパク質の内部アミノ酸配列分析を行い，その配列情報からスポットタンパク質の同定を行うことが可能である。二次元電気泳動法は再現性に問題があると指摘されることが多いが，その原因は主にタンパク質の抽出段階におけるばらつきに起因することが多い。二次元電気泳動の手法については【計測開発編】第2章5節に詳しい。その節に記された再現性を確保した手法を用いれば酵母の発現タンパク質を再現性良く分離することが可能である（図1）。

8.2　発現解析を応用した酵母の分類

　二次元電気泳動法によりきょうかい7号と9号酵母の発現タンパク質解析を行ったところ，高分子側のタンパク質が9号にのみ存在していた[3]。この高分子タンパク質のアミノ酸配列情報からそのタンパク質はYIL169c産物であると推測された。さらに詳細な分析を行うことにより，7号にもYIL169c産物は存在しているが，9号とは分子量の異なる位置に分離されることがわかった。他のきょうかい酵母についてもYIL169c産物の二次元電気泳動による分離位置の解析を行い，清酒酵母が分離位置により分類できることが明らかとなった（図2）。

　ではなぜYIL169c産物の分離位置が変動するのであろうか。分子量が変化していること，YIL169c産物に糖鎖結合位置が存在することなどから，酵母間でYIL169c産物に結合する糖鎖が変化している可能性が示唆された。

　清酒の発酵過程では，もろみ表面には持続性のある「泡」が形成される。この泡は酵母細胞表層が疎水的であることから生じる。7号と9号の泡の生成については定量的な報告はないものの，

食のバイオ計測の最前線

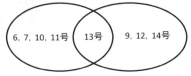

7号(6号,10号,11号も同様の分離パターン)　　　9号(12号,14号も同様の分離パターン)

13号(9号と10号の交配株)

図2　各きょうかい酵母のYIL169c産物の分離パターン
（7号系列と9号系列に分類できる）

写真1　各きょうかい酵母の小仕込み試験の泡の形成
K7：きょうかい7号，K701：きょうかい7号泡なし，K9：
きょうかい9号，K901：きょうかい9号泡なし

明らかに生成様式が異なることから，この泡の生成とYIL169c産物の変化とがリンクしているということが考えられた（写真1）。この結果が，「泡なし」酵母の解析と育種に繋がることになった。

8.3　泡なし酵母の解析と開発

前項で述べたように，清酒酵母は発酵中に持続性のある泡を形成する（写真1）。従来，この泡の状態を確認することにより発酵管理が行われていた。近年では，発酵管理には比重計が利用され，さらにはタンク容量の有効利用や，発酵終了後のタンクについた泡の汚れの洗浄に手間がかかるなど泡の存在のデメリットから，泡を生成しない酵母が分離され実用化されている。きょうかい7号や9号株からも既にそれぞれ泡なしの変異株が取得されている。泡なし変異株とその親株の発現タンパク質解析の結果，YIL169c産物の分離位置が異なっていた（図3）。このことは何

第3章　大学・研究機関の研究動向

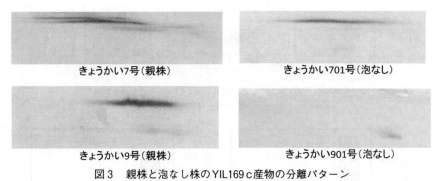

図3　親株と泡なし株のYIL169c産物の分離パターン

を意味するのであろうか。前項でも述べたように，YIL169c産物は細胞表層の性質を変化させている可能性がある。それはYIL169c産物が泡の生成を制御していることに繋がると考えられる[4]。この情報をもとに泡なし酵母が開発され，さらに泡なし特性の確認に利用されている。

8.4　吟醸酒製造用酵母の解析と開発

清酒製造に利用される清酒酵母の選択は清酒の香味を決める上で重要である。特に果実様の香気に代表される吟醸香のうち，酢酸イソアミルとカプロン酸エチルの生成は酵母が担っている。吟醸酒製造に適した酵母は主にこれらの香気の生成に優れたものが多い。

酢酸イソアミルはアミノ酸のロイシン合成系から，または外部から取り込まれたロイシンから生成するイソアミルアルコールがアセチル化されることにより生じるとされ，カプロン酸エチルは脂肪酸合成の中間産物であるカプロイルCoAがアルコールアシルトランスフェラーゼの作用により生成，またはカプロイルCoAより生じたカプロン酸がエステラーゼの作用により生成すると考えられている。

酢酸イソアミル高生産酵母はロイシンアナログである5',5',5'-トリフルオロロイシン耐性を指標に，カプロン酸エチル高生産酵母は脂肪酸合成系の阻害剤であるセルレニン耐性を指標にそれぞれ育種されている[5,6]。ロイシンアナログ耐性酵母はロイシン合成が強化されることにより酢酸イソアミルの前駆体であるイソアミルアルコールが高生産され，結果酢酸イソアミルの生成量が増加する。セルレニン耐性酵母では脂肪酸合成酵素遺伝子のFAS2遺伝子の変異により脂肪酸合成系が影響を受け，低級脂肪酸であるカプロン酸が蓄積し，そのためカプロン酸のエステルであるカプロン酸エチルも高生産する。これらの両方の薬剤に耐性を有する酵母であるきょうかい1601号酵母のタンパク質発現解析を行った。この酵母は上記の機構によりイソアミルアルコール，カプロン酸の生成量の増加している酵母である。

解析の結果，それらの薬剤に感受性である酵母と比較してきょうかい1601号で発現量が増加しているスポットが検出された（図4）。内部アミノ酸配列解析の結果，Leu2pであることが推測された[7]。Leu2pはイソプロピルリンゴ酸デヒドロゲナーゼであり，ロイシン合成系の酵素である。

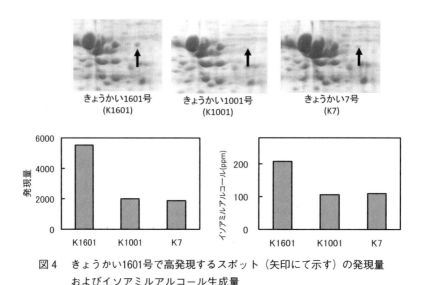

図4 きょうかい1601号で高発現するスポット（矢印にて示す）の発現量およびイソアミルアルコール生成量

　このタンパク質発現量の増加は，きょうかい1601号がロイシンアナログ耐性酵母であることに起因していると考えられ，さらにはこの酵母のイソアミルアルコール生成量の増加に寄与していると考えられる（図4）。この例のようにタンパク質発現と代謝物は密接に関連しており，清酒酵母の代謝解析に二次元電気泳動が大変有効な手段であることを示している。
　一方，代表的な吟醸酵母の一つであるきょうかい14号のタンパク質解析の結果，Hsp26pやHsp12pなどの低分子量ヒートショックタンパク質が高発現していた。これらの発現量の増加と香気生成能の向上との関連は明らかではないものの，これらの情報を基に香気生成能に優れた清酒酵母が開発され，実用化されている。一例として，酢酸イソアミルの合成に関与するアルコールアセチルトランスフェラーゼ（AATase）活性の上昇した酵母の選択方法が開発された。この方法は特定の薬剤耐性を指標としたポジティブスクリーニングの方法が使用されている。使用した薬剤は1-ファルネシルピリジニウム（FPy）であり，FPy耐性酵母の発現タンパク質解析を行ったところ，Hsp12pの発現量の増加が確認された。さらにはFPy耐性を指標に AATase活性の上昇した酵母を選択することが可能であった[8]。これらの情報を基に，耐性を指標に選択した酵母の香気生成能を分析し，発酵能の優良な株を選択した。この酵母は既に酢酸イソアミル高生産酵母として高付加価値製品製造用に実用化されている。さらにはFPy耐性酵母が銅耐性を有しており[9]，これらの機構の分析に発現タンパク質が利用でき，酵母の特性把握が可能であると考えている。

　本節では高品質製品の安定製造に寄与できるタンパク質発現解析を用いた清酒酵母の開発について述べた。従来から利用されている酵母のような微生物についても今後，由来や特性を遺伝子

第 3 章　大学・研究機関の研究動向

発現やタンパク質発現のレベルで解析することが，消費者の安心を得るためには必要となると考えられる。

文　　献

1) 稲橋正明ほか，醸造協会誌，**87**, 858（1992）
2) 中里厚実ほか，醸造協会誌，**93**, 67（1998）
3) 廣岡青央ほか，京都市工業試験場報告，No.28, 34（2000）
4) 山本佳宏ほか，日本生物工学会誌，**81**, 461（2003）
5) S. Ashida *et al.*, *Agric. Biol. Chem.*, **51**, 2061（1987）
6) E. Ichikawa *et al.*, *Agric. Biol. Chem.*, **55**, 2153（1991）
7) 廣岡青央ほか，京都市産業技術研究所工業技術センター報告，No.32, 85（2004）
8) K. Hirooka *et al.*, *J. Biosci. Bioeng.*, **99**, 125（2005）
9) K. Hirooka *et al.*, *J. Inst. Brew.*, **116**, 261（2010）

第4章　メーカー（企業）の開発動向

1　低分子ヒアルロン酸の開発

羽鳥由信*

1.1　はじめに―ヒアルロン酸とは

　ヒアルロン酸は変形性膝関節症の治療剤や点眼液といった医療分野の利用に始まり，保湿剤として多くの化粧品に配合されるようになり，健康食品分野においても美容訴求には欠かせない素材として認知されるようになった。食品用に近年需要が増加したこともあり，鶏冠からの抽出法に加え，乳酸菌の一種を用いた微生物発酵法が普及し，大量かつ安定的に製造ができるようになった。また，低分子化技術の発達により，食品分野において吸収性や加工特性の向上を目的として，様々な分子量のヒアルロン酸が流通するようになった。そこで本稿では，ヒアルロン酸に特徴的な性質や機能，食品中のヒアルロン酸の分析方法について概説したのち，低分子ヒアルロン酸の経口摂取による肌症状の改善作用についての知見を紹介する。

　ヒアルロン酸は1934年にMeyerらによって牛の眼球の硝子体から単離された物質で，ギリシャ語のHyaloid（硝子体）と，Uronic acid（構造単位であるウロン酸）からHyaluronic acid（ヒアルロン酸）と名付けられた[1]。また，国際命名法ではヒアルロナン（Hyaluronan）とも呼ばれている。構造はN-アセチルグルコサミンとD-グルクロン酸の2糖が直鎖状に連なった多糖である（図1）。生体内では，存在する部位に応じて様々な分子量のヒアルロン酸が存在する。ヒアルロン酸はすべての脊椎動物に存在し，生体内での分布は極めて広い。発見された眼球の硝子体以外にも皮膚，関節液，血管，血清，脳，軟骨，心臓弁，臍帯などあらゆる結合組織，器官に存在している[2]。その中でも，ヒアルロン酸含量が最も高い器官は皮膚であり，生体中の全ヒアルロン

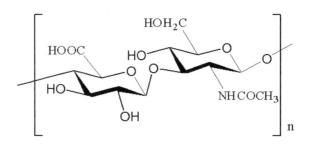

図1　ヒアルロン酸の構造

---

　*　Yoshinobu Hatori　日本新薬㈱　機能食品カンパニー　食品開発研究所　主任

第4章 メーカー（企業）の開発動向

酸量のおよそ50％を占めている。しかし，皮膚のヒアルロン酸含量は加齢と共に減少していくことが知られており[3]，それに伴い体内の水分量も減少する[4]。

1.2 ヒアルロン酸の機能

ヒアルロン酸に特徴的な物性として保水性と粘弾性が挙げられる。ヒアルロン酸は水溶液中で分子内に大量の水を抱え込むことができ，その水和比は$2〜6×10^3$ml/gといわれている[5]。生体内のヒアルロン酸はコラーゲンやエラスチンなどと細胞外マトリックスを形成し，その優れた保水性と粘弾性によって，細胞外液の保持や外部からの圧力の吸収といった機能を果たし，肌に潤いや，張りを与えている。一方，低分子ヒアルロン酸については上述のような保水性や粘弾性は低いが，上皮の防御能を向上させる[6]などが報告され，ヒアルロン酸は分子量に応じてその物性や機能が大きく異なると考えられている。

1.3 食品中のヒアルロン酸の分析

近年の技術革新により，高分子ヒアルロン酸を酸やアルカリ処理，酵素や超音波，高温処理することにより低分子ヒアルロン酸を製造することが可能になった。最近では，低分子ヒアルロン酸が様々の食品に添加され，そのヒアルロン酸の配合量を表示したいという要望も高まってきている。そこで，代表的なヒアルロン酸の分析方法を挙げ，筆者らが実施している食品中のヒアルロン酸の分析方法について概説する。

ヒアルロン酸の純品の分析には，その規則正しい構造から，カルバゾール硫酸法によりグルクロン酸含量を測定することでヒアルロン酸含量を算出することができる。しかし，カルバゾール硫酸法はヒアルロン酸に由来するグルクロン酸への特異性は絶対的なものではなく，ウロン酸以外のブドウ糖などにも若干反応してしまう。したがって，他の成分が混在する加工食品中のヒアルロン酸の分析には使用することはできない。

加工食品中のヒアルロン酸の分析法として，まずヒアルロン酸を酵素を用いて加水分解し，その産物をHPLC（高速液体クロマトグラフィー）法によって定量する方法について述べる。ヒアルロン酸は酵素処理によって，最終的にヒアルロン酸特異的なオリゴ糖（不飽和4糖および不飽和6糖）が生成するため，この方法は加工食品中の分離定量には有用な手段として用いられている。しかし，分子量の違いによって酵素処理時の反応性が異なるためか，平均分子量が数万以下の低分子ヒアルロン酸に対しては，純品を用いた比較試験でカルバゾール硫酸法の値よりも低いことが報告されている[7]。

次に，キャピラリー電気泳動（Capillary Electrophoresis：CE）法について述べる。キャピラリー電気泳動は物質が持つ固有の電荷や形などに基づく移動度の差異で分離する手法であり，1999年にM.Plätzerらによって，CE法による医薬品中のヒアルロン酸の分析が報告されている[8]。ヒアルロン酸は様々な分子量の集合体であるが，構成単位当たりの電荷が一定であるため単一の移動度を示す。我々はM.Plätzerらの方法を改良したCE法による分析法を確立し，弊社ヒアルロン

酸製品を配合した様々な食品の分析を行ってきた。
　そこで，筆者らの測定法について，平均分子量5,000〜30,000（Da）のヒアルロン酸LM（日本新薬㈱製）を配合した錠剤の分析を例に紹介する（図2）。試料は，予め夾雑物質を除去し，濃縮したのちCEに供する。検量線には，純度既知のヒアルロン酸溶液を用いる。その結果，ヒアルロン酸の回収率は錠剤で95.8〜104.3％であった。この他，タンパク質を高含有する食肉製品やヨーグルト中のヒアルロン酸分析については，上記操作に加え，素材ごとに加熱や酸処理によるタンパク質の変性・除去などの処理が必要となる。ソフトカプセルや油脂を多く含む商品については，ヘキサンなどの溶剤を用いて油脂分を除去する必要がある。当社でこれまでに実施した分析結果の一例を紹介すると，食肉製品（89.0％），ヨーグルト（78.1％），ソフトカプセル（91.6％），カップゼリー（90.2％），パウチゼリー（99.1％），グミ（71.0％），豆腐（66.5％）であった（括弧内の数字は回収率）。これらヒアルロン酸LMの分析では，比較的高い回収率が得られているが，平均分子量約3,000というさらに低分子量のヒアルロン酸（ヒアルロン3000，日本新薬㈱製）については，前処理の限外濾過の工程で一部除去されてしまい，回収率がヒアルロン酸LMに比べて低い傾向にあり，今後，改善の必要性を感じている。

ヒアルロン酸含有食品
↓
摩砕
↓
10倍量の蒸留水を加える
↓
超音波処理によりヒアルロン酸を抽出
↓
遠心分離により上清を回収
↓
限外濾過により，低分子物質を除去
↓
濃縮
↓
キャピラリー電気泳動法により測定

図2　食品中ヒアルロン酸の分析の流れ

1.4　ヒアルロン酸の経口吸収性

　経口摂取したヒアルロン酸がどのように吸収されるかについてはあまり報告されていない。分子量の違いがヒアルロン酸の吸収性に及ぼす影響については，ヒト小腸上皮細胞（Caco-2細胞）を用いた小腸膜モデル試験によって調べられている[9]。Caco-2細胞はトランスポーターとしての作用や代謝能を有し，ヒト小腸上皮細胞と形態的に類似性が高いことが知られ，薬物などの吸収性を予測する方法として多用される。Hisadaらによれば，分子量100万の高分子ヒアルロン酸はほとんど透過が認められないが，分子量の低下に伴い小腸膜透過性が向上し，分子量5,000以下のヒアルロン酸は約30％が体内へ吸収されると推測している。また，その吸収経路はトランスポーターを介する経路ではなく，細胞間隙を通過すると推察されている。

　一方，筆者らは小腸へ到達するまでに胃でヒアルロン酸が分解されるかどうかについて，人工胃液，人工腸液ならびに消化酵素を用いて検討した。その結果，ヒアルロン酸は人工胃液によって若干の低分子化を受けるものの，人工腸液や消化酵素ではほとんど分子量の低下は認められなかった。したがって，経口摂取したヒアルロン酸はほとんど低分子化されることなく小腸に到達

第4章　メーカー（企業）の開発動向

することから，低分子化したヒアルロン酸を摂取することの有用性が期待される。

1.5　ヒアルロン酸の体内動態

^{96}Tcで標識した平均分子量約100万のヒアルロン酸を用いた報告では，約90％が糞（あるいは腸内細菌）から検出され，体内への吸収は約10％であると報告している[10]。吸収されたヒアルロン酸は皮膚や関節へ移行することが確認されている。また，ウシの眼球の硝子体細胞を用いた試験では，低分子ヒアルロン酸がヒアルロン酸合成の際の足場として利用されることも報告[11]されており，近年，低分子のヒアルロン酸が，細胞増殖を促進[12]し，ヒアルロン酸合成酵素の発現を促進することが報告されている[12~14]。したがって，経口摂取されたヒアルロン酸はその一部が吸収され，皮膚や関節へ移行し，細胞を刺激し，ヒアルロン酸の合成を促しているものと推察される。

1.6　ヒアルロン酸の経口摂取による効果（ヒトでの効果の検証）

ヒアルロン酸の経口摂取が肌症状を改善させることは報告されている[15~18]が，既述したように，ヒアルロン酸は低分子化するにつれて，著しく小腸膜の透過性が向上することから，低分子ヒアルロン酸は従来の目安摂取量（120 mg／日）よりも低用量で肌症状を改善するのではないかと考え，以下の試験を実施した。平均分子量約3,000の低分子ヒアルロン酸（ヒアルロン3000：日本新薬㈱製）を50 mgあるいは100 mg含有した試験錠とプラセボ錠を用いて，肌のかさつきを感じる日本人女性33名（年齢が20～59歳，平均年齢45.5±5.7歳）を被験者として4週間摂取してもらい，皮膚水分量の測定とキメレプリカ画像の解析およびアンケート調査を一重盲検試験法により実施した。その結果，皮膚水分量では，低分子ヒアルロン酸50 mg群および100 mg群の両群とも，摂取前に比べて摂取後に有意（$P<0.01$）に増加した。キメ個数は，低分子ヒアルロン酸50 mg群（$P<0.05$），100 mg群（$P<0.01$）ともに，摂取前に比べて摂取後に有意に増加した。さらに，摂取4週後では，プラセボ群と比較して低分子ヒアルロン酸100 mg群で，有意（$P<0.01$）にキメ個数が増加した。キメレプリカ画像の顕著例を図3に示すが，キメの改善は，キメレプリカ画像からも明らかであった。これらの測定結果は被験者のアンケート調査で体感となって表れていることが確認された。以上より，平均分子量約3,000の低分子ヒアルロン酸は1日50 mg以上の摂

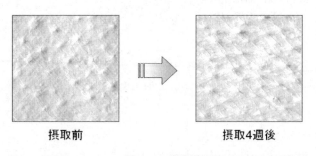

摂取前　　　　　　　　　　摂取4週後

図3　低分子ヒアルロン酸100 mg摂取群のキメレプリカ画像例

取で，肌の保湿性を改善し，キメを整わせる作用があることが確認された。

1.7 おわりに

　本節では，低分子ヒアルロン酸の物性や吸収性，低用量摂取による美肌作用についての知見を紹介した。近い将来，ヒアルロン酸の分子量に応じた吸収性や美肌作用，メカニズムの違いが研究され，低分子ヒアルロン酸の特異的な作用がさらに明らかにされるであろう。今後，低分子ヒアルロン酸の優れた効果が科学的に確認され，かつ多くの人々に実感していただけることを期待する。

文　　　献

1) K. Meyer *et al.*, *J. Biol. Chem.*, **107**, 629（1934）
2) 阿武喜美子ほか，ムコ多糖実験法［1］, pp.6-7, 南江堂（1972）
3) T. C. Laurent *et al.*, *FASEB J.*, **6**, 2397（1992）
4) 下平正文，食用複合ムコ多糖とは，澪標（2000）
5) 赤坂日出道ほか，フレグランスジャーナル，**78**, 42（1986）
6) S. Gariboldi *et al.*, *J. Immunol.*, **181**, 2103（2008）
7) 小泉慶子ほか，日本食品科学工学会57回大会（2010）
8) M. Plätzer *et al.*, *J. Pharm. Biomed. Anal.*, **21**, 491（1999）
9) N. Hisada *et al.*, *Biosci. Biotechnol. Biochem.*, **72**, 1111（2008）
10) L. Balogh *et al.*, *J. Agric. Food Chem.*, **56**, 10582（2008）
11) E. Stevn *et al.*, *Exp. Eye Res.*, **7**, 497（1968）
12) 亀井淳一ほか，日本農芸化学会2009年度大会（2009）
13) 岩下静香ほか，日本薬学会130年会（2010）
14) 鹿毛まどかほか，日本薬学会130年会（2010）
15) 梶本修身ほか，新薬と臨床，**50**, 548（2001）
16) 佐藤稔秀ほか，*Aesthetic Delmatology*, **12**, 109（2002）
17) K. H. Kim *et al.*, *Food style21*, **11**, 42（2007）
18) 内本啓史ほか，*Food style21*, **12**, 40（2008）

2 ラクトフェリンの脂質代謝抑制作用について

村越倫明[*1], 小野知二[*2], 森下 聡[*3], 上林博明[*4],
鈴木則行[*5], 杉山圭吉[*6], 西野輔翼[*7]

2.1 背景

厚生労働省の調べによると「メタボリック症候群（シンドローム）」該当者数は，40～74歳（対象人口約5,800万人）で約1,070万人，予備群者数は約940万人，合わせて約2,010万人に達する（男性の2人に1人，女性の5人に1人が，メタボリックシンドローム）と推定されており[1]，国民健康の増進にとって，大きな課題となっている。

当社（ライオン㈱）では，これまで歯周病と全身健康との関係について幅広く研究を進めてきたが，その中で哺乳類の母乳に含まれる多機能性タンパク質ラクトフェリン[注1]が，歯周病菌内毒素LPS（Lipopolysaccharide）を不活性化し，炎症の進行を抑制する効果を有することを見出した[2]。一方，この研究の過程で，ラクトフェリンを与えたマウスは，腸管に付着している内臓脂肪の量が減少することを見出した。予備検討の結果，胃で分解されなかったラクトフェリンに，脂肪細胞の脂質蓄積を抑制する作用があることが明らかになった。そこで本研究ではヒトの内臓脂肪に対するラクトフェリンの低減効果を，臨床試験にて立証することを目的として，ラクトフェリンの脂肪蓄積抑制作用が最大限に発揮される剤型として期待できる「ラクトフェリン腸溶錠」（図1）を用いて，肥満成人男女を対象としたランダム化二重盲検プラセボ対照群間比較試験を実施した。また，その作用メカニズムについてラット腸間膜由来前駆脂肪細胞を用いて検討した。

注1 哺乳類の体液，特に乳中に主に存在する分子量約8万の糖タンパク質。ヒトでは母乳中に1～3mg/mL程度含まれており，初乳ではさらに高濃度（5～7mg/mL）含まれることが知られている。トランスフェリンファミリーに属し，分子中に鉄を2原子含有しているため薄ピンク色を呈しており，赤いタンパク質[3]とも呼ばれている。ラクトフェリンの立体構造はBakerらによって解明されたが[3]，その構造はNローブとCローブから構成されており，それぞれに鉄を1原子ずつ配位することができる。鉄分補給，抗菌作用，LPS不活性化作用，抗ウイルス作用，免疫賦活作用，抗酸化作用，抗炎症作用，がん予防作用など[4〜6]，様々な機能を持つ多機能タンパク質として知られている。

---

* 1 Michiaki Murakoshi ライオン㈱ 研究開発本部 副主席研究員
* 2 Tomoji Ono ライオン㈱ 研究開発本部 主任研究員
* 3 Satoru Morishita ライオン㈱ 研究開発本部 研究員
* 4 Hiroaki Kambayashi ライオン㈱ 研究開発本部 副主任研究員
* 5 Noriyuki Suzuki ライオン㈱ 研究開発本部 副主任研究員
* 6 Keikichi Sugiyama ライオン㈱ 常務取締役；立命館大学 総合理工学研究機構
　　　　　　　　　　　チェアプロフェッサー
* 7 Hoyoku Nishino 立命館大学 R-GIRO 特別招聘教授；京都府立医科大学
　　　　　　　　　　がん征圧センター 特任教授

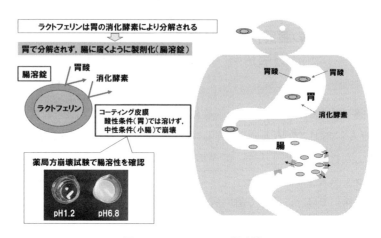

図1　ラクトフェリン腸溶錠

2.2　実験方法
2.2.1　肥満成人男女を対象としたランダム化二重盲検プラセボ対照試験

被験者は，年齢30～62歳，BMI：25～35 kg/m^{2}の成人男女26名を対象とした。これらの被験者を，ラクトフェリン腸溶錠摂取群（ラクトフェリンとして300 mg/日を2カ月間継続摂取）13名，プラセボ腸溶錠摂取群13名の2群に分け，二重盲検群間比較法により，ラクトフェリンの内臓脂肪などに対する影響について比較検討を行った。摂取開始前後でCT撮影による腹部脂肪面積の測定と血液・尿検査，4週間毎の医師による問診，身長，体重，腹囲，臀部囲，血圧，血液検査，日誌および食事記録，運動量記録を実施した。試験期間中の飲食の制限や運動による負荷の制限は実施しなかった。

2.2.2　消化酵素によるラクトフェリンの分解試験

5％ラクトフェリン水溶液を調製し，pHを2.5に合わせペプシン（胃の主要なタンパク質分解酵素）を終濃度450 units/mLとなるよう添加，またはpHを7.0に合わせトリプシン（腸の主要なタンパク質分解酵素）を終濃度1,500 units/mLとなるよう添加した。経時的にサンプリングを行い，SDS-PAGEにより分解挙動を確認した。なお，細胞実験には反応1日後のサンプルを使用した。

2.2.3　ラット腸間膜由来前駆脂肪細胞試験

12週齢の雄性SDラットから腸間膜脂肪組織を摘出し，前駆脂肪細胞を調製した。得られた細胞に，ラクトフェリンまたはラクトフェリンのペプシン分解物，トリプシン分解物を添加して培養し，オイルレッドO染色による脂肪の定量を行った。またラクトフェリン添加24時間後の細胞について，DNAマイクロアレイ解析を実施した。

第4章 メーカー（企業）の開発動向

2.3 結果
2.3.1 ヒト試験によるラクトフェリン腸溶錠の内臓脂肪低減効果

ラクトフェリン腸溶錠の2カ月間の摂取で、プラセボ群と比較して、CT撮影による腹部内臓脂肪面積の平均値で12.8 cm^2（P＜0.01, 図2(a)）、腹囲3.4 cm（P＜0.05, 図2(b)）、体重2.5 kg（P＜0.05, 図2(c)）などの有意な減少、およびBMI 0.9 kg/m^2（P＜0.05）、臀部囲2.4 cm（P＜0.05）などの有意な減少がみられた。

以上の結果より、ラクトフェリン腸溶錠の摂取はヒトに対して有意な体脂肪の低減作用を示すことが確認された。また、ラクトフェリン腸溶錠摂取群およびプラセボ腸溶錠摂取群ともに本臨床試験に起因する安全性に関する有害事象は認められなかった。

2.3.2 消化酵素によるラクトフェリンの分解挙動

ペプシンによる分解では反応開始3分後で既に分解が始まっており、反応1日後では20 kDaより小さいペプチドにまで分解された。これに対し、トリプシンによる分解では反応開始3日後まで全長LFが残存しており、30～50 kDa程度の比較的分子量の大きな3つの断片に分解されることが明らかになった（図3）。

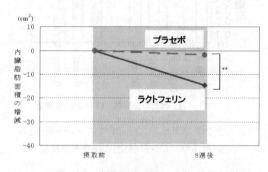

図2(a) 内臓脂肪面積の変化（平均値）

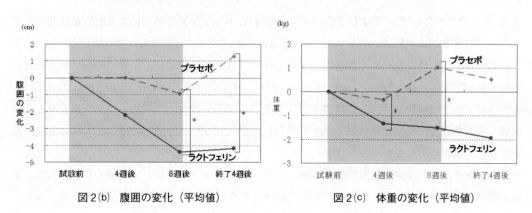

図2(b) 腹囲の変化（平均値）　　　　図2(c) 体重の変化（平均値）

食のバイオ計測の最前線

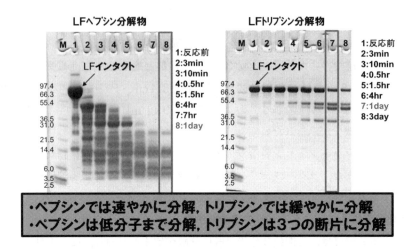

図3　ラクトフェリン(LF)の「ペプシン分解物」および「トリプシン分解物」のSDS-PAGE

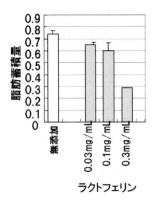

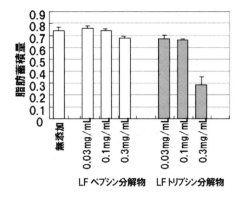

図4　ラクトフェリンの脂肪蓄積抑制効果　　図5　ラクトフェリン(LF)の「ペプシン分解物」および「トリプシン分解物」の脂肪蓄積抑制効果

2.3.3　ラクトフェリン,およびそのペプシン分解物,トリプシン分解物による脂肪蓄積抑制効果

　ラットの前駆脂肪細胞にラクトフェリンを0.03, 0.1, 0.3 mg/mLの濃度で添加して培養し，7日後オイルレッドO染色により細胞内に蓄積されている脂肪を定量した。その結果，脂肪細胞の脂肪蓄積が濃度依存的に抑制された（図4）。一方，同様にラクトフェリンのトリプシン分解物，またはペプシン分解物を添加して培養を行ったところ，トリプシン分解物では，ラクトフェリン同様，濃度依存的に脂肪蓄積抑制効果が認められたが，ペプシン分解物では，いずれの濃度においても作用は認められなかった（図5）。

　さらにラクトフェリン添加24時間後の細胞についてDNAマイクロアレイ解析を行った結果，脂肪細胞分化のマスターレギュレーターとしての役割を持つPPARγなどの転写因子の発現をラクト

第4章　メーカー（企業）の開発動向

フェリンが抑制することを明らかにした。

　以上の結果より，ラクトフェリンの内臓脂肪抑制作用の一部は，脂肪細胞の分化抑制に起因し，その効果は腸溶化により効率的に発揮される可能性が示唆された。

2.4　考察

　飽食と運動不足による過栄養を原因として肥満が起こり，インスリン抵抗性が生じる。その結果，食後高血糖，脂質代謝異常，高血圧症が合併して発症し，メタボリックシンドロームに至る。これらの生活習慣病のリスクがいくつも重なると，一つの病気の進行よりも数倍の危険性を伴って，血管の状態を悪化させ，生命に危険を及ぼす動脈硬化や糖尿病が発生するとされ，世界的に注目されている。

　肥満には，皮下脂肪型肥満と内臓脂肪型肥満があるが，メタボリックシンドロームとの相関が高いと言われているのが内臓脂肪型肥満である。内臓脂肪が蓄積すると，様々なアディポサイトカインの分泌異常がみられ，糖尿病や動脈硬化疾患の発症に直接関連していることが明らかにされている。

　この生活習慣病は，正しい生活習慣を身につけ，バランスの良い食事，適度な運動，十分な睡眠，禁煙，適度なアルコールで予防できるが，本検討によりラクトフェリン腸溶錠の摂取は有意な内臓脂肪低減効果を有すること（$P<0.01$）が明らかになり，食生活の面からこのメタボリックシンドロームに対する予防・改善への貢献が期待される[7]。

　今回，ラクトフェリンの腸溶錠としての利点をより明確にするために，ラクトフェリンをペプシン（胃の主要なタンパク質分解酵素）またはトリプシン（腸の主要なタンパク質分解酵素）で分解した際の分解挙動の比較と，それぞれの分解物のラット内臓脂肪細胞由来の前駆脂肪細胞に対する作用について検討を行い，①ラクトフェリンをペプシンで分解した場合，20 kDaより小さなペプチド断片へと分解が進むが，トリプシンで分解した場合は30～50 kDaの比較的大きな3つの断片が生成し，両者で生成する断片は大きく異なること，②ラクトフェリン，トリプシンで分解したラクトフェリンが濃度依存的に脂肪の蓄積を抑制すること，③ペプシンで分解したラクトフェリンには，脂肪蓄積抑制効果が認められないこと，を明らかにした。

　これらの結果より，胃におけるペプシンの分解を受けずに腸までラクトフェリンが届くことが，脂肪の蓄積を抑制する上で効果的であることが示唆された[8]。

　今後は，遺伝子レベルでの作用機序解析やラクトフェリンの脂肪蓄積抑制における活性部位の特定などを進め，ラクトフェリンの内臓脂肪細胞に対する脂肪蓄積抑制効果メカニズムの解明を目指したい。

文　　献

1) 厚生労働省，平成19年国民健康・栄養調査結果の概要について（2011）
2) 鈴木苗穂，木川博光ほか，ラクトフェリン2007, p.68, 日本医学館（2007）
3) B. F. Anderson *et al., Proc. Natl. Acad. Sci. USA.*, **84**, 1769（1987）
4) K. Tanaka *et al., Jpn. J. Cancer Res.*, **90**, 367（1999）
5) T. Kozu, T. Tsuda *et al., Cancer Prev. Res. (Phila)*, **11**, 975（2009）
6) 小野知二，村越倫明，化学と生物，**49**, 15（2011）
7) T. Ono, M. Murakoshi *et al., Br. J. Nutr.*, **104**, 1688（2010）
8) T. Ono, S. Morishita *et al., Br. J. Nutr.*, **105**, 200（2010）

3 遺伝子発現から見た大豆たん白の生理機能

高松清治*

3.1 はじめに

　数多くの食品由来機能成分の中でも，大豆たん白質の栄養・健康に関する研究と開発の歴史は長い。大豆や大豆たん白質の栄養や健康についての評価や研究はすでに1900年代前半から始まり，1960年代からは，大豆たん白のコレステロール低下効果について動物試験を中心とした研究が行われた。これらの研究は三大栄養素の一つであるたん白質がヒトの健康にも少なからぬ作用を有するとの考えが受け入れられるきっかけとなり，1980年代の初期の臨床研究を初めとして，今日では非常に規模の大きな臨床研究も行われている。

　しかしながら，大豆たん白質の脂質代謝改善効果などの機能の本体，さらにその作用メカニズムについては未だ論議も多い。一方，機能を解析する手法として，近年ゲノム解析技術の著しい進歩を背景に，遺伝子転写産物であるmRNAを網羅的に解析可能なDNAマイクロアレイ法が急速な発展を遂げつつあり，加えてたん白質，代謝産物の大規模な解析手法も進んできている。遺伝子，たん白質，さらには代謝産物についての総合的なデータがあれば，これまで動物試験・臨床試験で得られている大豆たん白の効果をより深く理解でき，新たな機能性を見出せる可能性をも期待させる。ここでは，近年報告された遺伝子発現解析を基に大豆たん白の機能を検討した研究の概要に触れ，最近筆者らが行っているDNAマイクロアレイ利用研究を例に，遺伝子発現解析技術と食品機能性の理解について述べてみたい。

3.2 遺伝子発現に着目した大豆たん白質の機能研究

　冒頭で述べたように大豆たん白質に関わる機能研究の歴史は長いが，遺伝子発現との関わりを論じた報告は1990年代半ば頃から見受けられるようになってきた。表１に主な研究をリストアップするが，これまで疫学調査や臨床研究で大豆たん白質の機能が報告されている脂質代謝，肥満，糖尿病，がんなどの疾患モデル動物で，代謝マーカーなどと共に幾つかの遺伝子の発現レベルが解析されている。以下その概要を紹介する。

　糖尿病肥満モデル動物を用いて，Iritaniらは大豆たん白質摂取による肝臓酵素および代謝産物の脂質合成に関わる遺伝子発現（脂肪酸合成酵素FAS）などの低下を示し[1]，また，耐糖能とインスリン受容体遺伝子発現の関連の検討では，インスリン抵抗性を減らすのに役立つ可能性を示した[2]。さらに白色脂肪組織と褐色脂肪組織の脱共役たん白質UCP1,2および3の遺伝子発現の調節を老化および若齢ラットで検討し，幼若ラットの白色脂肪組織でのUCP発現上昇，褐色脂肪組織でのUCP2の上昇を確認している[3]。Nagasawaらは正常ラットおよび糖尿病肥満モデルマウスを用いて，脂肪組織を用いた評価を行い，大豆たん白質摂取により，脂肪細胞で発現される抗肥満因子Adiponectinの発現増加やトリグリセリド合成に関連するSREBP1の低減を認めている[4,5]。

＊　Kiyoharu Takamatsu　不二製油㈱　研究本部　フードサイエンス研究所　副所長

表1 大豆たん白と遺伝子発現

著者	解析方法	動物	摂取サンプル	対象臓器	血液指標など	遺伝子発現変化	文献
Iritani	cDNAハイブリダイズ法	肥満モデルラット：WisterFatty	大豆たん白 VS カゼイン	肝臓	血液TC↓, TG↓, 肝臓TC↓, TG↓	脂質合成系酵素↓	1)
Iritani	cDNAハイブリダイズ法	肥満モデルラット：WisterFatty	大豆たん白 VS カゼイン	肝臓, 脂肪組織	血中インスリン↑, 血糖値→	インスリン受容体↑	2)
Iritani	cDNAハイブリダイズ法	Wisterラット, 7週齢, 8ヶ月齢	大豆たん白 VS カゼイン	脂肪組織, 筋肉	体重, 臓器, 血液指標：変化なし	UCP↑	3)
Nagasawa	cDNAハイブリダイズ法	Wisterラット	大豆たん白 VS カゼイン, カロリー制限	脂肪組織	腹腔内脂肪TG↓, 血糖↓, 血中TG↓, TC↓, Adiponectin↑	脂肪組織Adiponectin↑	4)
Nagasawa	cDNAハイブリダイズ法	糖尿病性肥満モデルマウスKKAy	大豆たん白 VS カゼイン, カロリー制限	肝臓, 脂肪組織, 筋肉	体重↓, 脂肪組織TG↓, Adiponectin↑	脂肪組織Adiponectin↑, PAI1↓, 肝臓SREBP1↓, FAS↓	5)
Tovar	Nothernblot, RT-PCR	肥満モデルラット：Zukker	大豆たん白 VS カゼイン	肝臓, 脂肪組織	血中TC↓, TG↓, 肝臓TC, TG↓	LXR↓, SREBP1↓, FAS↓	6)
Aoki	Nothernblot, RT-PCR	Wisterラット	大豆たん白 VS カゼイン	肝臓	肝臓TG↓	ACC↓	7)
Xiao	RT-PCR	SDラット	アルコール洗浄大豆たん白	肝臓	RARたん白↑	RARβ↓	8)
Torre-Villalvazo	RT-PCR	SDラット	高脂肪, 大豆たん白	肝臓, 脂肪組織	肝臓TG↓, 脂肪領域↓	SREBP1↓, SREBP2↑, UCP1↑	9)
Takahashi	RT-PCR	SDラット	大豆たん白 VS 乳ホエーたん白	肝臓, 脂肪組織	血中TC↓, 血糖↓	肝臓FAS↓, 脂肪組織UCP↑	10)
Nagarajan	RT-PCR	ApoE欠損マウス	大豆たん白 VS カゼイン	動脈	動脈硬化叢↓	MCP-1↓	11)

TC：総コレステロール, LXR：肝X受容体, TG：トリグリセリド, FAS：脂肪酸合成酵素, SREBP：ステロール調節エレメント結合たん白質, MCP：単球走化性因子, ACC：アセチルCoAカルボキシラーゼ, RAR：レチノイン酸受容体, UCP：脱共役たん白スフェラーゼ

また，Tovarらは肥満モデルZukkerラットによる検討で，肝臓の脂肪酸合成に関わる遺伝子と共に脂質代謝の制御に関わる核内受容体シグナルSREBP1の過剰な発現に対して大豆たん白摂取が抑制的に作用することを示した[6]。ノーマルラット（Wister系, SD系）を用いた試験では，Aokiらは脂質合成のキーとなるACC遺伝子の低下を報告し，Xiaoらはアルコール洗浄大豆たん白質を用いてレチノイン酸を介したシグナル伝達が調節されることを示した[7,8]。また同様にSDラットを用いてTorre-Villalvazoらは高脂肪食条件での肝臓および脂肪組織の遺伝子発現，Takahashiらは大豆たん白質と2種の乳たん白質について肝臓および脂肪組織の遺伝子発現を比較し，SREBP1やSREBP2の発現変化，FASの低下，脂肪組織におけるUCPの発現増強を報告した[9,10]。一方，脂質代謝改善に伴う動脈硬化予防に関連して，NagarajanらはApoE欠損マウスで動脈硬化叢の低減とそれに関連して単球走化性因子の発現低下を報告した[11]。

これら一連の研究では，過去に報告されている大豆たん白質の生理的影響から想定される幾つかのキー遺伝子に焦点を絞り，脂質合成系や脂質分解に関わる遺伝子の動きを明らかにすることで大豆たん白質の機能への理解が深まることとなった。しかし，食品としての大豆たん白の役割，生理活性物質としての機能性についての理解をするに当たって，生体側の調節機能との絡みを広く理解するには十分とはいえない面がある。すなわち食品は多様な構成成分からなり，口から摂取することにより様々な生体の器官を経て，代謝される道筋を全体として理解することが求めら

第4章　メーカー（企業）の開発動向

れているのである。

3.3　網羅的遺伝子発現解析手法による大豆たん白質機能の解析

　DNAマイクロアレイは，1980年代後半に開発され，基本的な構成はデバイス上にmRNAに相補な合成オリゴヌクレオチドないしはcDNA分子を集積させたものである。中でもオリゴヌクレオチド法を用いたAffymetrix社のGene Chipはこの手法の先駆けであると共に，現在においてマイクロアレイ解析システムの主流となっており，全構造遺伝子にわたる発現情報を得る上で有用である。基本的なプロトコールは，図1に示すように食品機能性成分を摂取させた動物組織より得たRNA画分を基に，Affymetrix社の標準的なマニュアルに従ってアレイに供し，粗データを得る操作そのものは極めてシンプルである。食品分野におけるそれらの手法の利用は医学分野などからは遅れていたが，2000年代に入り食品摂取による遺伝子発現変化を網羅的に評価しようとの動きが出始め，表2に示す大豆たん白質の機能に関わる遺伝子発現の網羅的解析報告が行われている。

　2002年にIqbalらはイソフラボン含有率の異なる大豆たん白食を雌性肥満モデルZukkerラットに与え，カゼイン食と遺伝子発現レベルをディファレンシャルディスプレー法で比較し，発現に差が見られる62の遺伝子について，cDNAのアレイメンブレン分析により発現を定量した。その中には脂質代謝に重要なCPT 1 カルニチンパルミトイルトランスフェラーゼや細胞増殖に関連する遺伝子の増加を確認している[12]。その後，2005年に，我々の研究グループのTachibanaらがノーマルSDラットでのAffymetrix社のオリゴヌクレオチドDNAマイクロアレイを用いた研究報告を行い[13]，Xiaoらの大腸化学発がんモデルに関する解析も報告された[14]。さらに，肥満や高脂血症，性ホルモンに関わる動物モデルを利用し，その遺伝子発現解析によりインスリン調節遺伝子，糖代謝・脂質代謝遺伝子などに関わる大豆たん白質の作用を明らかにし，その全体像に迫る研究が進められている[15〜17]。

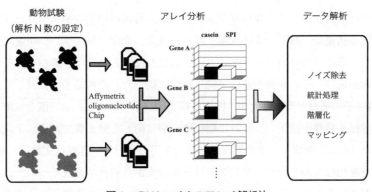

図1　DNAマイクロアレイ解析法

表2　大豆たん白と遺伝子発現

著者	解析方法	動物	摂取サンプル	対象臓器	血液指標など	遺伝子発現変化	文献
Iqbal	PCRディファレンシャルディスプレー法, cDNAマイクロアレイ	肥満モデルラット：Zukker	高・低イソフラボン含有大豆たん白 VS カゼイン	肝臓	脂肪肝↓, グルコース耐性↓, 脂質代謝↓	CPT1, 62遺伝子で変化	12)
Tachibana	Affymetrix社 DNAマイクロアレイ	SD系ラット	大豆たん白 VS カゼイン	肝臓	血中TC↓, TG↓, 肝臓TC, TG↓	115遺伝子変化	13)
Xiao	Affymetrix社 DNAマイクロアレイ	AOM大腸がんモデル	大豆たん白, 乳ホエーたん白 VS カゼイン	大腸	血清ソマトスタチン↑	80遺伝子が変化, がん関連遺伝子	14)
Nordentoft	Affymetrix社 DNAマイクロアレイ	糖尿病性肥満モデルKKAyマウス	高イソフラボン大豆たん白	膵臓ラ氏島	血糖↓, TG↓, インスリン抵抗性↓	インスリン調節遺伝子が変化	15)
Takahashi	Affymetrix社 DNAマイクロアレイ	SD系ラット	ゲニステイン, ダイゼイン	肝臓	血中TG↓	糖代謝, 脂質生成↓	16)
Singhal	Affymetrix社 DNAマイクロアレイ	卵巣摘出SD系雌性ラット	大豆たん白 VS エストロゲン	肝臓	子宮重量変化なし	82遺伝子変化, FAS↓, 糖質コルチコイド↓, コレステロール代謝	17)

TC：総コレステロール, TG：トリグリセリド, FAS：脂肪酸合成酵素, CPT：カルニチンアシルトランスフェラーゼ

3.4　オリゴヌクレオチドDNAマイクロアレイを用いた研究例

　筆者らが行っている実験例を紹介する[13]。大豆たん白の脂質代謝研究では，げっ歯類特にラットを用いての栄養試験が基本となっており，まずSD系正常ラットに対して，標準的な精製食（たん白源はカゼイン，AIN76組成）においてたん白源を大豆たん白とした飼料を作製し，長期間飼育（8週間）を行った後，肝臓より総RNA画分を調製し，DNAマイクロアレイ分析に供した（図1）。この試験を始める際に，一つの工夫を試みている。ラットは一般的に3週齢から通常食を摂取し始め，急速に摂食量および体重が増加していくが，10週齢近辺で思春期を迎えて後，成長が鈍化してくる。そこで離乳後数週間の成長期からスタートし8週間の摂取期間を設けることにより，成長著しい時期を経て，体内の代謝が安定した時期でのたん白質源の違いを観察することとした。

　試験終了時の血液パラメータ，身体パラメータでは，特に血中脂コレステロール値，トリグリセリド値，肝臓脂肪重量，腹腔内脂肪重量，肝臓脂質量，糞中コレステロール量などで明らかな差が認められた。そこで血中パラメータにおいて大豆たん白とカゼイン群のそれぞれの中央値に近い3匹の動物を選び，その肝臓を遺伝子発現解析に供した。その結果，低減した遺伝子を含め100を超える遺伝子の発現が変化したが，図2の模式図に示すように，脂肪酸合成酵素に関わる一連の酵素群の遺伝子発現が低下し，反対に脂肪酸分解に関わる酵素群では遺伝子発現が高くなることがわかった（なお，発現データの処理はt-検定を用いている。詳細は文献13）参照）。糖代謝系では見るべき変化はなかったが，コレステロール合成から胆汁酸合成系への一連の酵素遺伝子で発現が増加しているものが多かった。重要な知見として，コレステロール合成系と脂肪酸合成

第4章　メーカー（企業）の開発動向

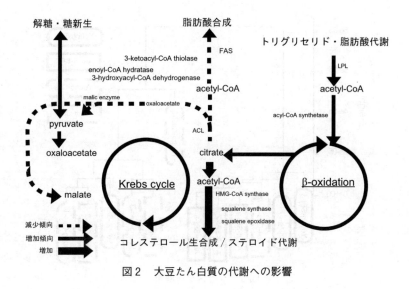

図2　大豆たん白質の代謝への影響

系の遺伝子発現の方向の違いがある。血中コレステロール，肝臓コレステロールとも，対照であるカゼインに対して有意に低下し，さらに糞中への胆汁酸・コレステロール排泄が顕著であり，コレステロールを合成する方向に遺伝子発現レベルでフィードバック作用が働いていると理解された。その一方，血中トリグリセリド，腹腔脂肪重量などがカゼインに比較して明らかに低下しているにも関わらず，脂肪酸合成に関わる遺伝子発現は低下傾向にあり，また脂肪分解に関わる遺伝子発現は促進傾向にあった。生体におけるトリグリセリドとコレステロールの役割が異なり，且つ生体内での存在量そのものが大きく異なることが一つの要因であろうと考えられる。

　我々はさらに若齢ラットおよび成熟ラットを用いて，2週間の試験食摂取によるそれぞれの週齢における機能変化を比較することにより，たん白質源の違いがもたらす作用と週齢の違いがもたらす作用について検討している。図3は若齢ラットおよび成熟ラットの各たん白源についての遺伝子発現をクラスター解析した例を示している。ここに示すように週齢の相違よりも，たん白質源の違いが遺伝子発現パターンにより明確なインパクトを与えていることが示されており，現在その詳細な解析を行っている。8週間の摂取試験では変動した遺伝子が各代謝系の律速ではない酵素と位置づけられるものが多く，且つその発現変化も小さいものであったが，2週間の摂食試験では律速酵素の発現変化が顕著であることがわかった。このことは，食品の機能性を見る際に，重要な示唆を与えるものである。すなわち，食品の摂取がもたらす効果を見る場合に時間的な軸（摂取期間など）を考慮する必要があると思われる。その一方，疾患モデル動物を用いる場合には，特に遺伝子発現のパターンがノーマルな動物と異なることが予想される。食品の機能性は元来マイルドであり，ノーマルに近い動物モデルでの詳細な変化を追うことによって食品の機能性を見ておく必要があろう。

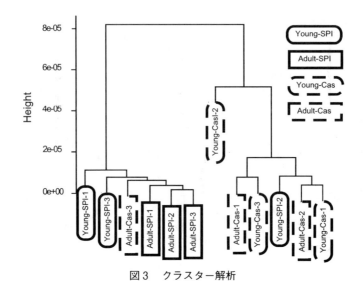

図3　クラスター解析

3.5 おわりに

　DNAマイクロアレイを用いた遺伝子解析における最大のメリットは，ほぼ全遺伝子にわたる発現情報を獲得できることである。ヒトやげっ歯類では構造遺伝子は約20,000～40,000程度であり，それらの発現を網羅的に評価することで，種々の機能物質が生体の代謝に及ぼす作用とそのメカニズムを，遺伝子調節の相互関係を解析することにより理解することが可能と考えられる。しかしながら，一連の遺伝子発現データを一元的に解析して代謝マップやシグナル伝達に落とし込みするためのデータマイニング手法に関する課題は大きい。試験に用いる個体数が少なく，ノイズが大きい（食品の機能がマイルドであり，且つ多様な分子により構成されることから生じる）という食品の機能特性に応じた手法が幾つか提案されているが，いまだ論議の多いところであろう[18]。機能性物質の生体への作用がかなりはっきりしてきている大豆たん白質の場合など，その作用メカニズムの解析に新たな展開を見ることができるが，遺伝子発現パターンの解析と遺伝子発現産物である酵素・たん白，さらには代謝産物との関連性を予測するには，いまだ十分な技術とはいえない点もある。今後の解析手法の総合的な発展が待たれる。

文　　献

1) N. Iritani *et al.*, *J. Nutr.*, **126**, 380 (1996)
2) N. Iritani *et al.*, *J. Nutr.*, **127**, 1077 (1997)

第4章 メーカー（企業）の開発動向

3) N. Iritani *et al.*, *J. Nutr. Sci. Vitaminol.*, **48**, 410 (2002)
4) A. Nagasawa *et al.*, *Horm. Metab. Res.*, **34**, 635 (2002)
5) A. Nagasawa *et al.*, *Biochem. Biophys. Res. Commun.*, **311**, 909 (2003)
6) A. R. Tovar *et al.*, *J. Lipid Research*, **46**, 1823 (2005)
7) H. Aoki *et al.*, *Biosci. Biotechnol. Biochem.*, **70**, 843 (2006)
8) C. W. Xiao *et al.*, *J. Nutr.*, **137**, 1 (2007)
9) I. Torre-Villalvazo *et al.*, *J. Nutr.*, **138**, 462 (2008)
10) Y. Takahashi *et al.*, *J. Nutr. Biochem.*, **19**, 682 (2008)
11) S. Nagarajan *et al.*, *J. Nutr.*, **13**, 332 (2008)
12) M. J. Iqbal *et al.*, *Physiol. Genomics*, **11**, 19 (2002)
13) N. Tachibana *et al.*, *J. Agric. Food Chem.*, **53**, 4253 (2005)
14) R. Xiao *et al.*, *Mol. Cancer*, **4**, 1 (2005)
15) I. Nordentoft *et al.*, *J. Agric. Food Chem.*, **56**, 4377 (2008)
16) Y. Takahashi *et al.*, *J. Clin. Biochem. Nutr.*, **44**, 223 (2009)
17) R. Singhal *et al.*, *J. Endocrinol.*, **202**, 141 (2009)
18) I. B. Jeffery *et al.*, *BMC Bioinformatics*, **7**, 1 (2006)

4　GABA高含有チョコレートのストレス緩和効果について

米谷　俊*

4.1　ストレス緩和の必要性

　現代社会は，グローバル化，24時間社会化，情報化，超高齢化などの影響により，社会，経済，産業などの急激な変革が生じ，多くの人々がストレスや不安を抱きながら生活しているストレス社会とも言われている。厚生労働省の平成19年 国民健康・栄養調査は，日本国民の60～70%の人々がストレスを感じる生活を送っていることを報告しており，この状況は，平成14年の調査から5年間ほとんど変わっていない。適度なストレス（eustress；ユーストレス）は緊張感を生み出し，高い目標に対するエネルギーやモチベーションとなるが，過度のストレス（distress；ディストレス）は心身を蝕み，慢性疲労症候群や自殺に結び付いてしまうので，注意が必要である。

　ストレスを原因とする重篤な症状に対しては，医学的な治療が必要である。一方，日常的なストレスへの対処法としては，ストレスにうまく対応して，蓄積させないようにすることが大切であり，睡眠，食べること，スポーツ，旅行など様々な方法がとられている。しかしながら，その効果を科学的に充分確認された例はまだまだ少ない。この状況に対応し，お茶やチョコレートなど日常的に手軽に摂取できる食品により，ストレスを緩和できる効果が実感でき，科学的なエビデンスが得られれば，人々のより健全な生活に貢献できると考え，食品によるストレス緩和の研究が進められている。

4.2　ストレスの測定について

　ストレス緩和の研究を実施するに当たっては，ストレスをきちんと評価できる系の確立が必要である。ストレス応答を評価する方法として，①主観的方法（問診や心理テスト（POMS；Profile of Mood State, STAI-S；State-Trait Anxiety Inventory-State, SD；Semantic Differentialなど）でストレスを負荷された個人の心理状態を測定する），②生理的方法（ストレス負荷に応じた生理的反応を心拍変動性，指尖脈波，瞳孔反射などの生理信号を用いて測定する），③生化学的方法（ストレス負荷に応じて生体内で産生されるストレス関連物質を測定する）の3種類の方法がある。

　主観的方法は，被験者の感覚を直接聞くもので，非常に有用ではあるが，被験者によってはバイアスが入りやすく，ストレス状態の客観的な把握を難しくすることがある。これに対し，生理的方法や生化学的方法では，客観的なデータが得られやすく，主観的方法と合わせて利用されている。

　生体がストレスを受けると，①視床下部—交感神経—副腎髄質系（sympathetic-adrenal-medullary axis；SAM系）を介して，あるいは，②視床下部—脳下垂体—副腎皮質系（hypothalamic-pituitary-adrenal axis；HPA系）を介して，血圧や心拍数や発汗量の亢進，末梢血管の収縮，ス

---

　　*　Takashi Kometani　江崎グリコ㈱　研究本部　技術参与

第4章　メーカー（企業）の開発動向

トレスホルモンの分泌など様々な生体応答を生じる。ストレスを評価する際に，生理的方法として，心拍変動性の測定による自律神経系の解析が古くから用いられている。心臓の拍動リズムは，自律神経系（交感神経系と副交感神経系）により制御されており[1～3]，これらは，精神的ストレスと関係が深いこと[4～6]が明らかになっているからである。また，生化学的方法としては，SAM系を介して分泌されるノルアドレナリン，HPA系を介して分泌されるコルチゾールが広く利用されてきた。但し，ノルアドレナリンは，唾液や尿中の濃度が低く，血液検体による検査が行われているが，採血自体がストレスになる可能性があり好ましくはない場合がある。コルチゾールは，後に述べるように，肉体的ストレス，精神的ストレスの両方に反応し，反応にも少し時間がかかる点が問題である。

近年，新しいバイオマーカーとして様々なものが開発されている[7]が，その中で，唾液中に分泌されるクロモグラニンA（chromogranin A）がよく利用されるようになってきた。クロモグラニンAは，副腎髄質クロム親和性細胞，交感神経終末をはじめ，多くの内分泌器官の分泌顆粒中に存在し，カテコールアミン（アドレナリン，ノルアドレナリンなど）と共放出される酸性の糖蛋白質である[8]。また，唾液中のクロモグラニンA濃度は，①肉体的疲労に対しては，大きく変化しないが，運動競技前後の感情・気分変化（POMS検査による）に対しては，負の相関関係があること[9]，②人前での口頭発表などの精神的ストレスに対しては，コルチゾールよりも速やかに上昇すること[10]，③ワードプロセッサーを用いたタイピング作業のようなストレス負荷に対して上昇し，STAI-S検査（不安傾向の測定）の結果とも良く相関すること[11]が明らかとなっている。つまり，クロモグラニンAは，肉体的ストレスには反応せず，精神的ストレスに対して速やかに反応する良いバイオマーカーであると考えられている。

なお，唾液は，血液や尿に比べ，非侵襲で，随時性，簡便性に優れ，血液のように採取自体がストレッサーにならず，尿のようにサンプリングの頻度や場所が限定されることがないところが利点である。

4.3　γ-アミノ酪酸（GABA）について

γ-アミノ酪酸（γ-aminobutyric acid，GABA；図1）[12]は，動物，植物，微生物など自然界に広く存在する非たんぱく性のアミノ酸であり，生体内では，L-グルタミン酸からグルタミン酸デカルボキシラーゼにより生成される。高等生物において，GABAは，抑制系の神経伝達物質として脳内に存在すること[13～15]が明らかにされて以来，膨大な研究が実施されている。その中で，経口摂取によるGABAの生理作用としては，血圧降下作用[16,17]，脳機能改善作用[18～20]，精神安定化作用[21]，ストレス緩和作用[22]などが報告されている。また，GABAを富化（加工工程でGABAの蓄積を促進）した食品[12]（茶（ギャバロン茶），発芽玄米，かぼちゃ，醗酵大豆，クロレラ，アガリクス，紅麹など）が開発されている。

さらに，GABAがお茶やチョコレート，上記のGABAを富化した食品などをはじめ多くの食品に含まれ[23,24]，長期間日常的に摂取されていること，医薬品成分としても利用されていること（重

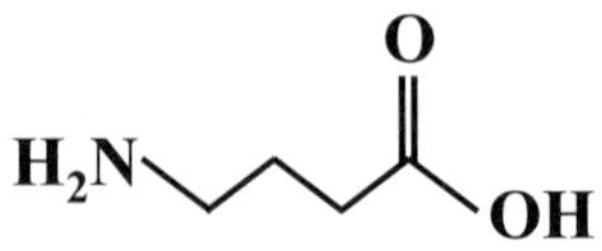

図1　γ-アミノ酪酸の構造

篤な副作用は報告されておらず，安全と考えられること[25]），抑制系の神経伝達物質としてストレス緩和作用が期待されること，などから，GABAによるストレス緩和の研究が進められている。

4.4　GABA高含有チョコレートのストレス緩和効果
4.4.1　チョコレートとストレス緩和

ストレスを受けた場合に，チョコレートなどを食べてそれを緩和する[26,27]，あるいは，緩和しようとする[28]ことは，これまでに報告されている。また，チョコレートのストレス緩和効果に関しては，これまでに，①ラットにカカオポリフェノールを経口投与すると，ストレス緩和効果があること（ホールボード試験）[29,30]，②ラットにカカオマスを経口投与すると，カフェインやテオブロミン以外にも脳内ドーパミンやセロトニンの量を変動させる物質が存在する可能性[31]や抗不安作用がある可能性（高架式十字迷路試験）[32]，が報告されている。また，ヒトボランティアを用いた試験では，①瞳孔反射試験[注1]で，チョコレート摂取の前後で，散瞳最大速度が増大したこと（副交感神経の活性化または交感神経の抑制）[33]，②チョコレートを摂取した時の気分の主観的評価（SD法による）では，チョコレートを食べる習慣のある人は，沈静感を強く感じること[34]も明らかになっている。

4.4.2　GABA高含有チョコレートとストレス緩和

GABAやチョコレートにストレスを緩和できる可能性があること，さらに，チョコレートにはGABAが含まれており，それを強化することは，さらなるストレス緩和効果が期待できることから，GABA高含有チョコレート（280 mg GABA/100 g チョコレート；チョコレートは，カカオマス12%，砂糖40%，無脂乳固形分28%をベースとした配合）が開発され，以下の研究が実施された。

ヒトボランティアにGABA高含有チョコレートとプラセボチョコレート（9 mg GABA/100 g チョコレート；基本配合は同じ）を摂取させ，15分後に，精神作業ストレス（クレペリンテスト15分間を15分間の休憩を挟み2回繰り返した）を負荷した。摂取量は，10 gと25 g（一般的な日本製チョコレート1/2枚に相当）とした。

精神作業ストレスを負荷した前後で，クロモグラニンA濃度を測定すると，プラセボチョコレ

注1　心臓および瞳孔は，自律神経系支配の器官であり，心拍変動性や瞳孔反射反応は，自律神経系の反応を測定する際に良く利用されている。

第4章　メーカー（企業）の開発動向

ートに比べ，GABA高含有チョコレートを摂取した時は，唾液中のクロモグラニンA濃度は有意に減少し，ストレスが緩和されていると考えられた（図2）[35]。そして，GABA高含有チョコレート，プラセボチョコレート共に，25gのチョコレートを摂取した方が10g摂取より効果が高かった。

　また，ストレス指標としてコルチゾールを用いて，同様のストレス負荷試験（10gのチョコレートを摂取）を実施した場合，プラセボチョコレートに比べ，GABA高含有チョコレートを摂取した時は，唾液中のコルチゾール濃度が有意に減少しており，この指標によってもストレス緩和効果が確認された（図3）。

　さらに，プラセボチョコレートを摂取した時と水を口に含ませた時では，前者で唾液中のクロ

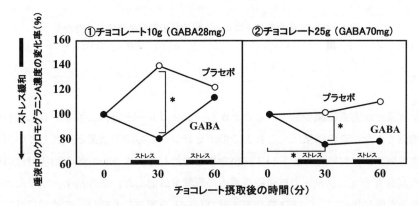

図2　GABA高含有チョコレート摂取時の唾液中のクロモグラニンA濃度の変化率
　　　　　　；stress loading，n=8，＊；p<0.05

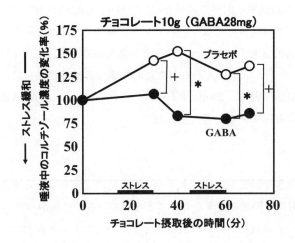

図3　GABA高含有チョコレート摂取時の唾液中のコルチゾール濃度の変化率
　　　　　　；stress loading，n=8，＊；p<0.05，＋；p<0.10

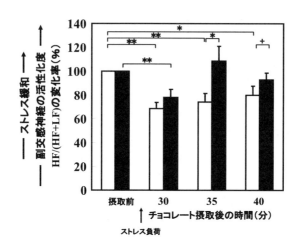

図4 GABA高含有チョコレート摂取時の副交感神経の活動性
□；プラセボチョコレート，■；GABA高含有チョコレート，n=12，＊＊；p<0.01，＊；p<0.05，＋；p<0.10

モグラニンA濃度が有意に減少していることから，チョコレート自体にもストレス緩和効果があることも確認できた。この結果は，これまでのチョコレートの研究結果と一致していた。

次に，生理的方法においてもストレス緩和効果を確認した。すなわち，心拍変動性の解析により，GABA高含有チョコレートの自律神経系への影響を確認した。その結果，プラセボチョコレートを摂取した時に比べて，GABA高含有チョコレートを摂取した時は，交感神経系に対し，副交感神経系が優位になることが示された（図4）[35]。これは，ヒトボランティアにGABAのみ（30 mg）を摂取させた時にGABAが副交感神経系を優位にすること（心拍変動性の解析結果から）[36]および上記の瞳孔反射試験と同様の結果を示しており，GABA高含有チョコレートの摂取により，自律神経系が副交感神経優位となり，ストレスを緩和したことを示している。

本試験により，GABA高含有チョコレートのストレス緩和効果が，生化学的指標（クロモグラニンA；SAM系，コルチゾール；HPA系）と生理的指標（自律神経系）により確認された。また，効果を発揮するGABAの量は，28 mgであった。これらにより，GABA高含有チョコレートの摂取はストレス緩和に有用であると考えられた。

4.5 まとめ

ストレスは，心身に大きな影響を与え，人々の日常生活に支障をもたらすことがあるため，ストレス緩和，ストレス解消は国民の大きなニーズとなっている。したがって，「癒し」が一つの大きなトレンドとなっている。食品あるいは食品成分を用いたストレス緩和は，日常生活の中で手軽に実施できることから，多くの人々の生活の質（quality of life；QOL）を向上させる良い方法である。GABA高含有チョコレートのストレス緩和効果の研究は，その一例である。主観的方法

第4章　メーカー（企業）の開発動向

に加え，今回実施された生理的方法や生化学的方法を用いて，多くの食品あるいは食品成分のストレス緩和効果を評価できれば，人々のニーズに対応できる食品が開発できると期待される。

文　献

1) S. Akselrod, D. Gordon, FA. Ubel, DC. Shannon, AC. Berger, RJ. Cohen, *Science*, **213**, 220 (1981)
2) W. Langewitz, H. Rüddel, H. Schächinger, W. Lepper, LJ. Mulder, JH. Veldman, A. van Roon, *Homeost Health Dis.*, **33**, 23 (1991)
3) B. Pomeranz, RJ. Macaulay, MA. Caudill, I. Kutz, D. Adam, D. Gordon, KM. Kilborn, AC. Barger, DC. Shannon, RJ. Cohen, H. Benson, *Am. J. Physiol.*, **248**, H151 (1985)
4) M. Pagani, O. Rimoldi, P. Pizzinelli, R. Furlan, W. Crivellaro, D. Liberati, S. Cerutti, A. Malliani., *J. Auton. Nerv. Syst.*, **35**, 33 (1991)
5) M. Pagani, G. Mazzuero, A. Ferrari, D. Liberati, S. Cerutti, D. Vaitl, L. Tavazzi, A. Malliani, *Circulation*, **83**, II43 (1991)
6) PG. Jorna, *Ergonomics*, **36**, 1043 (1993)
7) 脇田慎一，田中喜秀，永井秀典，ぶんせき，**6**, 309 (2004)
8) H. Winkler, R. Fischer-Colbrie, *Neuroscience*, **49**, 497 (1992)
9) Y. Naito, T. Matsumoto, W. Ide, K. Nishiyama, *The Annual Reports of Health, Physical Education and Sport Science*, **19**, 35 (2000)
10) 中根英雄，豊田中央研究所R＆Dレビュー，**34**, 17 (1999)
11) H. Nakane, O. Asami, Y. Yamada, H. Ohira, *Int. J. Psychophysiol.*, **46**, 85 (2002)
12) 米谷俊，機能性食品の安全性ガイドブック，pp.105-110, サイエンスフォーラム (2007)
13) J. Awapara, AJ. Landua, R. Fuerst, B. Seale, *J. Biol. Chem.*, **187**, 35 (1950)
14) E. Roberts, S. Frankel, *J. Biol. Chem.*, **187**, 55 (1950)
15) S. Udenfriend, *J. Biol. Chem.*, **187**, 65 (1950)
16) K. Hayakawa, M. Kimura, K. Kamata, *Eur. J. Pharmacol.*, **438**, 107 (2002)
17) M. Kimura, K. Hayakawa, H. Sansawa, *Jpn. J. Pharmacol.*, **89**, 388 (2002)
18) 柴田孝行，脳と神経，**19**, 231 (1967)
19) A. Mori, *J. Biochem.*, **45**, 985 (1958)
20) 村上恵一，長谷川恒雄，荒木五郎，小玉隆一，岡島重孝，基礎と臨床，**13**, 243 (1979)
21) 岡田忠司，杉下朋子，村上太郎，村井弘道，三枝貴代，堀野俊郎，小野田明彦，梶本修身，高橋励，高橋丈夫，日食工誌，**47**, 596 (2000)
22) AM. Abdou, S. Higashiguchi, K. Horie, M. Kim, H. Hatta, H. Yokogoshi, *Biofactors*, **26**, 201 (2006)
23) 山元一弘，食品加工技術，**26**, 34 (2006)
24) 松本恭郎，大野一仁，平岡芳信，愛媛県工業技術センター業績，**448**, 97 (1997)

25) 脳代謝促進剤 ガンマロン錠 医薬品取扱説明書（日本標準商品分類番号872199）
26) DA. Zellner, S. Loaiza, Z. Gonzalez, J. Pita, J. Morales, D. Pecora, A. Wolf, *Physiol. Behav.*, **87**, 789 (2006)
27) DJ. Wallis, MM. Hetherington, *Appetite*, **52**, 355 (2009)
28) 津田和加子, 桜の聖母短期大学紀要, **32**, 35 (2008)
29) 武田弘志, 食の科学, **228**, 52 (1997)
30) 武田弘志, 食の科学, **240**, 63 (1998)
31) 横越英彦, 第7回チョコレート・ココア国際栄養シンポジウム 講演集, p.18 (2002)
32) 横越英彦, 第9回チョコレート・ココア国際栄養シンポジウム 講演集, p.13 (2004)
33) 横越英彦, 日本栄養・食糧学会誌, **59**, 31 (2006)
34) 横越英彦, 岡野康代, 酒井美智子, 第8回チョコレート・ココア国際栄養シンポジウム 講演集, p.8 (2003)
35) H. Nakamura, T. Takishima, T. Kometani, H. Yokogoshi, *Int. J. Food Sci. Nutr.*, **60**, 106 (2009)
36) 藤林真美, 神谷智康, 高垣欣也, 森谷敏夫, 日本栄養・食糧学会誌, **61**, 129 (2008)

5 シアル酸の機能性

丸　勇史[*1]，山口信也[*2]

5.1 はじめに

シアル酸は，顎下腺ムチンから最初に分離されたことから，唾液（saliva）にちなんでシアル酸（sialic acid）と名付けられた。シアル酸は，酸性アミノ糖であるノイラミン酸のアミノ基やヒドロキシル基が置換された物質を総称するファミリー名であり，カルボン酸の陰性電荷が生理機能に重要な役割を果たしている。また，シアル酸のファミリーは，自然界に30種類以上も知られており，その中で最も多いのは，N-アセチルノイラミン酸（NeuAc）である（図1）。

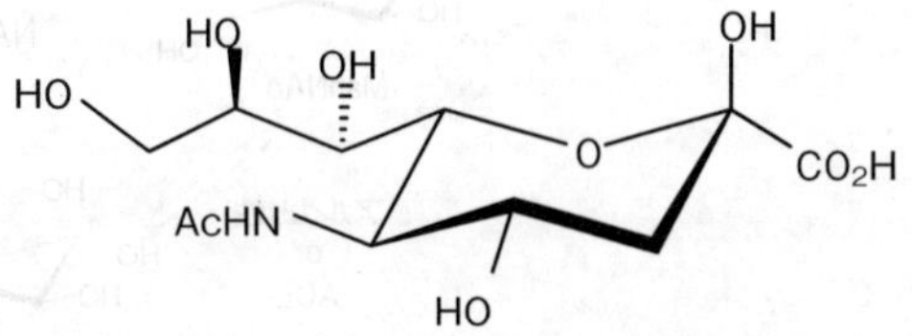

図1　シアル酸（NeuAc）の構造式

シアル酸は，糖タンパク質やガングリオシドなどの糖脂質の糖鎖末端に存在し，その物質の陰性電荷の大部分を担っている。シアル酸が関与する様々な生理機能において，細胞間の情報伝達，ウイルス・細菌・毒素などの接着，免疫応答，細胞の増殖と分化，レセプター機能の調節などが明らかにされてきた[1]。また，唾液中の糖タンパク質に結合したシアル酸は，胃液の酸により遊離シアル酸となって消化管の知覚神経を刺激することで，インスリン様成長因子-Ⅰ（IGF-Ⅰ）の生産が増加する可能性も示されている[2]。

シアル酸の機能性を利用した医薬品として，シアル酸とウイルスの親和性を基に開発された抗ウイルス薬，シアル酸の生合成能が低下することにより発症する筋疾患の治療薬，シアル酸の付加による血中消失半減期延長効果を有するタンパク医薬などが開発されている。また，シアル酸を含有した乳清（ホエイ）が食品素材として販売されており，ウイルス感染のリスク低減を期待した食品や美肌・育毛効果を有する食品など健康食品の素材としても注目されている。

5.2 シアル酸の製造法

シアル酸は，動物界に普遍的に存在し，海ツバメの巣（燕窩），牛乳や鶏卵から抽出されてきた。一方，微生物による発酵法では，K1抗原を有する大腸菌より，シアル酸のホモポリマーであるコロミン酸を生産し，加水分解によりシアル酸の生産が行なわれてきた[3]。これら天然物が生産するシアル酸は，原料中のシアル酸含量が少なく，煩雑な精製工程が必要なために，大量供給および価格に限界があった。近年，我々はN-アセチルグルコサミン（GlcNAc）とピルビン酸から酵素反応による安価・大量供給が可能な高純度シアル酸（純度99％以上）の合成法を確立し，医薬品や化粧品用原料として生産している（図2）[4]。

---

*1　Isafumi Maru　サンヨーファイン㈱　バイオ開発部　部長
*2　Shinya Yamaguchi　サンヨーファイン㈱　営業部　課長

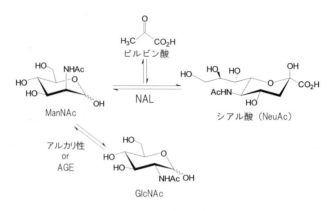

図2　シアル酸の合成方法

N-アセチルグルコサミン（GlcNAc）をアルカリ条件下またはアシルグルコサミン2-エピメラーゼ（AGE）により*N*-アセチルマンノサミン（ManNAc）にエピメリ化し，その後，シアル酸アルドラーゼによりピルビン酸をアルドール縮合する。両反応をワンポットで行うことにより，効率よくシアル酸を合成することができる。

一方，乳清の成分であるカゼイノグリコマクロペプチド（CGMP）には多くのシアル酸が含まれており[5]，このCGMPを主成分とした食品素材が販売されている。本品は，チーズ生産時に生成する乳清を限外ろ過によってCGMPを濃縮・粉末化したものであり，4～6％のシアル酸を含有する。他のシアル酸を含有する食品素材（シアル酸含量～2％）よりも安価で，多くの食品に利用されている。

5.3　シアル酸の安全性

シアル酸のうちNeuAcは，全ての動物に広く存在する生体成分である。一方，*N*-グリコリルノイラミン酸（NeuGc）は，ヒトやニワトリでは生合成できないシアル酸の一種である。ヒトでは，このNeuGcが経口摂取により細胞内に取り込まれ，細胞表層に存在する糖鎖に提示されて異物として抗原性を示す。このことから，後者の積極的な摂取は好ましくないとされている。我々が製造するNeuAcにはNeuGcを含まない。さらにNeuAcの安全性を確認するため，変異原性試

表1　シアル酸（NeuAc）の安全性試験

試験名	結果
復帰突然変異試験	変異原性を有さないことを確認
染色体異常試験	染色体異常誘発性を示さないことを確認
単回経口投与毒性試験	致死量は4,000 mg/kg（投与限界量）を上回ることを確認
皮膚一次刺激性試験	無刺激物質に分類
眼刺激試験	刺激性なしに分類
ヒトパッチテスト	皮膚刺激指数は安全品であることを確認

第4章　メーカー（企業）の開発動向

験，経口摂取試験，皮膚および眼に対する影響を調べたが，いずれも有害性を示さず安全な物質であった（表1）。

5.4　シアル酸の機能
5.4.1　抗ウイルス作用

　ヒトインフルエンザウイルスは，その表面からスパイク状に突き出たタンパク質（ヘマグルチニン（HA））で，ヒト細胞表層の糖鎖末端にあるシアル酸を認識して吸着し，インフルエンザウイルスの遺伝子（RNA）をヒト細胞内に注入する。注入された遺伝子は細胞内で増幅し，ウイルス粒子として放出される。放出の際，ウイルス粒子表面に存在する2つ目のタンパク質（ノイラミニダーゼ（NA））によって，ヒト細胞表層に存在するシアル酸を切断して細胞から遊離する。したがって，インフルエンザウイルスのNAを阻害できれば，感染細胞の拡がりが抑えられてインフルエンザの症状を軽減することができる。このような発想をもとに開発されたインフルエンザ治療薬が，リレンザ®やイナビル®である（図3）[6]。これら治療薬は，シアル酸のNAに対する親和性を利用し，さらに化学修飾することでNAへの親和性を向上させて強いインフルエンザ活性を示している。

　また，Kawasakiら[7]は，食品素材であるCGMPが，A型およびB型インフルエンザウイルスと赤血球が結合する凝集反応を阻害することを示した。さらに，シアル酸を除去したCGMPには凝集阻害が認められなかったことから，CGMPに存在するシアル酸が，インフルエンザウイルスの細胞への吸着を阻害していることを示した。最近の研究では，CGMPの新型インフルエンザへの

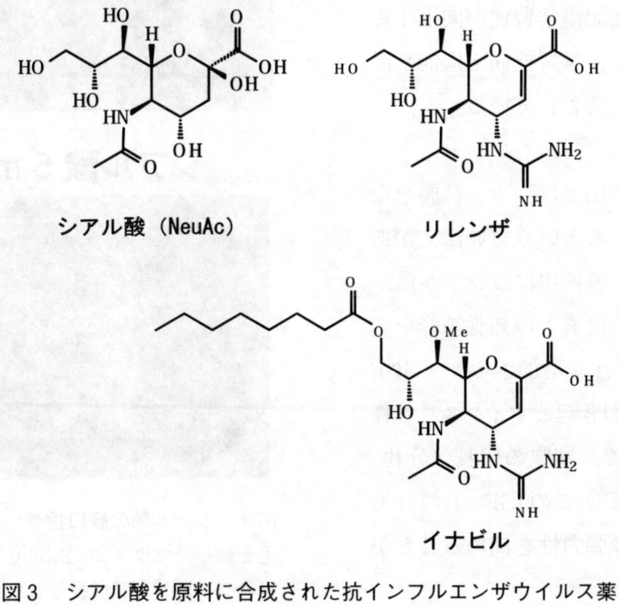

図3　シアル酸を原料に合成された抗インフルエンザウイルス薬

感染阻害活性も認められ，感染予防を目的とした食品の領域でも多く使用されるようになってきた。

5.4.2 学習能向上効果

母乳には，0.3～1.5 mg/mlのシアル酸が含まれているが，その中のおよそ75％がオリゴ糖型のシアル酸である。シアル酸は，糖脂質や糖タンパク質の構成成分として，脳や中枢神経系に多く含まれているが，新生児ではシアル酸の生合成能が低いにも係わらず，その量が乳児期に急激に増加する。このことは，母乳がこうした機能の発現や発達に重要な役割を果たしていると考えられている。また，脳中に多く存在するシアル酸が結合した糖脂質であるガングリオシドには，神経成長因子（NGF）と同程度の神経突起・伸張作用があり，シアル酸の摂取と脳の機能の関係は大変興味深い。

Morganら[8]は，生後2～3週齢のラットにシアル酸20 mg/kg/日を2週間投与し，Y字迷路を覚えるまでに要した試行錯誤を調べた結果，グルコースを与えた対照群に比べて，有意な試行錯誤の減少を認めた。さらにCarlsonら[9]は，シアル酸を乳児期のラットに経口投与すると，大脳および小脳のシアル酸含量が増大することを示した。これらの結果は，乳児期におけるシアル酸の摂取は，脳の発育と記憶学習能が向上することを示唆しており，学習能向上機能食品としての可能性が期待されている。

5.4.3 育毛効果

ヨーロッパのある国では，ウシに頭をなめさせると毛が生えるという言い伝えがある。前述のように，唾液中にはシアル酸が多く含まれており，皮膚上の知覚神経を刺激して，IGF-Iの産生を増加させる[2]。IGF-Iは，細胞分裂を引き起こすインスリン様成長因子群の一つで，細胞の成長，分化，細胞死の抑制をする。このIGF-Iの分泌は，育毛効果および弾力性を高めることが報告されている。

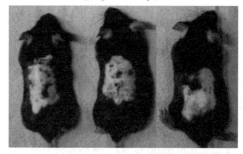
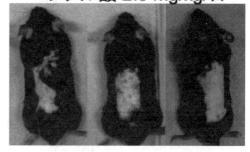
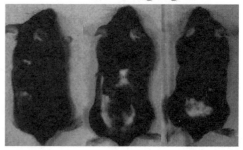

図4　シアル酸の経口投与によるマウスの育毛効果
毛を剃ったマウスに，2.5mg/kg/日および5mg/kg/日のシアル酸を経口投与した2週間後の育毛の様子。

第4章 メーカー(企業)の開発動向

岡嶋ら[2]は,マウスの皮膚に0.01%のシアル酸を4週間塗布すると,毛根の毛乳頭細胞において強いIGF-Iの発現を認め,塗布しないマウスに比べて,明らかに育毛が促進することを示した。一方,経口摂取でも,毛を剃ったマウスに,シアル酸を2.5および5 mg/kg/日,2週間,経口投与すると,対照群(コントロール)に比べて,明らかな育毛の促進効果を認めた(図4)。また,同量のシアル酸を含有するホエイ(乳清)を経口投与しても,同様の結果であることを示した。これらの結果は,消化管の知覚神経を刺激して,その刺激が脳幹を経由して全身へ伝達され,皮膚IGF-I濃度が増加すると考えられている。さらに男性型脱毛症の頭部に,0.01%のシアル酸を毎日1回,5カ月間塗布すると,明らかな薄毛の改善効果があり,また,女性の頬に0.01%のシアル酸を,夜1回,2週間塗布すると皮膚弾力性が増加することも報告している。これらの事実は,シアル酸が育毛剤や肌のタルミを改善する化粧品としても有用である可能性を示している。

5.5 おわりに

シアル酸は糖質でありながら,グルコースや果糖のようにエネルギーとして代謝されるわけではなく,機能成分の一つとして,生体調節に重要な役割を果たしている。シアル酸は古くから知られていた物質であるが,この機能性を利用した食品や医薬品の開発は始まったばかりであり,ウイルスや細菌からの感染予防,学習能向上効果,美肌・育毛効果のほかにも様々な機能を有すると考えられている。近年では高純度大量製造法や食品素材の開発も進み,私達の健康維持に貢献する新素材として注目されている。

文　献

1) R. Schauer, "Sialic acids-Chemistry, Metabolism and Function", p.263, Springer-Verlag, New York (1982)
2) 岡嶋研二, *Fragrance J.*, **10**, 43 (2009)
3) 塚田陽二ほか, 日本農芸化学会誌, **64**, 1437 (1990)
4) 丸勇史ほか, プロセス化学の現場, p.117, 化学同人 (2009)
5) T. Ito et al., *Jpn. J. Dairy Food Sci.*, **43**, 123 (1994)
6) M. von Itzstein et al., *Nature*, **363**, 418 (1993)
7) Y. Kawasaki et al., *Biosci. Biotech. Biochem.*, **57**, 1214 (1993)
8) B. L. G. Morgan et al., *J. Nutr.*, **110**, 416 (1980)
9) S. E. Carlson et al., *J. Nutr.*, **116**, 881 (1966)

〔安全・安心の計測編〕

第5章　大学・研究機関の研究動向

1　食の安全・安心を計測するナノバイオ技術

馬場嘉信*

1.1　はじめに

　半導体技術の超微細加工技術や化学・材料技術に基づいたナノテクノロジーは，バイオテクノロジーに応用することにより，ナノバイオデバイスなど，新たな医療・バイオ技術の開発に結実しており，医療分野におけるイノベーション創出に貢献している[1〜10]。

　ナノバイオデバイスなどのナノバイオ技術は，医療・バイオ応用において，遺伝子解析，タンパク質解析，細胞解析などに大きな威力を発揮しており，これらは，表1に示す，食品の安心・安全に関する様々な課題を解決するための応用が期待されている。

　ナノテクノロジーで構築したマイクロ・ナノ構造は，以下のような利点があるために，これまでの技術で不可能であった新たなバイオ計測技術が可能になってきた。

① 拡散距離が短いために，拡散係数の小さい生体分子などの解析に適している。
② 比表面積が大きいために，計測の高感度化と高速化に適している。
③ 小さい構造中に1分子を閉じ込めると濃度が高くなり，化学反応や酵素反応が起こりやすく，1分子計測に適している。
④ 生体分子と同程度のサイズを構築することで，生体分子のコンフォメーション制御が可能

表1　食品の安心・安全に関わる課題

産地・品種同定	食品アレルギー診断
牛肉，ふぐ，黒豚，米，ウナギ，	アレルギー診断，抗アレルギー作用
タケノコ，マンゴー	腸内細菌フローラ解析
遺伝子組み換え体検査	食品のフローラ影響評価
ジャガイモ，大豆，てんさい，	抗ウィルス性検査
トウモロコシ，なたね，わた	ニワトリ，ブタ
海賊版農産物の逆輸入対策	食中毒
イチゴ，サクランボ，イ草	大腸菌O157，サルモネラ菌
機能性食品の成分検査・機能評価	バイオテロ対策
健康食品効能，生活習慣改善，	炭疽菌，ボツリヌス菌
疾病リスク診断，動物実験	食品生産工程管理
	食品工場での細菌の菌種同定

---

*　Yoshinobu Baba　名古屋大学　大学院工学研究科　教授，革新ナノバイオデバイス研究センター　センター長；㈱産業技術総合研究所　研究顧問

第5章　大学・研究機関の研究動向

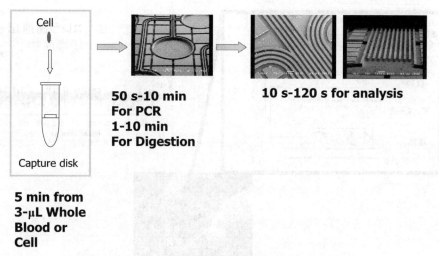

図1　ナノバイオデバイスによる遺伝子・タンパク質解析

になる。
⑤　層流による厳密な流れの制御が可能になるため，生体分子や細胞の操作が自在になる。
⑥　細胞より小さい構造を構築することで，細胞の増殖・分化などの制御が可能になる。
　ナノバイオデバイスは，これらの利点を活用することで，診断ナノバイオデバイス，分子イメージング，ナノDDS，ナノ治療，再生医療などの分野で，新たな技術開発に展開されている。特に，診断ナノバイオデバイスは，細胞分離，血球・血漿分離，生体分子抽出，PCRや酵素反応，生体分子分離，抗原・抗体反応検出，DNAのSNPs・変異・メチル化検出などの要素技術開発とこれらを同一チップ上に集積したデバイス開発（図1）と医療機器への応用が進められており，食品の安心・安全のための新たなバイオ計測への応用が期待されている。
　本節では，ナノバイオデバイスを用いた食品の安心・安全を目指したバイオ計測技術開発の最前線について解説する。

1.2　ナノバイオデバイスによる遺伝子解析

　食品の安心・安全に関わる課題（表1）において，産地・品種同定，遺伝子組み換え体検査，海賊版農産物の逆輸入対策，腸内細菌フローラ解析，食中毒，バイオテロ対策，食品生産工程管理などにおいては，食品中の特定の遺伝子の解析や食中毒菌の遺伝子同定などが必要不可欠であり，遺伝子診断のために開発されてきたナノバイオデバイスの応用が可能である。
　図1に細胞などの試料から遺伝子やタンパク質を解析するデバイスの概念を示す。まず，第1段階として，試料から遺伝子やタンパク質を抽出するための前処理デバイスがあり，その後，遺伝子やタンパク質の増幅や酵素反応を行うデバイス，さらに，遺伝子やタンパク質の分子量や機能を解析するデバイスが開発されている。さらに，これらを同一デバイスに融合し，持ち運びで

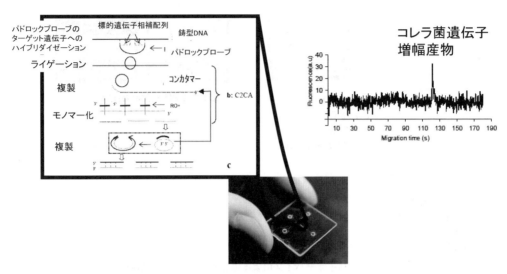

図2　遺伝子増幅・解析融合デバイスによるコレラ菌遺伝子解析

きるような装置が開発されており，オンサイトで遺伝子やタンパク質を高感度に解析できるデバイス開発が進んでいる。

　要素開発においては，前処理デバイスとして，遠心分離やフィルター構造により，血液などの実試料から，特定の細胞の分離と遺伝子の抽出デバイスが開発され，数分でごく微量の試料から特定細胞・遺伝子などの抽出が可能になってきた。通常，細胞やDNAなどは拡散係数が極めて小さいために前処理には時間を要していた。しかし，拡散に要する時間は，距離の2乗に比例するために，マイクロ・ナノ構造を構築することにより，大幅に時間を短縮できる。さらに，反応デバイスとしては，PCRなどの遺伝子増幅を1分〜数分で達成している。PCRでは，50〜92℃などの温度サイクルを30〜40回繰り返すが，マイクロ・ナノ構造を使うことにより熱伝導性が高まり，反応液の温度上昇・下降を1秒間に20〜40℃で達成できるために，反応を高速化できる。さらに，遺伝子解析デバイスにおいては，ナノ構造を適切に設計し作製することにより，解析に要する時間を10〜120秒に短縮できる。このようなデバイスを構築することにより，実試料から遺伝子解析の結果を得るまでに，10分以内で達成することができる。

　ナノバイオデバイス，DNAのSNPsなどの多型解析，mRNAの発現解析，マイクロRNA解析から1分子DNAシークエンシングに応用されており，食品の安心・安全のためのバイオ計測に用いられている。

　図2に，遺伝子増幅と遺伝子解析を一体化したデバイスの開発例を示す。ここでは，遺伝子増幅法としてPCRではなく，RCA（rolling cycle amplification）に基づくC2CA（circle to circle amplification）法という遺伝子増幅法を用いている。C2CA法は，一定温度で，極微量の試料から遺伝子を増幅できる方法であり，反応は室温で達成され，遺伝子検出感度もPCR法より高い優れ

第5章　大学・研究機関の研究動向

た技術である。PCR法をデバイス応用する場合は，高温に耐える材料を用いる必要があるが，C2CA法では，安価なプラスチックで遺伝子増幅反応が達成できる。ここでは，デバイス上にC2CAの反応を行うマイクロチャンバーを構築し，数μLの試料から遺伝子増幅を行い，反応後に，そのうちの数百pLという極微量の反応液をマイクロチャンネルに導入することで，マイクロチャンネル中のナノ構造において，遺伝子解析を120秒程度で行うことができる。図2に示す通り，コレラ菌の遺伝子を20分以内に超高感度に検出することに成功している。本方法は，大腸菌，サルモネラ菌などその他の菌の遺伝子解析に応用可能であり，食品解析に応用することで，食品の安心・安全を計測することが可能になる。

1.3 ナノバイオデバイスによるタンパク質解析

ナノバイオデバイスは，各要素技術の開発により，図1に示す通り，タンパク質解析デバイスへの応用も容易である。ナノバイオデバイスでタンパク質解析することにより，機能性食品の成分検査・機能評価，食品アレルギー診断，食中毒検査などに応用可能である。

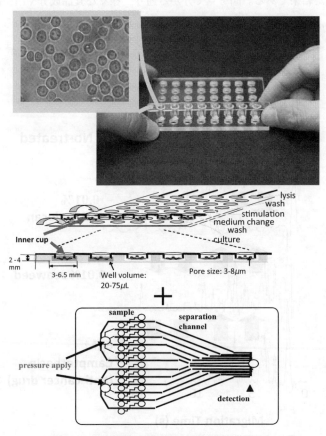

図3　細胞培養・食品機能解析融合デバイス

図3に，細胞培養と食品機能解析を融合したデバイスを示す。本デバイスでは，様々な食品成分を培養した細胞に与え，培養細胞中のタンパク質抽出とタンパク質発現解析を行うことにより，食品成分の機能評価を行うことができる。細胞は，写真に示すフィルター構造付きのマイクロチャンバー中に導入する。写真下部に示すマイクロチャンバーアレイに，培養液，食品機能成分，緩衝液，細胞破砕液，タンパク質抽出液などを入れておき，ロボティクスで細胞の入ったチャンバーを各マイクロチャンバーに浸しながら，培養・食品機能成分による細胞刺激，細胞破砕とタンパク質抽出を行う。その後，抽出したタンパク質は，図3下に示すタンパク質解析デバイスで解析することができる。このデバイスでは，一度に12種類の成分を解析できる。

このデバイスで，がん細胞を培養して，食品成分を含めた様々な物質の，がん細胞のタンパク質発現への影響を評価した例を図4に示す。まず，最上部に，培養のみのがん細胞中のタンパク質発現解析の結果を示す。図に示す通り，9～200 kDaのタンパク質をわずか15秒で解析できることが分かる。本方法は，一度に数十種類のタンパク質を解析できる。分解能は，LC-MSや2次元電気泳動には及ばないが，解析がわずか15秒で達成できるところが優位な点である。図4の上から2番目はβ-1,3グルカン処理，3番目はワカメ抽出物処理，最下部は抗がん剤であるカンプトテシン処理した結果である。図を見て分かる通り，様々な食品成分や医薬品でがん細胞を処理することにより，特定のタンパク質発現量が増加したり減少したりしていることが分かる。この発現パターンにより食品成分の機能をスクリーニングすることができる。また，12種類の成分

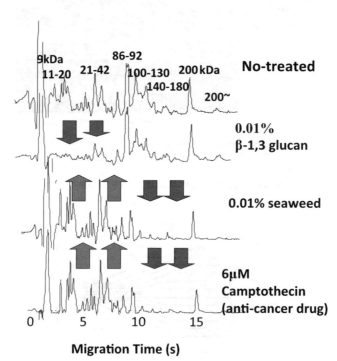

図4　がん細胞中のタンパク質解析による食品機能解析

第5章　大学・研究機関の研究動向

の機能評価に要する時間は，培養時間を除けば15秒程度であり，高いスループットでスクリーニングが可能である。

図5には，抗原・抗体反応を迅速・高感度に達成できる新たなデバイスとしてイムノピラーデバイスを示す。本デバイスは，1枚のチップ上に40本のチャンネルを作製し，そこに，直径1 μmの抗体固定化ビーズを光硬化性樹脂を用いて柱状に固定したものである。イムノピラーを形成する光硬化性樹脂のメッシュサイズは，200 nm程度であり，抗体固定化ビーズを効果的にトラップできる。イムノピラーは，直径200 μmで高さ50 μmであるが，1本のピラーあたり3万個もの抗体固定化ビーズをトラップしており，比表面積が，従来のELISA法などの50倍程度あり，抗原・抗体の反応距離を極めて短く保っている。さらに，拡散係数の非常に小さい抗原であっても効率よくイムノピラー内に取り込まれ，反応が迅速に進むように設計している。

イムノピラーデバイスでは，最初に試料を導入し，抗原・抗体反応は，マイクロ・ナノ構造を用いることにより，1～5分で終了する。また，検出は2次抗体を用いることで，蛍光検出，生物発光検出などを用いることができる。さらに，イムノピラー中にターゲットの抗原を濃縮して高感度検出が可能になり，fM～pM（pg/mL程度）の検出すら可能である。図6に，ミルク中の黄色ブドウ球菌の毒素であるエンテロトキシンA型をイムノピラーデバイスで検出した例を示す。図から明らかなように，食品中にわずか10 pg/mL存在するエンテロトキシンA型ですら検出できる。さらに，抗原・抗体反応に要する時間は3分であり，ミルクをデバイスに導入してから結果が出るまでの総時間もわずか8分である。必要なミルク量も1 μL以下である。エンテロトキシンA型のみならずB, C, D, E型も同様に検出可能である。2000年に起こった黄色ブドウ球菌によ

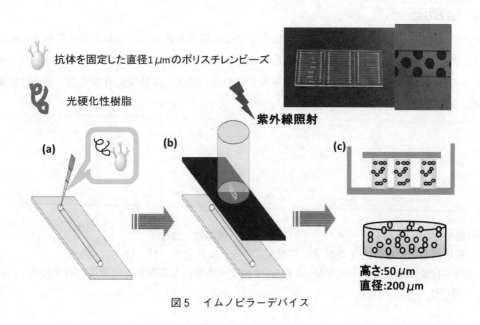

図5　イムノピラーデバイス

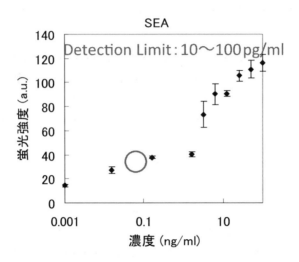

図6 イムノピラーデバイスによる食品中の食中毒菌毒素解析

る食中毒事件では，エンテロトキシン量は，数百pg/mL程度であった。当時のエンテロトキシン検出技術では，数ng/mLの濃度がなければ検出できず，菌の培養を行って検出せざるを得なかったために，被害が拡大してしまった。イムノピラーでは，装置も持ち運び可能なものを開発可能であり，この技術があれば，食中毒をオンサイトで検出するだけでなく，食品を事前に計測して，食中毒を未然に防ぐことが可能になる。

1.4 おわりに

ナノバイオデバイスは，これまで医療応用を中心に開発が進めてこられたが，これまでに開発されたナノバイオデバイスの多くは，食品の安心・安全の計測に応用可能である。ナノバイオデバイスの特徴を活かせば，オンサイトで極微量試料から迅速・高精度に食の安全・安心の計測が可能になると期待される。

文　献

1) 馬場嘉信ほか編集，ナノバイオ計測の実際，講談社（2007）
2) 馬場嘉信ほか監修，先端医学に貢献する化学，現代化学，**11**，16-67（2009）
3) 岡本行広ほか，遺伝子医学Mook別冊「ますます重要になる細胞周辺環境の科学技術」，p.161（2009）

4) 小野島大介ほか,化学のフロンティア「生命現象を理解するための分子ツール最前線」,化学同人(2010)
5) N. Kaji *et al.*, *Chem. Soc. Rev.*, **39**, 948 (2010)
6) 馬場嘉信,電子材料,**2**, 26 (2010)
7) 馬場嘉信,人間と健康のための表面科学,現代表面科学シリーズ,日本表面科学会編,共立出版(2011)
8) 馬場嘉信,ナノバイオ計測の革新論文,化学のブレークスルー【機器分析編】,化学同人(2011)
9) 馬場嘉信,臨床化学,**40**, 36 (2011)
10) 馬場嘉信,ナノバイオデバイスによる医療機器開発,医療機器センター創立25周年記念誌(2011) in press.

2 食の安全・安心における分析者の役割

木船信行*

2.1 食の安全と安心

　近年，食品の表示偽装や輸入食品の安全性がマスコミを通じて報道されており，社会問題化している。「食の安全」とは，有害物質が含まれない，衛生的に病原微生物がないなどの客観的証拠を科学的に示すことである。また，「食の安全」が証明されている限りにおいて，我々消費者が安心して食品を食べることができる。一方，「食の安心」は，人間の心の問題であり，極めて主観的な評価である。「食の安全」は，「食の安心」の必要条件であり十分条件でもあるが，「食の安全」が確保されているからといって，「食の安心」が完全に保証されるわけでもない。

　「食の安全」に対し，食品の原料の入手，製造，輸送，販売など，あらゆる段階において，トレーサビリティーを確認し，それを証明する分析・検査を通じて保証される必要がある。そのために，国家当局，製造業者，販売者の責任が求められているのが最近の風潮である。現実にはほとんどの場合，食品の安全性は確保されているはずであり，食品に関わる事件が日夜報道され，「食の安全」が取り沙汰されているようではあるが，実際には「食の安心」が脅かされているといえる。

　一方で，科学が立証した事実に関係なく何らかの食べものや栄養が健康と病気に与える影響を過大評価し，科学が立証したことよりもその影響を信じ固執している，フード・ファディズム（food faddism）とも受け取れる情報により，食の安全情報が消費者に必ずしも正しく伝わっていないケースが散見されている[1]。これは，食品の産地偽装にも若干関わることで，産地偽装がされているからといってその食品が安全でないとはいえない。偽装を行う背景から，産地を含む食品のトレーサビリティー調査が行われている可能性も考慮され，逆に安全性面では安心の対象になることもあるかもしれない。

2.2 食品の安全性を揺るがした事件と分析の関わり

2.2.1 食品添加物

　食品衛生法は1947年（昭和22年）に制定されたものであるが，1955年（昭和30年）の「森永ヒ素ミルク中毒事件」などの食品に関わる問題が種々起こり，その都度法改正が行われてきた。1959年（昭和34年）に「食品，添加物などの規格基準」の告示（告示第370号）により，食品，添加物，器具容器包装に分離し，通則および品目ごとの規格基準，試験法が定められた。翌年に第一版食品添加物公定書が発刊され大幅改訂され，中心となる厚生労働省告示の「食品，添加物の規格基準」は，現在は改訂8版に相当する。

　この間，食品添加物の削除，追加がなされているが，主なものでは，食用色素，ズルチン，チクロ，サッカリン，AF-2などが削除された。削除されたものは，使用量が少ないなどの理由を

---

*　Nobuyuki Kibune　㈶日本食品分析センター　彩都研究所　試験研究部　部長

第5章 大学・研究機関の研究動向

除けば，おおむね発がん性が示されたためである。現在までに至る食品分析機関の業務ニーズ拡大，それに伴う分析機器などの設備の拡充に対し，これら食品添加物の分析が大きく寄与している。食品添加物の試験は，使用禁止物質の有無のみならず，使用基準値内であるかの確認依頼も多かった。

2.2.2 環境汚染（公害）問題と食品の安全性

1968年（昭和43年）に米ぬか油中毒事件（カネミ油症事件）が発生し，PCB汚染が問題となった。その後原因は，PCB中の不純物であるポリ塩化ジベンゾフラン（PCDF）であることが明らかになったが，当時は，魚介類を中心に多くの食品中のPCBが分析された。PCBは，環境汚染（公害）が食品の安全性をも脅かすということの出発点になったといえる。PCB以前の水俣病のメチル水銀，イタイイタイ病のカドミウムなどを含め，食品の安全性という観点からのこれらの物質の残留分析が，世の中のニーズとなっていた。また，公害ではないが，ジュース缶のスズ溶出，食用油の熱媒体ジフェニール混入事件などが起こり，分析機関に依頼が多く寄せられた。

残留農薬については，『Silent Spring（沈黙の春）』（レイチェル・カーソン著）の出版をきっかけに，有機塩素系農薬のBHC，DDTが禁止されたのが1971年（昭和46年）で，食品中での残留農薬分析はここから始まった。現在のポジティブリストによる規制が登場するまでの食品中の残留農薬といえば，有機塩素系農薬，有機リン系農薬（パラチオンなど）が中心であった。農薬の残留分析は，GCによるもので当時保有している機関が少なく，また前処理にも複雑な技術を必要とし難しい分析とされていた。我々分析業界は，当時積極的に農薬分析の技術向上に力を入れた。

この間，1971年（昭和46年），わが国に環境庁（現在の環境省）が設立され，国家レベルでも環境調査が始動し統一された活動となった。分析機関の社会的なニーズ拡大には，PCB，農薬などの有害物質の分析をいち早く手がけたことが大きく寄与している。その後，ダイオキシン，環境ホルモン分析へと続く重要な中継点となった。一方で，分析技術（検出技術）の進歩が，汚染化学物質の存在を拡大したともいえ，分析者のジレンマにもなっている。すなわち，測定の感度が向上し，見えていなかったものが検出できるようになったということである。

2.2.3 輸入食品の問題

現在の日本の食糧事情は輸入食品に依存すること大（国内食品自給率はカロリーベースでは約40％で，数量の自給率は60～70％）であるが，1971年（昭和46年）に輸入ピーナッツバターのアフラトキシン汚染が問題になった。アフラトキシンは天然のカビ毒であり，規制というよりは汚染された食品の流通を防止するという対策になる。日本では，アフラトキシンはほとんど産生しないため，もっぱら輸入食品の検査になる。これらのカビ毒は，カビが産生する二次代謝物であるため，カビを発生させなければまず心配はない。カビの発生は気候などの環境条件に大きく左右される。また開発途上国では保管中のカビ発生とそれに伴うカビ毒の産生が問題となる。アフラトキシンでは，現在でもアフリカなどでは穀類による中毒で多数の死者が発生する健康被害も起こっている。カビ毒による食品の汚染は，このように年間変動があるため常に監視されている必要がある。

またその後1985年（昭和60年）に，ワイン中にジエチレングリコールが混入したという事件が発生し，食品衛生分野では非常に大きな事件として，多数の分析依頼が発生した．現在の中国で頻繁に発生しているような故意に有害物質を混入させた事件である．意図的混入の類似した最近の事例では，2006年（平成18年）の「毒入りギョーザ事件」，2008年（平成20年）に起こった「牛乳製品へのメラミン添加事件」であり，前者は日本国内で大きな問題となり，中国産食品に対する消費者の関心が大きく高まった．後者は，全くの想定外の事件で，食品中のタンパク質含量を高く偽装する（食感などには変化がないが，メラミンの値がタンパク質の分析値に上乗せされる）ものであった．極めて悪質であり，もしも健康被害（粉ミルク製品摂取による乳児の障害）が発生しなければ，いまだ発覚していないかもしれない恐ろしい事件であった．これはさらに，正しい分析結果を提供しても発見発覚できない，我々分析者にとって極めて考えさせるものであった．

ワインのジエチレングリコール，乳製品中のメラミンなどは突発性の事件であるが，輸入食品の安全性が本格的に規制を必要とされるきっかけともなった大きな出来事は，1987年（昭和62年）の「豪州産牛肉からDDT，ディルドリン検出」であり，残留農薬が飼料を介して食品中に移行したものであった．先進国が使用禁止した農薬が食物連鎖により，ブーメラン現象として再輸入されることを象徴した事件でもあった．この後数年間，米国，東南アジアを含め同様の事例が頻発することになる．

2000年代に入り，中国産野菜の残留農薬，中国からのはちみつ，魚介類の残留動物薬，抗生物質の食品衛生法の違反事例が頻発し，これらがポジティブリスト制度導入の直接の要因でもあった．中国産有害物質汚染の場合も，生産コスト削減などの日本側の事情から，生産の場を中国へ依存していたものが，はね返ってきているともいえる．中国の発展とともに，新規の化学物質をも使用できる土壌が育成されたために，安全性を検査する分析種が増加してしまった．農薬，動物薬の試験品目増がポジティブリスト導入につながったわけではあるが，数百品目の基準値設定，加工食品の一律基準設定という制度の導入自体は，化学物質の規制に対する転換点となった．すなわち，分析コストが高くなるため，食品のトレーサビリティー（原料産地，農法，加工法など食品の由来を調査すること）の検査項目を絞る必要性が高くなった．分析コストとトレーサビリティーのコストを天秤にかけることになり，分析者側から見ると，ポジティブリスト制度導入で仕事が一時急増したが，それ以後むしろ減少していったといえる．

2.2.4 微生物（食中毒）の問題

衛生管理の不備による食中毒以外に，辛子レンコン事件（ボツリヌス菌），腸管出血性大腸菌O-157などの大きな事件があったが，現在の食品の安全性と企業コンプライアンスが議論される大きな発端となったのは，乳製品のエンテロトキシン（黄色ブドウ球菌）事件であった．この事件とその後のBSE問題を契機として，食品安全基本法制定，食品安全委員会設置となった．製造業者における品質管理の徹底が，さらに重要視されるようになり，その後の異物混入事件，賞味期限偽装，産地偽装などの告発が多くなるのも全て，この雪印乳業の食中毒事件から始まっている．HACCPによる危害管理の導入が一気に浸透していく契機にもなった．

第5章　大学・研究機関の研究動向

　以上の食品の安全性に関する諸事例を振り返ると，食品分析という観点からは，①食品添加物，PCB，農薬の規制による化学物質の側からの管理，②豪州産牛肉汚染以降の輸入食品検査の強化，③エンテロトキシン食中毒事件以降の衛生管理および企業コンプライアンスの強化，が重要なエポックとなっている。「食品の産地偽装」も消費者反応の大きさからは，重大な事件といえなくもないが，「食品の安全性」に対する寄与という点では性格を異にする。産地偽装された食品が直接消費者の食生活において危害を発生させるとはいえないからである。食品分析は，この流れに左右されてきた。食品の安全性全般からは，それらに加え，牛肉のBSE問題，特定原材料（アレルギー），遺伝子組み換え食品なども含まれる。一方で，ダイオキシン，環境ホルモンの問題は，全く別の意味で食の安全に関与した。毒性影響が慢性的影響，子孫への影響という科学的に不透明なままとにかく低レベルで分析を優先するという形態であった。

2.3　現在の状況（国際的動向を中心に）

　食品表示の偽装，安全性に懸念のある産品の食品への転用，中国食品への不信などは，多分に特定企業の不道徳な行為に由来するものであり，解決困難なリスクではない。報道する側への見方としては，報道の仕方が一過性の傾向であり，化学物質の有害性がその後の再評価で安全性が確認されていたとしても，その種類の報道はされないか，もしくは認知度を上げる報道には結びついていないようである。製造・販売により消費者に食品を供給する企業にとっても，商品リコールが報道されると失地回復が極めて困難になる。国は消費者目線を重視した消費者庁を設置し，その権限の実質的な行使を約束した活動を始めている。規制の強化だけではなく，消費者へ食の安全・安心を説明するリスクコミュニケーション重視のことが謳われている。

　長期的な観点から，今後食品の安全性に対し起こりうる問題，その評価の手法について紹介する。

2.3.1　化学物質の評価[2]

(1)　毒性評価

　以前は，細菌を用いた変異原性試験（*in vitro*）で陽性であれば，発がん物質として規制された時期もあったようであるが，現在では，哺乳類実験動物（*in vivo*）を用いた長期毒性試験による発がん性知見，および発がんのメカニズム解明に基づく毒性評価が行われている。すなわち，遺伝毒性による発がんか非遺伝毒性によるものかが，評価の分かれ目になる。遺伝子に作用する発がん物質（例えばアフラトキシン）の場合，TDI（耐容1日摂取量）などによる閾値設定はできない。一方，非遺伝毒性物質の場合は，遺伝子に作用しないため閾値が存在し，TDIによる管理が可能である。TDIと毒性評価の考え方は同じであるが，食品の生産過程で意図的に使用するものである食品添加物や残留農薬についてはADI（許容1日摂取量）が設定される（TDIは生産過程で意図的に使用されないのに食品中に存在する化学物質が対象）。また，中毒事件が実際に起こりヒトに対する健康被害が発生すれば，そのデータからTDIを推定する場合もある（最近では，遺伝毒性発がん物質でも閾値の設定ができるのではないかとの議論もある）。

(2) 摂取量（曝露量）評価

化学物質を人間がどれだけ摂取しているか（曝露されているか）を認識することが必要となる。そのために，食品中の含有量を調査し，その食品の実際の摂取量（国民健康・栄養調査結果により得られる）を掛け合わせ，1人当たりの化学物質推定摂取量（曝露量）を求める。いくら毒性が高くても摂取量が少なければ，健康リスクは少ないと考えられている。

(3) 総合評価

化学物質の毒性データから，毒性のエンドポイントとなるイベントを誘発する最小無作用量（NOAEL）に安全係数（通常は100で不確かさに応じて変更する）を乗じて暫定的な耐容1日摂取量（PTDI）が算出される。PTDIと実際の摂取量との差（曝露マージン）が十分に大きければ（PTDI＞摂取量），直ちに健康に影響はないと判断される。曝露マージンが小さければ，低減措置のための対策が検討されることになる（遺伝毒性発がん物質の発がんリスク評価に対して，TDIの代わりにベンチマーク用量［BMD］を求め曝露量との比較がされる）。

2.3.2　国際的な食品の安全性評価

化学物質については，Codex委員会の各専門部会（残留農薬，食品添加物，汚染物質などの各分科会）において，化学物質の存在量（汚染状況），最大許容基準設定などが各国代表により議論される。その結果をもとに，FAO/WHO食品添加物専門委員会（JECFA）で上記2.3.1項のスキームで化学物質の評価が行われる。JECFAの評価に必要な化学物質の存在量データ（食品中の含有量）は，Codex専門部会の呼びかけにより，WHOの国際環境モニタリングシステム—食品汚染調査・評価プログラム（GEMS/Food）を通じて，各国から報告された調査結果が利用されている。

2.3.3　Codex委員会における国際的な運用

JECFAの評価結果を受け，各食品中における化学物質の最大許容基準（Maximum Limit）を設定する。しかしながら，既存化学物質であれば使用禁止などの措置により基準達成も可能であるが，天然毒素などでは，衛生環境が未発達な開発途上国は遵守困難な場合が多いこと，制御が技術的に難しいこと，あるいは低減が食品の品質を低下させることなどの規制上のハードルがある。この場合，as low as reasonably achievable（ALARA，合理的に達成可能な低レベル）の原則が適用され，製造（生産）法，保管法などの実施規範（Code of Practice）またはGMPを策定し，低減化を推奨し，モニタリングを継続する。その後，JECFA再評価などのサイクルが運用されていくことになる。

2.3.4　現在議論されている化学物質[3]

既存化学物質はすでに議論が成熟しており，現在の懸案事項は食品の加工などから派生する汚染物質である。ダイオキシンは，環境中に生成する非意図的生成汚染物質であったが，現在注目されているのは，カビ毒とともに，アクリルアミド，フラン，クロロプロパノール類（3-MCPD，1,3-DCPおよび3-MCPD脂肪酸エステル），多環芳香族炭化水素（ベンゾ[a]ピレンなど），カルバミン酸エチル，トランス脂肪酸，過塩素酸塩などである。これらの物質についてCodex委員会

第5章　大学・研究機関の研究動向

が食品中データを求めており，また低減化のCode of Practice（実施規範，行動規範などと訳される）が議論されている。特に食品を加熱加工して製造する際に生成するアクリルアミド，フランは，発がん性（IARCグループ2Aまたは2B）の疑いがある物質[4]で，食品中に比較的高濃度含まれることが明らかになっている。これらの物質は，今後国際的にモニタリング調査が進められるとともに，ALARA原則による低減が推奨され，各国は対策を推進させることになる。

2.3.5　生活習慣病と食品栄養成分

以上のように述べてきたものは，食品添加物や残留農薬のような食品中の微量物質である。これらは，慢性的な危害確率から評価され，制御され，実際に個々の基準値をオーバーするなどのことがあっても，直接的な健康被害が発生する確率はかなり低いと考えられる。一方，現在議論が進んでいるトランス脂肪酸，飽和脂肪酸―トランス脂肪酸（飽和脂肪酸）や塩分など，いわゆる生活習慣病（心筋梗塞，糖尿病，癌，骨粗しょう症など）に関係するといわれる食品中の成分は，基礎的な栄養の役割を担っている成分である。こちらのほうが，食品による健康被害という観点からは，摂取量が食品添加物や残留農薬よりはるかに多いため（全てがそうであるとはかぎらないが，一般的に濃度でppbと%の違い），健康被害に関与する割合は比較できないほど大きいとも予測される。「食の安全・安心」という観点からは，これらの栄養成分（脂肪，炭水化物，塩分）などが今後広く議論される必要のある成分である。

2.4　分析機関の今後の対応

これからの有害成分・物質の規制のあり方として，従来の既存化学物質の禁止，自粛という対策はほぼ終結し，今後はリスク‐ベネフィットを考慮した汚染物質対策が主流になると考える。我々，食品分析を担当する側では，汚染物質を単に分析（分析機関に依頼）するといった以前の対応からは離れ，分析結果の信頼性（リスク評価に使用される）と取扱い（数値の評価）についてきめ細かく対応すべき要求が増してくると考える。分析機関に対する信頼性の担保として，ISO/IEC 17025（試験所および校正機関の能力に関する一般要求事項）による試験所認定などの国際的な基準への適合が必要とされてきている。国際化とともに，分析機関の提出するデータの信頼性は，分析機関自身の組織としての信頼性を客観的証拠によって証明する必要性も高まってきた。試験結果の評価のために，食品に対する総合的な諸々の知識が要求されている。

測定機器の進歩は，分析の迅速化，合理化を後押ししてきたが，一方で分析技術者の知識の進歩が追いついていないかもしれないというのが，分析機関における総じた悩みのようである。機器やデータ処理の操作性，前処理の処理効率向上が重視される傾向であるが，分析の基本的部分である測定原理，前処理技術の重要性が再認識されるべきである。分析者，分析機器メーカー，行政機関，大学，研究者全体において，合理化，迅速化の波の中で，信頼性を維持する取り組みが望まれる。

2.5 分析のコスト

機器の進歩（高感度化，データ処理の操作性向上），および分析用前処理器材の発展（豊富な種類と用途別の前処理カートリッジカラムの利用）によって，分析操作の迅速化や合理化は進んできたが，分析コストは比例して下がってはいない。分析機器は家庭用電化製品と同様に，メーカーは性能を改善することによって価格の低下を抑えている。さらに前処理カートリッジは，操作の簡便性や空間的利便性（場所をとらない）は提供するが，分析コストの低減には寄与しない（単価が高く，使い捨てで再利用できない）。

高感度の機器（GC/MS, LC-MS/MSなど）による分析は，確実な科学的証拠（エビデンス）を提供するために必須の手法ではあるが，一方で，安価なスクリーニング法（ELISAキットを用いる方法など）が開発され，妥当性確認（共同試験による検証を含む）された後，その分析法の適用性（汎用性）が拡大されることも必要になってくる。すなわち，規制目的とした公定試験法の中に簡易的なスクリーニング分析法が取り入れられるような状況になることが望まれ，そうなれば全体的な分析のコストが下がると考えられる。

2.6 フード・ファディズムについて[1]

科学的な証拠の強さや信頼性とは関係なく，ある特徴をことさら取り上げて過大評価し攻撃（排斥運動）する傾向が一般に根強く潜在するように思われる。この現象は，冒頭にも触れたように「フード・ファディズム（food faddism）」と呼ばれる風潮である。最近の例では，「特定保健用食品（トクホ）」の承認を受けた食用油脂製品へのマス・メディアを含む対応があった。この製品はジアシルグリセロール（DAG）を主成分とした植物性油脂で，脂肪の体内代謝が従来のトリアシルグリセロール（TAG）主成分の油脂とは異なり，脂肪の体内蓄積を抑制できるため，「特定保健用食品」に認定されたものである。認定後，新たな知見として，DAGを主成分とする油脂製品には，「グリシドール脂肪酸エステル」を高濃度含有していることが公表された。グリシドール（脂肪酸エステルではない）が発がん物質であったため，即座に排斥運動が高まり，ついには「特定保健用食品」を取り下げる事態となった。グリシドール脂肪酸エステル＝グリシドールではないばかりか，グリシドール脂肪酸エステルを有害（健康被害を起こす恐れがある）とする科学的証拠もない。これこそがまさに「フード・ファディズム」を象徴する事例である。

グリシドール脂肪酸エステルのことについていえば，分析者ができることは，グリシドール脂肪酸エステルの分析そのものである。毒性試験には時間がかかることもあって，グリシドール脂肪酸エステルの評価に関して即座の説明ができず，分析者として非常に社会的な責任を感じる。上記のような「DAG油問題」に直面すると，「フード・ファディズム」とはとても恐ろしいものと実感され，とても悲しい思いを抱いてしまうのである。

2.7 食の安心と食品分析の使命

食品の分析は，食の安全を保証するだけではなく，食の安心にも貢献できる要素を持っている。

第5章　大学・研究機関の研究動向

　人が安心して食生活を送ることのできる条件として，①食欲が満たされる，②おいしい，③入手が容易である，などが必要である。食品が常に人々の購買意欲をそそり食欲を満足させ，高品質が維持されているということは，食品の成分分析（基礎成分，栄養成分）の試験結果，およびそれを反映させる表示で示すことができる。食の安全・安心を議論する場合，有害性の排除ばかりに目が行きがちであるが，食品自体の品質を証明し，維持し，より向上させていくためにも分析は活用できる。分析技術者は，正確に社会ニーズを捉え，正確なデータを，誠実に提供していくことが使命である。

　最後に，食の安全・安心は，消費者と供給者との信頼関係の問題である。食の安心は，相互の信頼関係の継続によってのみ得られる。信頼関係を構築し，維持することは，食品の問題に限らず国際問題（国際的紛争）から家庭生活（夫婦不仲）に至るまで，人類最大の懸案事項であり究極の目標でもある。

文　　献

1) 高橋久仁子，フードファディズム―メディアに惑わされない食生活，中央法規出版（2007）
2) World Health Organization, Seventy-second report of the Joint FAO/WHO Expert Committee on Food Additives ; http://whqlibdoc.who.int/trs/WHO_TRS_959_eng.pdf（2010）
3) Codex Alimentarius, Report of the Fifth Session of the Codex Committee on Contaminants in Foods., Hague, Netherlands, 21-25 March 2011 ; http://www.codexalimentarius.net/web/archives.jsp?lang=en（2010）
4) IARC, IARC Monograph on the Evaluation of Carcinogenic Risks to Humans ; Agents Classified by the IARC Monographs, Volumes 1-101 ; http://monographs.iarc.fr/ENG/Classification/index.php（2011）

3 DNA分析の手法などを用いた食品表示の真正性確認

岡野敬一[*]

3.1 食品表示と㈱農林水産消費安全技術センターの表示監視業務

　加工食品には，その名称，商品名，原材料名，期限表示などの多くの情報が表示されている。これらの表示は，JAS法や食品衛生法などの法令に従って記載されている表示と，これ以外に製造者などが商品の情報などを消費者に伝達することを目的に表示する任意の表示からなる。製造者などが故意に事実と異なる表示を行えば，これが法に定められた表示であっても，任意の表示であっても，表示の偽装となる。表示の偽装は，中国宋代の言とされる「羊頭狗肉」の表現にもあるように，古くから行われていた。我が国で有名な偽装表示は，昭和35年に発生した「にせ牛缶事件」である。『ハンドブック消費者』[1)]には，「牛肉大和煮缶詰」に異物（ハエ）の混入した製品が保健所に通知され，この時の調査で原材料が表示された牛肉ではなく鯨肉であったことが判明した。これを端緒に他社製品の調査を行ったところ，調査を行った23点中の21点で馬肉や鯨肉の使用が明らかとなって，社会問題化したことが報告されている。事後に，この事件が発端となって，景品表示法が制定され，また，JAS法に「品質に関する表示の基準」が規定されて，現在の品質表示基準が設けられるに至った。

　最近でも，牛肉やうなぎ加工品などの食品の偽装表示など，消費者の利益を損ない国民の食に対する信頼を損なう事件が続いている。このような違法行為の取締りおよび不正に対する抑止力として，真正性確認分析の技術を基盤として㈱農林水産消費安全技術センター（FAMIC）が行う食品表示監視業務は，必要不可欠なものである。

3.2 分析対象の表示

　JAS法に基づく食品表示は，生鮮食品では，名称および原産地の表示が義務付けられた事項であり，さらに，水産物では「解凍」や「養殖」の表示が義務付けられている。一方，加工食品では，名称，原材料名，内容量，期限表示，保存方法，製造者などの表示が義務付けられている。主な，真正性確認分析の対象項目は，表示された名称，原材料名，原産地，原料原産地名および製造方法などを確認する分析である。残念ながら現時点では，製造者名や期限表示の真正性を確認する分析法についてのアイディアは有しない。

3.3 FAMICが表示監視に利用する分析技術の概要

　FAMICが表示監視の目的で使用する分析手法は，①PCR法を用いたDNA分析技術，②含まれる複数の元素濃度を測定しパターン化して解析する元素分析技術，③安定同位体比分析技術，④各種ガスクロマトグラフ，液体クロマトグラフ，などを用いる各種のクロマト分析技術，⑤その他の分析技術である。

　＊　Keiichi Okano　㈱農林水産消費安全技術センター　神戸センター　技術研究課　技術研究課長

第5章　大学・研究機関の研究動向

表1　FAMICがマニュアルを公開しているDNA分析の手法

ホームページに分析法の実施マニュアルを公開している食品の種類*
「遺伝子組換え食品」,「うなぎ加工品の原料魚種」,「スズキ,タイリクスズキ,ナイルパーチ」,「マグロ属魚類」,「マダイ,チダイ,キダイ」,「サバ属魚類」,「マアジ,ニシマアジ」

＊作成した分析のマニュアルの一部についてホームページ上（http://www.famic.go.jp/）で公開

FAMICでは，これらの分析技術を表示の監視の目的に用いるとともに，この対象を拡大するための技術開発を不断に行っている。

3.4　PCR法を用いたDNA分析

FAMICが利用しているDNA分析は，PCR-RFLP法が主体であるが，当該分析結果で表示偽装の可能性が生じたときは，必要に応じて，確認のために該当DNA領域の塩基配列を解析している。表1にFAMICがマニュアルを公開しているDNA分析の例を示す。

FAMICが行っているDNA分析のカテゴリーは以下の3点である。

3.4.1　遺伝子組換え食品の表示確認分析

遺伝子組換え農産物またはこれを主な原材料とした加工食品について，「遺伝子組換えでない」などの表示の確認を目的として，組換えDNAの分析（GMO分析）を行い，表示の真正性の確認を行っている。GMO分析の対象は，生鮮大豆，トウモロコシおよびこれらを主な原材料として製造される豆腐などの加工食品である。

3.4.2　名称および原材料の表示確認分析

名称および原材料の表示を確認するための分析は，種を特定するDNA分析を行い，この結果から，表示された名称または原材料名を確認する目的で行っている。マダイなどの生鮮魚介類の魚種判別，おにぎりなどの米飯加工品の原料米の銘柄判別，コロッケや包子などの原料食肉の肉種判別などがある。

3.4.3　産地表示などの確認分析

上記3.4.2項と同様に種や地域系統を特定するDNA分析を行い，この結果から，種や地域系統の生息域や養殖実態などの情報から，表示された原産地または原料の原産地の真正性を確認する分析を行っている。この分析の対象は，アサリ，サバ，うなぎなどの水産物およびこれらの加工品などである。

3.5　元素組成を用いた分析

食品に含有する微量の元素量や組成比などを利用した判別を産地表示の真正性確認に利用している。農産物などに含まれる微量の元素は，栽培土壌や用水などの環境に由来するとされ，栽培地域別に統計的な差異がある。当分析は，湯通し塩蔵わかめやコンブなどの水産物，タマネギや

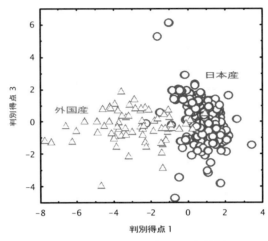

図1　外国産と国産（北海道，兵庫県，佐賀県）玉ねぎ試料中の10元素（Na, P, Mn, Zn, Rb, Sr, Mo, Cd, Cs, Ba）の濃度を用いた線型判別分析による判別結果

カボチャ，黒大豆などの農産物，乾しいたけなどの林産物等に利用しており，さらにその他の食品にも適用範囲を拡大するための技術開発を行っている。これらの元素分析は，試料を灰化後，ICP発光分析装置（ICP-AES）やICP質量分析装置（ICP-MS）を用いて行う。図1に判別のため用いる判別関数の基礎となるデータの例を示す。

3.6　安定同位体比分析

同じ原子番号の元素の原子核の中性子数が異なるもので，構造が安定した約260種の元素が安定同位体と定義されている。各元素の安定同位体の比率は，動植物の種類や生育場所，生育環境などの要因で分別が生じて変化することから，これらの同位体比の違いが産地などの情報の一部を有していることが報告されている。

水素，炭素，窒素などの軽元素の同位体比の分析は，試料を燃焼または熱分解してこの分解ガスをクロマト分離した後に質量分析を行う「安定同位体比測定装置」を用いる。また，軽元素以外の分析は，多重検出器型質量分析装置（ICPマルチコレクター）または表面電離型質量分析装置を用いて分析されるが，両装置とも高価で，我が国への導入台数も少ないことから，FAMICでは地球科学の研究機関に職員を派遣して分析を行っている。

3.6.1　炭素安定同位体比を利用した原材料の推定分析

植物は，光から変換した化学エネルギーを用いて，二酸化炭素から炭水化物を合成する光合成を行うが，この光合成回路には，C4型，C3型およびCAM型の3種がある。C4型の植物はサトウキビやトウモロコシなど，CAM型の植物はパイナップルやサボテンなどで，これら以外の大半の植物が有する光合成回路は，C3型である。この光合成回路の型の違いは，光や窒素の利用効率に影響を及ぼし，取り込む二酸化炭素の安定同位体比にも影響を与える。C4型光合成植物は，

第5章　大学・研究機関の研究動向

C3型植物に比べて炭素13を固定化する割合が高いことから，これを原材料の推定に利用する。C3型植物であるオレンジなどの果汁に，C4型植物であるサトウキビを原料にした砂糖やトウモロコシを原料にした異性化液糖を加えると炭素の安定同位体比が変化する。この原理を利用すれば各種ジュースやハチミツ，餅，米酢などにサトウキビやトウモロコシを原料とした糖類やでん粉が添加されていれば，これが検出可能となる。

3.6.2　その他の安定同位体比分析による原料推定

窒素安定同位体比は食物連鎖の階位により異なることが報告されており，酸素安定同位体比は栽培された地域の緯度や高度により異なることが報告されている。また，ストロンチウム安定同位体比は，地質の形成年代により異なることが報告されている。したがって，安定同位体比分析を単独，もしくは組み合わせて行うことで，産地などを推測することが可能であることから，これらの技術開発を進めている。

3.7　その他の表示監視のための技術と社会的検証

ここまで述べたように，FAMICで表示監視の目的に利用する技術は，DNA分析，元素組成分析，安定同位体比分析が柱となっているが，この他にもガスクロマトグラフ，高速液体クロマトグラフおよびその他の汎用分析機器を利用して，しょうゆに表示された醸造方式や，そばに表示されたそば粉の配合割合など，特性を確認する分析を行っており，また，この分野においても，新たな手法の開発を不断に進めている。

なお，これらの分析法は，誤った表示が為されたことを検出する確率（検出率）と，正しく表示が為されたことを誤って正しくないとする確率（誤判別率）を有している。検出率が100％で，誤判別率が0％であることが理想であるが，開発した判別分析の全てでこれを達することはできない。一部の真正性分析では，開発段階から避けられない誤判別の可能性を有しており，また，開発段階で分析結果に誤判別がないことの確認を行っても，経年後に生産や栽培を行う地域や方法の変化，また，流通実態の変化などによって誤判別が生じる可能性を有している。このことから，分析結果だけでは表示の偽装の判断はできない。一般に，分析の結果で表示に疑いが生じたときは，製造者などに赴いて，購入・製造・販売の各種記録や帳簿の確認を行う社会的検証に進むこととなる。

文　献

1) 消費者庁企画課，ハンドブック消費者2010, p.3, 全国官報販売協同組合 (2010)

4 食品・農産物におけるDNA鑑定の実用化の現状と展望

矢野　博*

4.1 はじめに

　食品表示に対する不信感が高まる中，消費者の表示の信頼性を確保するためには，加工食品における原産地や品種の適正な表示を担保するための品種識別技術の開発が重要な課題となっている。また，我が国で育成された新品種が許諾なしに海外に渡り，不正に逆輸入されるなど，社会的に大きな問題となっており，このような育成者権侵害を的確にしかも容易に判断するためには，科学的な裏付けとなる迅速・簡便なDNA分析による品種識別技術，すなわち，「DNA鑑定」の開発とその実用化に向けた取組が急務である。

　そこで本節では，法医学領域において親子鑑定や犯罪捜査に用いられてきた「DNA鑑定」の鑑識事例と照らし合わせながら，食品・農産物におけるDNA鑑定の実用化の現状と展望について述べてみたい。

4.2 DNA鑑定とは

　「DNA鑑定」とは，25年以上前の1985年に，イギリスのJeffreysらのグループによって，個人特異的なDNA構造の違い（DNA多型性，polymorphism）をバーコード様のバンドパターンに可視化して検出する方法を考案し，そのバーコード様のバンドパターンがあたかも指紋（フィンガープリント）のように個人差が著しいものであったことから，この方法を「DNAフィンガープリント法」というニックネームで呼んだのが「DNA鑑定」の始まりである。

　DNAは，4種類の塩基（アデニン：A，チミン：T，グアニン：G，シトシン：C）から構成され，AとT，GとCがそれぞれ対をなし，ゲノムDNAの塩基対は数億～数十億と膨大である。一口に，「DNAの違いを調べる」といっても，膨大な量の塩基配列を調べるのは非現実的である。

　そこで，特定の塩基配列部位を確認してDNAを切断する酵素（制限酵素）を用いて切断し，電気泳動にかけて，DNA断片をサイズに従って分離することが考えられた。すなわち，比較するDNA間で塩基配列に差異があれば，制限酵素で切断されたDNA断片の長さの違い（制限酵素断片長多型，Restriction Fragment Length Poymorphism：RFLP）として検出される。

　次いで，電気泳動したDNA断片を一本鎖に解離した後，ナイロン製の膜に転写し，一本鎖DNA小断片をプローブとして，DNA-DNAハイブリッド結合を行えば，多数のDNA断片中から，プローブと相補的（AとT，GとCがそれぞれ対をなす）な部位を持つDNA断片が検出できる。プローブをアイソトープ（あるいは非放射性標識物質）によって標識しておけば，ハイブリッド結合したDNA断片はX線フィルム上にバーコード様のバンドパターン（DNAフィンガープリント）として検出される（図1の「親子鑑定の事例」と「カンキツ類の品種識別」を参照）。

＊　Hiroshi Yano　㈳農業・食品産業技術総合研究機構　近畿中国四国農業研究センター
　　品種識別・産地判別研究チーム長

第5章　大学・研究機関の研究動向

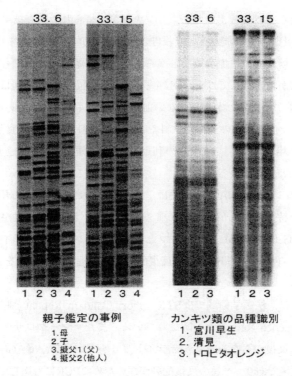

図1　DNAフィンガープリント法による親子鑑定と品種識別への応用

　DNAフィンガープリント法が，初めて農産物に適用されたのは，植物新品種保護国際条約（UPOV）が改正され，育成者権を持つ品種（原品種）の形質をわずかに変更した品種（従属品種）には，原品種の効力が及ぶこととする新規定が設けられたのに伴い，1993年に農林水産省種苗課（現在は知的財産課）が，㈱帝人バイオ・ラボラトリーズ（現在は，㈱エスアールエル 羽村ラボ 病理・遺伝子検査課に組織再編されている）に判定技術の開発調査を依頼したのがそのはじまりである。

　㈱帝人バイオ・ラボラトリーズは，前記したJeffreysらが設立した世界最初の民間のDNA鑑定会社であるCellmark Diagnostics社（英国）より，ミニサテライトDNA（33.6：(AGGGCTGGAGC)$_3$，33.15：AGAGGTGGGCAGGTGG）をマルチローカスプローブとした「DNAフィンガープリント法」の独占的実施権を取得し，我が国で初めて親子鑑定の受託事業を開始した会社である。

　調査報告書では，DNAフィンガープリント法によるカンキツ類の原品種と珠心胚実生，枝変わりなどの従属品種間の品種識別技術の開発調査に取り組んでいる。調査結果の一部を図1の右に示したが，ヒトと同様のDNAフィンガープリントが検出され，系統が異なる品種間の識別は可能であるが，原品種と珠心胚実生や枝変わりなどの従属品種間においては識別することは不可能であると報告している。

　現在では，DNAフィンガープリント法を用いたDNA鑑定は，法医学領域においてもほとんど

用いられない鑑識技術となってしまったが，カンキツ類で得られた調査結果は，同時期に，法医学会から派生した日本DNA多型学会などで報告されたことから，農産物を対象とした「DNA鑑定」が，法医学領域の研究者や医療会社などからも注目され始めた時期でもあった。

　その一方で，PCR法が報告されて以来，DNA鑑定への応用とその利活用はめざましいものがある。とりわけ，DNA量が極微量しか得られない血痕，毛髪，精液など犯罪の痕跡を対象とすることが可能となった。また，陳旧化の進んだ試料や収穫物を原料とした加工食品などではDNAが劣化・断片化されている場合が多く，PCR法の利用は，DNA鑑定の精度向上に大きな威力を発揮し，必要不可欠な手法となっている。

　DNAフィンガープリント（DNA指紋）法は，文字通り，ヒトの指紋にも匹敵するほどの多様性と高い個人識別能を持っていたが，バンドパターンの再現性の確保に難があり，現在では，ミニサテライトDNA（33.6，33.15）をプローブとして，サザンハイブリダイゼーション法で検出する方法から，マイクロサテライトDNAの反復配列の繰り返し数の差異をPCR法で検出する方法が主流となっている。

　マイクロサテライトは，法医学領域ではSTR：Short Tandem Repeatと呼ばれ，植物学領域では，SSR：Simple Sequence Repeatとも呼ばれている。また，マイクロサテライトは，10から数10塩基程度の繰り返し反復からなるミニサテライトより小さいTGA，CAGGAなどの3～5塩基の繰り返し反復配列領域であり，一連の反復配列が短いためにPCRにも適している。しかも，PCR増幅産物のサイズ判定は，DNAシークエンサーを用いて自動化（ピークパターン化）するため，DNAの定量と信頼性は極めて高い。図2には，㈱エスアールエルのDNA親子鑑定資料に記載さ

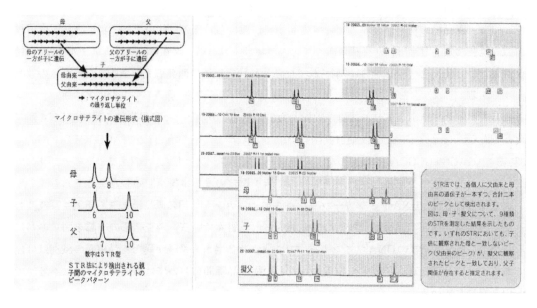

図2　STR法による親子鑑定の概略図と事例

れているSTR法を用いた親子鑑定の概略図と事例を示した。同社では，少なくとも10種類以上のSTRを分析し，より確実な親子鑑定を実施している。

また，STR型分析は，警察庁の科学警察研究所や都道府県警察本部の科学捜査研究所の犯罪捜査などに採用されており，本法は，キット化され，某社から市販されている10カ所ほどのSTR部位を調べることにより，別人である確率を約4.7兆分の1と飛躍的に向上させた高精度なDNA鑑定法を確立するに至り，現在では，確実な方法として，法廷でも十分に信頼されるものとなっている。

4.3 食品・農産物におけるDNA鑑定の現状

農産物における品種識別技術については，当初から，制限酵素断片長多型（RFLP）をベースにして開発されてきたが，これらは，前述したDNAフィンガープリント法と原理は同様であり，バンドの有無やバンドパターンの違いで判定する方法であることから，バンドの再現性確保に難がある。

一方，PCR法のDNA多型検出技術への応用とその利用はめざましく，植物分野においても多用されている。最も多く用いられている手法は，図3に図示したように，ランダムプライマー間に挟まれた数十〜数千塩基の領域をPCR反応によって増幅し，これを電気泳動法により，長さに応じて分離した後，エチジウムブロマイドなどでDNAの染色を行えば，バーコード用のバンドパターン（DNAフィンガープリント）が得られる。すなわち，PCR増幅したDNAの長さの違いを比較することによって，個体間のDNA構造の違いを識別することが可能である。このような手法によって検出されるDNA多型をRAPD（Ramdam Amplified Fragment Length DNA）と呼んで

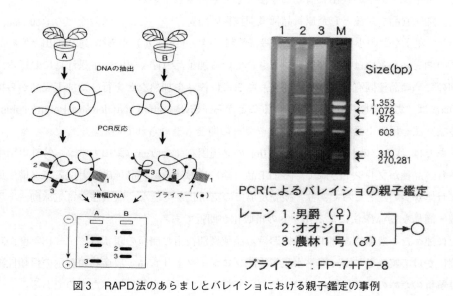

図3　RAPD法のあらましとバレイショにおける親子鑑定の事例

いる。

　RAPD法は，迅速・簡便であることから，コシヒカリ判別キットなどとして市販され，PCR増幅産物（バンド）の再現性の確保に難があるために実用化現場での利用が制限されるものの，コメ，インゲン豆などにおいては，育成者権侵害のトラブルの早期解決や食品表示の適正化のための抑止効果，さらには摘発に先立つ一次スクリーニングとして利用されるまでに至っている。

　その一方で，法医学領域におけるDNA鑑定のめざましい発展は，植物分野にも波及し，植物分野においても，この数年の間，イネゲノムをはじめ，数々の植物を対象としたゲノム解析研究が精力的に推進されたため，連鎖地図の作成のために開発されたSSRマーカーが多数報告されている。

　PCR法をベースとしたSSR法による品種識別については，数多くの農産物において報告されており，とりわけ，ナシ，リンゴ，ブドウ，カンキツなどの主要な果樹類においては，多数のSSRマーカーが開発されており，果樹研究所のホームページには，「DNAマーカーによる果樹・果実の品種判別」（http://www.fruit.affrc.go.jp/publication/man/dna/DNA_marker.pdf）として，自動化と汎用化が可能な品種識別技術について掲載されている。

　このように，食品・農産物においては，数々の植物を対象としたゲノム解析研究が精力的に推進されたために，今後は，これらのゲノム情報（バイオインフォマティクス）を積極的に利活用した品種識別マーカーの研究開発が加速化するものと思われる。

　また，ゲノム情報が少ない農産物においては，次世代シークエンサーに代表される最先端の高速解析技術を利活用することにより，ゲノムシーケンシングや大規模SNPスクリーニングが加速化している。また，作物の全てではないものの，ゲノムワイドな多型検索用のDNAマイクロアレイが開発され，カンキツ類における極近縁の珠心胚実生や枝変わりなどの変異系品種・系統間において，SNPマーカーの検出に有効な手法として期待されている。

　また，加工食品を対象とした原料品種識別技術の開発については，米飯などの米加工品，うどんやパン・菓子などの小麦加工品および緑茶飲料（ペットボトル）からのDNA抽出と原料品種識別技術の開発，あるいは品種がブレンドされている加工品（餡やブレンド果汁）における原料品種識別のための品種固有マーカーの開発，さらには搾汁や加熱などを行った加工製品から抽出されたDNAは，劣化や断片化が予想されることから，SNP（Single Nucleotide Polymorphism：1塩基多型）法を用いた品種特異的SNPマーカーの開発も進められている。

　アズキでは，「きたのおとめ」「しゅまり」の品種固有マーカー（岡山大学から特許申請中）が開発され，品種がブレンドされている加工品（餡）における原料品種識別と混入率（構成比）の分析に目処がついたところであり，検査現場での実用化が可能な，PCR法や電気泳動法を用いない迅速・簡易なLAMP法によるキットの市販化が間近である。

　以上に述べた，農産物と加工食品における品種識別技術の開発の現状は，平成18年度から平成22年度にかけて実施された，農林水産省委託プロジェクト「食品・農産物の表示の信頼性確保と機能性解析のための基盤技術の開発」において得られた成果を基に述べたものである。

第5章　大学・研究機関の研究動向

4.4　食品・農産物におけるDNA鑑定の実用化のあり方

　「DNA鑑定」は，容疑者の特定，親子関係の判定などの犯罪捜査の切り札として役立ったことが新聞記事やテレビニュースなどで話題になるなど，すっかり市民権を得た感があるが，ヒト以外の分野でも，農産物の品種識別での応用，さらには加工食品への適用が数多く報告されており，その利用範囲は多岐にわたっている。また，開発された品種識別技術は，米のコシヒカリ判別キットを筆頭に，公的検査機関での監視業務や市販キットとして民間検査機関などで広く利活用されている。

　しかしながら，これまで述べてきた食品・農産物における品種識別技術は，実社会において，いろいろな利用場面から期待されているものの，「DNA鑑定」として，法的措置や法廷での立証といった社会の要請に応えているのは，ほぼ技術が成熟しているヒトに関する法医学領域のみで，食品・農産物においては，いまだ学術的な成果を誇っているに過ぎないのが現状である。

　すなわち，ニュースや新聞記事で取り上げられた，小麦品種「さぬきの夢2000」の偽装表示問題やオウトウ品種「紅秀峰」の不正輸入問題などは，警察による「不正競争防止法」に基づいた不正の摘発や検挙であり，また，農産物が海外に違法に持ち出され，国際的な裁判などで品種識別結果を証拠とするなど，本来用いられるべき法的措置といった実用化場面においては，より高精度の鑑定技術とその信頼性が求められている。

　このように，開発された品種識別技術が，不当表示の抑制や不正輸入の防止，さらには育成者権のトラブルやクレームの解決や税関での偽装申請などに的確に対応するためには，学術的な目的ではなく，実用化現場での使用目的に応じた適正な品種識別マーカーの開発が必要である。このことについては，認定NPO法人 DNA鑑定学会のホームページ（http://www.dna-kanteigakkai.or.jp）に提言している「品種識別DNA鑑定研究開発のあり方」と「DNA鑑定提供までのジョブフローと規則」を基にして，DNA鑑定の実用化の現状と今後のあり方について述べる。

　農産物におけるDNA鑑定の実用化の現状と問題点として，品種識別マーカーを開発するための品種株が定義されていないため，DNA鑑定で品種が違うと判定された場合，誰のためのDNA鑑定であるかと社会問題になる。すなわち，実用化に適したDNAマーカーを開発するには，基準株（品種の基準となっている株），学術株（学術資源としての株），生産者株（生産者が商品を生産している株）および一般株（スーパーなどで売られている流通株）など，品種株の定義を一元化しておく必要がある。また，米や小麦などの農産物は毎年生産されるために，前年度の生産ロットとDNA鑑定結果が異なるケースも考えられることから，年産ごとに一定期間保管し，その年の生産物と比較してDNA鑑定を行うなど，新たな研究のアプローチが必要となる。

　また，DNA鑑定に使用する品種識別マーカーは，実用化場面を想定した開発が必要であり，学術的な目的ではなく，社会問題の解決に用いる実用化を前提に開発する必要がある。すなわち，①品種を決定するための基準品種株を決めてマーカーを開発する。②マーカーの精度は計測器の精度（バラツキ幅）を考慮して，4～5塩基以上離れたマーカーとする。③簡易検査と精密検査の2段階検査ができる方式とする。④開発終了時に再現性試験や自己検証を行った後，中立で第

三者機関による妥当性確認を実施する。⑤ISO規格やJIS規格の試験方法の様式に準拠し，誰が検査しても同じ結果の出る品種識別マニュアルを作成するなどが必要である。

一方，実用化を前提に開発した品種識別マーカーの妥当性のあり方については，妥当性とは，開発したDNAマーカーの信頼性を評価するものであり，①評価の結果は，100％の信頼性を要求するものではなく，スクリーニング検査や品種検査など目的に応じて利用するための判断とする。②評価の実施に際しては，中立的な評価を得るために，開発した機関と評価する機関は別の機関とする。③妥当性検証を実施した機関が，スクリーニング検査や品種検査などにおけるDNA鑑定の社会的な責任機関となる。④責任機関は，社会問題が発生した場合，問題のない状況下で妥当性試験を実施したことを証明できるISO17025レベルに準拠した検証機関とする。

以上のように，開発されたDNA鑑定技術は，実用化場面においては，技術の信頼性・再現性・妥当性などを客観的に保証された技術でなければならず，DNA鑑定が，本来用いられるべき法廷裁定での立証時の中立的かつ説得ある手段として，決定的な証拠となり得るか否かは，実用化場面を想定したDNA品種識別マーカーの開発が必要不可欠である。

4.5 おわりに

「DNA鑑定」について概説し，食品・農産物におけるDNA鑑定の実用化の現状と今後のあり方について述べてみた。開発された品種識別マーカーが，「DNA鑑定」と称されて，食品に対する消費者の信頼確保のために，また，育成者権を侵害して輸入されてくる農林水産品の水際（税関）での取り締まりの強化のために，かかる実用化場面での有効な技術として用いられることに期待したい。

文　献

1) A. J. Jeffreys *et al., Nature*, **316**, 76 (1985)
2) ㈱エスアールエル，「DNA親子鑑定」資料
3) 原田勝二編，ヒトDNA Polymorphism―検出技術と応用―，東洋書店 (1991)
4) 矢野博，農業および園芸，**68**, 25 (1993)
5) 勝又義直，DNA鑑定 その能力と限界，名古屋大学出版会 (2006)
6) 矢野博，DNA鑑定，**1**, 9 (2009)
7) 認定NPO法人 DNA鑑定学会 妥当性委員会，DNA鑑定，**2**, 83 (2009)

5 DNA鑑定を利用した牛肉偽装表示の防止

万年英之[*1], 笹崎晋史[*2]

5.1 はじめに

ここ数年,牛や鶏などの畜産物に関して,品種や産地の偽装表示が注目されるようになった。2001年9月に国内で初めての牛海綿状脳症(BSE)感染牛が確認され,翌月の10月には牛の全頭検査が開始されるなど,社会を揺るがす問題になった。この感染牛の発生は牛肉の安全性に対する消費者の不信やパニックを招き,牛肉の需要は激減した。さらに,このBSE問題の対策の一環として食用牛買い取り制度が施行されたが,2002年1月にいわゆる「雪印食品牛肉偽装事件」が発覚した。この事件は,オーストラリア牛肉を国産牛肉と偽って業界団体に買い取らせようとしたものである。この事件の後も牛肉偽装事件は起こっており,これらのほとんどは国産牛肉買い取り事業を悪用したものである。それに加え,2007年6月には,ミートホープ社が豚肉や鶏肉を牛肉に混合する牛肉偽装が発覚し,大きな事件となった。

牛肉偽装は様々なケースが考えられるが,大きく分けて3つのケースに分類できる。①豚肉など他畜産食肉の混合による偽装,②輸入牛肉を国産牛肉とする牛肉偽装,③国産牛肉内での牛肉偽装である。国産牛肉では和牛,特に黒毛和種は高品質牛肉を生産するが,比較的値段の安い国産牛肉であるホルスタインや交雑牛を黒毛和種とする牛肉偽装が疑われる。

これら偽装表示問題は食品流通モラルの低下が直接の原因であるが,品種や生産地を簡便に判別する科学的手段がないこともその要因となっている。正しい表示に基づく牛肉の販売は,消費者や生産者の受益といった点で非常に重要である。本節では,日本で生産・販売されている牛肉に対する説明を行い,輸入牛肉を用いた牛肉偽装および国産牛肉内での牛肉偽装について焦点を当て,これら牛肉偽装問題を解決するための技術開発とその背景について概説する。

5.2 家畜牛の系統・品種

世界の家畜牛には2大亜種である北方系牛(*Bos taurus*)とインド系牛(*Bos indicus*)が存在する。これらの形態学的な違いは,インド系牛が肩峰を持つのに対し,北方系牛は肩峰を持たない点である。また,インド系牛はインド,東南アジアそして東アフリカなどの熱帯地域に分布し,耐暑性や抗病性に優れている。一方,北方系牛はヨーロッパ,北方アジア,北米などの温帯地域に主に分布し,肉質の点でインド系牛より優れている[1]。

日本で消費される牛肉は,国産牛と輸入牛肉に大別できる。また,国産牛は肉専用牛と乳専用牛に分類できる。現在,我が国で飼育されている肉専用牛の品種としては,黒毛和種,褐色和種,無角和種,日本短角種の和牛4品種である。この和牛4品種の中でも特に黒毛和種の供用頭数は多く,その繁殖雌牛は我が国の肉用種繁殖雌牛総頭数において90%以上を占めている。一方,日

[*1] Hideyuki Mannen　神戸大学　大学院農学研究科　資源生命科学専攻　教授
[*2] Shinji Sasazaki　神戸大学　大学院農学研究科　資源生命科学専攻　講師

本で飼育されている乳専用種はほぼ全てがホルスタインである。黒毛和種とホルスタインは，両品種共に北方系牛（*Bos taurus*）に属するが，その成立起源はそれぞれ日本とヨーロッパである。黒毛和種の祖先となる日本在来牛は，弥生時代初期に朝鮮半島より日本に渡来した[2]。日本ホルスタインは明治維新後，ヨーロッパや北米から導入され，日本にとっては歴史が浅い品種といえる。

　輸入自由化以来，日本に輸入される牛肉はアメリカ産が半数を占め，残り半数がオーストラリア産である。オーストラリアで飼育されている家畜牛は，純粋品種が60％程度で交雑牛は40％程度である。交雑牛の交配様式は気候，地域，ファームによって様々である。オーストラリアでは亜熱帯～熱帯気候で多くの家畜牛が飼育されるため，耐暑性や抗病性に優れた熱帯型のブラーマン系が多く利用されている。オーストラリアでは北部と南部とで気候が異なるため，生産州によって牛品種が異なり，その交雑の程度も変わってくる。アメリカもオーストラリアと同様，広大な牧畜地帯を保有し似通った気候で畜産が行われている。アメリカ南部ではブラーマン系の牛品種も飼育されているが，アメリカではコロラド州など温帯性気候での生産が盛んである。特に日本への輸出は牛肉品質も重視されるため，アメリカからの輸入牛は概ね北方系牛であると推測できる。

5.3　偽装表示の背景

　前述した通り，国産牛は黒毛和種とホルスタイン，およびその交雑牛で大部分の国内生産牛肉割合を占める。近年の販売表示では，「黒毛和牛」や「交雑牛」の表示がなされ，国産牛肉のみの表示は概ねホルスタインであると考えればよい。ホルスタインは乳専用種であるが，雄子牛は去勢・肥育され国産牛肉として出荷されている。しかし，牛肉の輸入自由化に伴い，外国産の安価な牛肉に対抗するため，国内ではホルスタイン雌牛に黒毛和種種雄牛を交配した交雑牛の牛肉生産が盛んとなった。それに伴い，交雑牛を黒毛和種とする偽装表示が懸念されるようになり，ホルスタインも黒毛和種として販売される可能性がある。この偽装表示の一対策として，農林水産省によるトレーサビリティーシステムがあるが，この方法では個体の違いを指摘できても，品種の違いを簡単には指摘できない。したがって，このシステムを補完する意味でも，国産牛における品種を判別する技術の確立が必要であった。

5.4　国産牛の鑑別技術の開発

　黒毛和種とホルスタイン，交雑牛を識別するには，外貌比較も考えられる。しかし，牛肉偽装は主に枝肉から小売までの間に行われ，現実的には小売の精肉を鑑別する必要がある。黒毛和種と交雑牛の違いを見分けるには，黒毛和種とホルスタインとの遺伝的な違いに着目し，これらを区別できるDNAマーカーを開発することが重要である。

　このような背景から，我々はゲノムスキャニング法の一種であるAFLP法という方法を適用し，両品種間の識別可能な遺伝子領域の探索を続けた。その結果，わずか11カ所が黒毛和種とホルス

第5章　大学・研究機関の研究動向

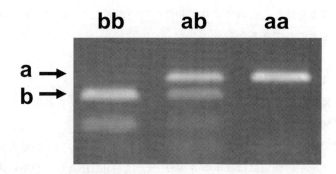

図1　PCR-RFLP法を用いたDNA鑑定例
aは黒毛和種特異的対立遺伝子，bはホルスタイン特異的対立遺伝子。

タインの間で識別が可能なDNA領域であった。この変異はホルスタインに特異的なDNA領域であり，両品種間で遺伝子頻度の差を示す。これら鑑別DNAマーカーの一例を図1に示す。理想的には，黒毛和種でaa型が100％，ホルスタインでbb型が100％で

表1　国産牛識別マーカーの遺伝子頻度

マーカー名	黒毛和種	ホルスタイン種	交雑牛
JSNP 1	0.0017	0.575	0.215
JSNP 7	0.0000	0.400	0.181
JSNP 8	0.0000	0.275	0.140
JSNP 11	0.0016	0.550	0.214

固定しているマーカーであれば，1つのマーカーで交雑牛を含む3種の識別が100％の確率で可能となる。しかし，実際にはそのようなDNA領域は見つからず，複数のマーカーを組み合わせた鑑別が必要である。

　有効であると考えられた11の鑑別マーカーの内，特に鑑別に優れていたのが，JSNP 1, 7, 8, 11の4つのDNAマーカーであった（表1）。理想的なマーカーが見つからない場合，次に候補となるマーカーの条件は以下の通りである。①両品種間で差を示すマーカーの内，黒毛和種では限りなく固定していること（表1では0％に近いほど良い），②ホルスタインで遺伝子頻度が高いこと，の2点である。①は後述する誤判別率や信頼度に，②は検出率の精度に関わってくる。

　これら4つのマーカーを使用した場合，交雑牛に対する検出率は91.7％，誤判別率が0.7％の結果を得た[3,4]。ここで検出率とは，識別する交雑牛の91.7％の個体がこの方法によって「交雑牛である」と判別される確率のことであり，誤判別率とは黒毛和種の0.7％を「交雑牛である」と誤判定する確率のことである。また，信頼度は1−(誤判別率)で算出され，0.7％の誤判別率は99.3％の信頼度を有するといえる。ここで特に重要なのは誤判別率である。なぜなら実際に判別したものが「交雑牛である」と誤判別される黒毛和種の可能性があるためである。すなわち，この値はDNA鑑別法そのものの信頼性を表す値となる。

　この鑑別法が開発されたのは2004年であり，現在このDNAマーカー検査を用いた農林水産省による検査も実施されている。我々は本システムの誤判別率を低減させるため，より信頼度の高いマーカー開発も続けてきた。2009年には，新しい6つのDNAマーカーを開発し，検出率90.43％，

誤判別率0.00%の確度を得た。これはより信頼性の高い鑑別システムであり，現在実用化に向けた検討を行っているところである。

5.5 輸入牛肉に対する鑑別技術の開発

輸入牛に対する鑑別技術の開発は，オーストラリア産牛とアメリカ産牛とで遺伝的背景が違うため，それぞれで開発を行った。

オーストラリアでは，ブラーマン系をはじめとしてインド系牛の交雑が盛んである。したがって，オーストラリア産牛の識別にはミトコンドリアDNA（mtDNA）やY染色体由来の遺伝子マーカーが有効であった。mtDNAではND5遺伝子に，Y染色体では性決定因子であるSRY遺伝子にインド系牛と北方系牛を区分可能な変異を見つけマーカーとして用いた。表2に示すように，国産牛である黒毛和種やホルスタインでは，オーストラリア産牛に特異的な対立遺伝子は観察されなかった。一方，オーストラリア産牛では，特異的対立遺伝子が適度に観察される。これらのマーカーに加え，AFLP法やBovine SNP 50 Bead Chipなどを用いた開発により，6つのDNAマーカー開発に成功している。この検出率は92.5%，誤判別率が0.00%の確度を持つ鑑定法となった[5]。

アメリカで飼育されている牛品種は，オーストラリアと類似している。しかし，日本に輸出される牛肉はインド系牛が交雑されておらず，そのDNA鑑別法の開発には別のアプローチが必要であった。近年，ウシゲノムの全塩基配列決定が行われ，高密度SNPアレイの利用が可能になった。この解析法では，数万個のSNPの遺伝子型が一度に判定できる。我々はこの解析を適用し，アメリカ産牛鑑別DNAマーカーの開発を行った結果，アメリカ産牛の識別に有効な11個のDNAマーカーの開発に成功した。すべてのマーカーを利用すると，検出率98.7%，誤判別率0.00%の確度を有し，最も効率的な5つのマーカーの使用により検出率91.2%，誤判別率0.00%の確度を持つ鑑定法の開発に成功した[6]。

これらアメリカ産牛鑑別マーカーは，オーストラリア産牛の鑑別にも有効であった。DNA検査の労力を軽減するため，これらアメリカ・オーストラリア産牛鑑別マーカーの統合も進めた結果，最も効率的な6マーカーを用いれば，両輸入牛に対し検出率90%以上，誤判別率0.00%を示すDNAマーカーの選択が可能であった[7]。これらの鑑別マーカーがアメリカ産・オーストラリア産

表2 オーストラリア産牛に対する鑑別DNAマーカー

マーカー名	国内産牛[1]	オーストラリア産牛[1]	検出率[2]	誤判別率[3]
mtDNA	0.000	0.471	0.471	0.000
Y染色体	0.000	0.194	0.151	0.000

1 オーストラリア産牛特異的な対立遺伝子頻度を示す。
2 検出率は，オーストラリア産牛を外国品種であると判定する確率を示す。
3 誤判別率は，国内産牛を誤って外国品種であると判定する確率を示す。

輸入牛肉を識別する有効かつ効率的なマーカーであると結論付け，現在実用化に向け妥当性確認を急いでいるところである。

5.6 まとめ

我々は牛肉の偽装表示の問題解決に貢献すべく，国産牛や輸入牛肉を識別可能なDNAマーカーの開発に取組んできた。これらの鑑別法が開発されたのは2004〜2010年である。これら鑑別法の一部は，既に検査に用いられているが，新規DNAマーカーは妥当性確認を経て，官民による検査の実施が期待されている。このような鑑別法は，実際に「不当表示」をするものがいなければ，必要がない。しかし，これまでの我が国の表示制度や消費者が持つ不安を考えた場合，このような科学技術に基づいた抑止力は必要となるであろう。

文　　献

1) 万年英之ほか，アジアの在来家畜，名古屋大学出版会（2009）
2) H. Mannen *et al.*, *Genetics*, **150**, 1169 (1998)
3) S. Sasazaki *et al.*, *Meat Sci.*, **67**, 275 (2004)
4) S. Sasazaki *et al.*, *Asian-Aust. J. Anim. Sci.*, **19**, 1106 (2006)
5) S. Sasazaki *et al.*, *Meat Sci.*, **77**, 161 (2007)
6) Y. Suekawa *et al.*, *Meat Sci.*, **85**, 285 (2010)
7) S. Sasazaki *et al.*, *Anim. Sci. J.* (in press)

6 残留農薬を見逃さない検出・除去バイオ細胞センサー技術の開発

末　信一朗*

6.1 はじめに

　強い神経毒性をもつ有機リン化合物は農薬や殺虫剤として世界中で広く使用されてきた。有機リン化合物は，最も毒性の高い神経伝達阻害物質として開発され，パラオキソンやパラチオンなどが農薬や殺虫剤として使用されてきた。殺虫剤として使用される種々の有機リン化合物の構造とそれらの半数致死量（LD_{50}）を図1および表1に示す[1]。しかし，このような有機リン系農薬は人体にも有害であり，残留農薬を長期間摂取したことによる慢性中毒や，周辺の水源や土壌汚染を引き起こす[2]。このため，現在の日本においては毒性の強い有機リン系農薬の製造，使用は禁止されているが，その効能を優先し製造，使用を認めている国が存在する。そのため，有機リン系農薬による輸入農作物の汚染が問題となっており，2002年には輸入ほうれん草に有機リン系農薬が残留していたなどの事例がある。現在，輸入農薬物に対する有機リン系農薬分析の公定法には，GC/MSまたはLC/MSを用いた分析法が用いられている[2]。この方法では，破砕サンプルから多数の有機溶媒やカラムを用いた多数の精製や濃縮を必要とする。これらの操作によって極めて高感度に有機リン系農薬の検出が可能となるが，多段階の工程において多量の有毒廃液を排出し，操作には分析者の熟練の技術や多くの時間を要する。このため，食物の鮮度に影響が出ることや検査結果が判明する前に汚染作物が市場に出回る可能性も考えられ，輸入農作物に付着した残留農薬の迅速，簡便かつ高感度な検出法が望まれている。

　ここでは，有機リン系農薬の迅速かつ高感度な蛍光検出が可能な*Flavobacterium* sp.由来の有機リン加水分解酵素（OPH）と蛍光タンパク質（GFP）を組み合わせた有機リンバイオセンシングについて紹介する。

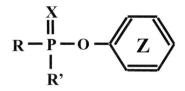

図1　有機リン化合物の化学構造

表1　各種有機リン化合物とLD_{50}

OPs	X	R	R'	Z	LD_{50} (mg/kg)
パラオキソン	O	C_2H_5O	C_2H_5O	4-NO_2	―
パラチオン	S	C_2H_5O	CH_3O	4-NO_2	2
メチルパラチオン	S	CH_3O	CH_3O	4-NO_2	14
EPN	S	C_2H_5O	C_2H_5O	4-NO_2	36

---

*　Shin-ichiro Suye　福井大学　大学院工学研究科　生物応用化学専攻　教授

第5章　大学・研究機関の研究動向

6.2　OPHを用いた有機リン系農薬のバイオセンシング

　OPHは様々な有機リン化合物や有機リン系農薬に対して高い分解活性を有し，毒性の低い化学種に加水分解する（図2）[3~5]。この反応により，電極活物質であるp-nitrophenol（PNP）が生成する他，酵素分子近傍のpH値が変化を生じる。このため，PNPの電気化学的検出や微小なpH変化をモニターすることで有機リン化合物の測定が可能となる。OPHを用いた有機リンバイオセンシングでは，pH電極にOPHを固定化したセンサやpH感受性蛍光物質と組み合わせた蛍光センシングなどが提案されている。例えば，Mulchandaniらは大腸菌 *Escherichia coli* の細胞表層上に，氷核形成タンパク質（Ice nucleation protein）をアンカータンパク質としてOPHを固定化し，その細胞を分子識別素子として用いた[6]。OPHの細胞表層提示では，酵素は細胞を担体として固定化されるため，培養細胞を洗浄するだけでそのまま固定化生体触媒として利用可能である。大腸菌の細胞表層に提示されたOPHは3週間活性を保持し，表層提示による大腸菌の生育阻害は認められなかった。表層提示大腸菌を簡単に培養できるので，識別素子としてだけでなく有機リン化合物汚染地域でのバイオレメディエーションへの応用も考えられる。さらにMulchandaniらは，PNPを資化することのできる *Moraxella* sp. の細胞表層上にOPHを固定化し，酵素反応で生じたPNPの資化に伴う酸素消費量を測定することで有機リン系農薬を定量するバイオセンサを構築した[7]。ここでは，PNP代謝に伴う酸素消費をクラーク型酸素電極をデバイスとして用いて検出している。検出された酸素消費量は，パラオキソン濃度に比例して増加し，$0.1\mu M$のパラオキソンまで検出可能であった。また，このセンサは加水分解によってPNPを生成しない他の有機リン化合物や，作用の異なる農薬に対しては反応を示さず高い選択性を示した。

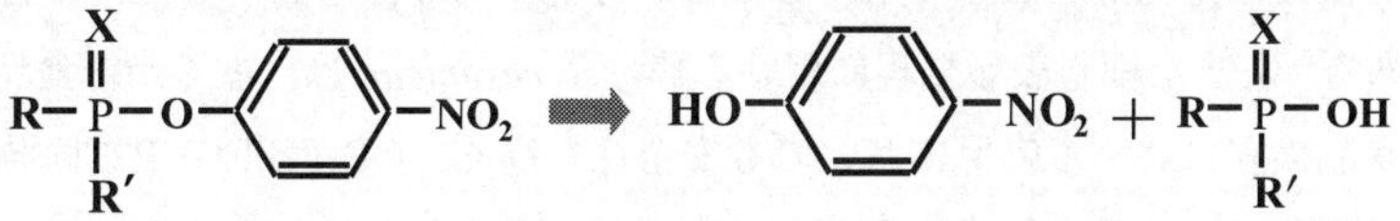

図2　OPHによる有機リン化合物の加水分解

6.3　酵母細胞表層工学を用いた有機リン検出用生体触媒

　一方，我々はOPHが有機リン化合物を加水分解する際に，プロトンを解離して酵素近傍のpH値を酸性に傾けることによる局所的なpH変化をモニターするため，pHレポーターとしてオワンクラゲ *Aequorea victoria* 由来の蛍光タンパク質であるGreen Fluorescent Protein（GFP）の改変型タンパク質であるEGFP[8]を組み合わせることに焦点をあてた。EGFPはpH感受性でありpH値によって蛍光強度が変化する。そのため，OPHとEGFPを組み合わせることで，OPHによるOPsの加水分解反応に伴うpH変化をEGFPの蛍光強度変化としてモニターすることが可能であるため，EGFPの蛍光強度から有機リン化合物をモニターする検出系の構築が可能である（図3）。ここでは，OPHとEGFPの局所的な反応を円滑にするための有効な手段として，細胞表層工学を用

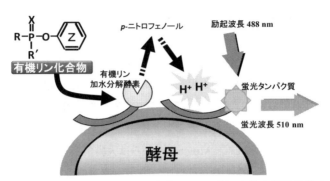

図3　有機リン加水分解酵素と蛍光タンパク質の細胞表層提示酵母

いた。細胞表層工学とは，京都大学大学院　植田充美教授のグループによって提唱された細胞表層上に外来タンパク質を提示する技術である[9~11]。この技術は酵母 Saccharomyces cerevisiae 由来の細胞表層提示タンパク質であるα-アグルチニンなどのアンカータンパク質と酵素などの異種タンパク質を遺伝子工学的に融合させることで，細胞表層上に目的タンパク質を安定した状態で発現・提示する技術である。一般的なタンパク質発現系である細胞内発現または細胞外分泌発現と異なり，細胞表層提示系では外来タンパク質が細胞内に蓄積することがないので，タンパク質の細胞毒性やインクルージョンボディが問題とならない。また，発現したタンパク質を精製するために細胞破砕を行い，種々のカラムクロマトグラフィーによる分離などの煩雑な工程が不要である。また細胞表層発現系では，タンパク質は細胞を担体として固定化されるため，酵母表層上に提示した細胞を直接固定化酵素として用いることが可能であり，培養するだけで目的の酵素が得られる利点がある[12]。また細胞表層発現に用いる酵母 S. cerevisiae は，古くから食品の製造に用いられており，食品検査に対する応用においても安全性が高く，OPHとEGFPを同時に細胞表層上に提示した酵母細胞は，食品を検査対象として有機リン化合物を検出するためのセンサ素子として利用することが適している。

6.3.1　OPHとEGFPの細胞表層上への共発現系の構築

OPHおよびEGFP表層発現系のため，種々のプラスミドを構築し酵素活性を検討した結果，Flo1pアンカーシステムを用いてOPHとEGFPを共発現させた場合が最も大きなOPH活性とEGFPの蛍光が確認された。Flo1pアンカーシステムは神戸大学大学院　近藤昭彦教授のグループによって構築された，新規の表層提示法であり，凝集性酵母におけるレクチン様タンパク質で，細胞表層グルカン層と相互作用する凝集機能ドメインをもつ[13, 14]。

一方で，α-アグルチニンアンカーシステムを用いてEGFPと共発現させた場合，OPH活性は著しく低下し約15~20%の活性であった。これはOPHの細胞表層上での分子配向と酵素活性との関係が影響しているものと考えられる。またEGFPは両者のアンカーシステムでも蛍光性に問題はなかったが，共発現系では，プロモーター制御の影響でα-アグルチニンアンカーシステムを用い

第5章　大学・研究機関の研究動向

たEGFPの表層提示後にOPHが表層提示されるため，OPHが表層に提示されるスペースが少なくOPH提示数が少なくなったものと考えられる。そこでFlo1pアンカーシステムを用いてOPHとEGFPを表層提示させることで，同時期でのOPHとEGFP表層提示が可能となり，OPHの表層提示数を増加させることができた[15, 16]。

6.3.2　水ガラスに固定したOPH-EGFP共発現酵母での有機リン化合物に対する蛍光応答

一方で，作製したOPH-EGFP共発現酵母の懸濁液では，パラオキソンに対する蛍光消光の応答が見られなかった。これはpH変化が微小であることに加えて蛍光が観測できるような大量の細胞を含んだ懸濁液では蛍光強度の低下を観測できなかったためである。そこで，酵母細胞をケイ酸ナトリウムゾルゲルガラス中に固定して細胞1個レベルでの応答を確認するようなバイオセンシングシステムの構築を行った。ケイ酸ナトリウム溶液を調製し，そこに共発現酵母を加えてスラ

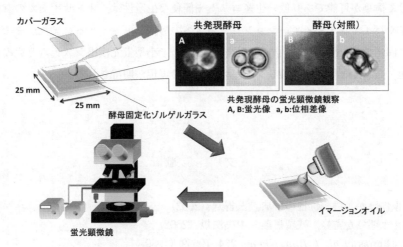

図4　OPH-EGFP共発現酵母ドープケイ酸ナトリウムゾルゲルガラスの蛍光観察

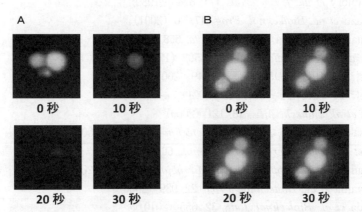

図5　ゾルゲルガラス中に封じ込めたOPH-EGFP共発現酵母の有機リン化合物に対する応答
A：10 mMパラオキソン，B：10％メタノール（対照）

イドガラスに滴下しスピンコートした後に4℃にて24時間エイジングを行うことで酵母細胞を封入したゾルゲルガラスデバイスを構築した。作製した共発現酵母ドープケイ酸ナトリウムゾルゲルガラス上に3 μl のパラオキソン溶液を添加しカバーガラスを被せ，その後にカバーガラスのすき間から，ゾルゲルガラス内に封入された酵母細胞上のEGFPの応答を蛍光顕微鏡にて観察した（図4）。図5に示すように10 mMパラオキソンを添加した際は速やかに蛍光の消光が始まり20秒後には完全に蛍光が消失した。一方，対照として10%メタノール溶液を添加した場合には，8分後でも蛍光の消失は見られなかった。20 μMパラオキソンを添加した際には蛍光強度の減少速度は遅くなったが，6分以内に完全に蛍光は消失した[17]。

6.4 おわりに

微生物細胞表層上にOPHを固定化し細胞全体を酵素やセンサとして利用する方法は，細胞を培養するだけで構築が可能であり低い生産コストや簡便な生産性は，オンサイトでの有機リン検出キット量産やバイオレメディエーションビジネスへの応用を可能とする。また，ここで紹介したガラス内に固定された酵母は平面チップ化できるため，小型蛍光検出システムと組み合わせることで，迅速・高感度な可搬型有機リンバイオセンサの実現が期待される。

文　献

1) 植村振作ほか，農薬毒性の辞典，三省堂 (2002)
2) 細貝祐太郎ほか監修，残留農薬，中央法規 (2002)
3) D. P. Dumas *et al., J. Biol. Chem.,* **264**, 19659 (1989)
4) G. A. Omburo *et al., J. Biol. Chem.,* **267**, 13278 (1992)
5) W. W. Mulbry *et al., J. Bacteriol.,* **171**, 6740 (1989)
6) M. Shimazu *et al., Biotechnol. Prog.,* **17**, 76 (2001)
7) A. Mulchandani *et al., Anal. Chim. Acta,* **568**, 217 (2006)
8) T. Yang *et al., Nucl. Acids. Res.,* **24**, 4592 (1996)
9) 植田充美ほか，*BIO INDUSTRY,* **18**, 49 (2001)
10) 植田充美ほか，現代化学，**361**, 48 (2001)
11) M. Ueda *et al., Biotech. Adv.,* **18**, 121 (2000)
12) S. Shibasaki *et al., Appl. Microbiol. Biotechnol.,* **55**, 471 (2001)
13) N. Sato *et al., Appl. Microbiol. Biotechnol.,* **60**, 469 (2002)
14) T. Matsumoto *et al., Appl. Environ. Microbiol.,* **68**, 4517 (2002)
15) K. Takayama *et al., Biotechnol. Prog.,* **22**, 939 (2006)
16) T. Fukuda *et al., Biotechnol. Lett.,* **32**, 655 (2010)
17) T. Fukuda *et al., Biotechnol. J.,* **5**, 515 (2010)

7 安全・安心な植物促進増産の新手法の開発とその機構解析

黒田浩一[*1], 植田充美[*2]

7.1 はじめに

　急激な人口増加，食糧と競合するバイオマスを原料としたバイオ燃料生産に伴い，近年地球規模での深刻な食糧不足が問題となっており，食用作物の増産が不可欠となってきている。また，将来の化石資源枯渇に向けて，バイオマスを原料とした環境調和型のバイオ燃料生産が積極的に導入されつつあり，食糧と競合しないバイオマスを原料とする技術も大きく進歩しつつある。しかし，原料となる植物バイオマスの価格高騰を招いており，食用作物だけでなくバイオ燃料の原料となるエネルギー用作物の増産も重要な課題として挙げられる[1]。植物増産に向けた戦略として，各種環境ストレスに対する耐性強化や生育速度の加速が期待されるものの，遺伝子組換え技術を用いて作出された植物に対する一般社会の風当たりは強く，現状では遺伝子組換えを用いない技術の利用が望ましい。さらに，遺伝子組換えを用いなくても安全性と環境への負荷が考慮されたものでなければ理想的な技術とはいえない。本節では，安全性が確かめられており，様々な食品中に用いられている糖アルコールを用いた新たな生育促進と，その促進機構について解析した結果を紹介する。

7.2 糖アルコールとその性質

　糖アルコールは植物の果実や発酵食品中に存在する安全性の高い食品素材であり，ぶどう糖や麦芽糖などに水素を添加してアルコール構造にした糖質である。ソルビトール，キシリトール，マンニトール，エリスリトールなどが代表的な糖アルコールとして挙げられるが，エリスリトールに関してはグルコースを原料に発酵によって生産されている[2]。糖アルコールは熱安定性を有し，分子内に還元基・還元性末端を持たないため，砂糖や水あめと異なり褐変性を示さない。また微生物が繁殖しにくく，非う蝕性を有し[3]，ヒトの消化性酵素では消化吸収されないことから低カロリー性も示す[4]。エリスリトール（図1）もこのような糖アルコールの1つであり，果実やキノコだけでなく，醤油や味噌といった日本の食材中にも存在し，近年市場が拡大している特定保健用食品の関与成分として認められており，歯の健康維持や低カロリー性を利用した機能性甘味料として飲料，和洋菓子，健康食品，卓上甘味料など様々な食品中で使用されている。エリスリトールは上述の糖アルコールとしての特徴の他に，ラジカルスカベンジ能といった興味深い性質を持つことも知られている[5,6]。電子共鳴スピン（ESR）スピントラップ法や改変デオキシリボース法により，フェントン反応で生じるヒドロキシルラジカルを分析したところ，エリスリトールによりヒドロキシルラジカルを効率的に消去することが確認されている。ラジカルは生体内で酸化還元系の代謝中間体として生成したり，放射線や紫外線によって生成するが，ヒドロキシ

[*1] Kouichi Kuroda　京都大学大学院　農学研究科　応用生命科学専攻　准教授
[*2] Mitsuyoshi Ueda　京都大学大学院　農学研究科　応用生命科学専攻　教授

ルラジカルに代表される活性酸素が生体分子に損傷を与え，生体機能に負の影響を及ぼしている。したがって，生体にエリスリトールを与えることにより，有害なラジカルの消去，酸化ストレスの緩和を促し，生育を促進することも可能ではないかと考えられた。また，エリスリトールが果実やキノコに含まれることから，何らかの生物学的意義を有し，特に植物体の代謝・生育に深く関与していると考え，エリスリトール存在下にて植物や菌類の栽培試験を行った[7〜9]。

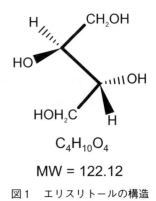

図1 エリスリトールの構造

7.3 エリスリトールによる生育促進作用

エリスリトールによる生育への影響を調べるため，ニンニク，カイワレダイコン，シイタケにエリスリトールを投与して生育させた[8,9]。炭素源として様々な濃度のエリスリトールを含む培地にて，カイワレダイコン（*Raphanus sativus*）を25℃，280 Lux，8時間明期条件下で生育させたところ，コントロール（グルコース添加培地にて生育させたもの）と比べて地上部の背丈が伸び，0.05％の濃度で加えた際に最も生育が良好であった。さらに実体顕微鏡で根の形態を観察したところ，エリスリトール添加培地にて生育させることにより，主根がより太く，根毛の発達が見られた。また，カイワレダイコンが最終的な最大の大きさまで生育するのに要する時間が約2週間短縮される結果となった。

次に，ニンニク（*Allium sativum*）の鱗片を培養土に植え，各濃度（0.01，0.05，0.5，5％）のエリスリトール水溶液50 mLを1日に1回散水し，25℃，280 Lux，8時間明期条件下でニンニクの生育を調べた（写真1）。その結果，0.05％のエリスリトールを与えて生育させた場合にコントロールと比べて発芽が約2日早くなるとともに，発芽後の地上部の生育自体も促進された。ま

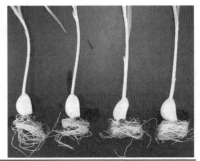

エリスリトール濃度	蒸留水	0.01%	0.05%	0.5%
根の湿重量(g)	1.7	1.9	2.1	0.9
芽出に要した時間(days)	8.4	8.3	6.1	9.1

写真1 エリスリトール添加によるニンニクの生育促進
芽出後17日生育させた後の写真を示す。

第5章 大学・研究機関の研究動向

蒸留水　　　　エリスリトール
写真2　エリスリトールによるシイタケの生育促進
写真は蒸留水（左）あるいは0.5％エリスリトール（右）に浸漬後，11日目の写真を示す。

た，根部に関しても重量測定により生育を比較したところ，0.05％のエリスリトールにより根部の生育も向上していることが分かった。しかし，0.5％のエリスリトールを与えた場合には，発芽率や生育速度の低下が見られたため，過剰なエリスリトールは細胞にとってストレスとなり，生育促進作用を発揮するのに最適なエリスリトール濃度条件の存在が示唆された。

　エリスリトールはキノコ類でも実際に作られているため，シイタケ（*Lentinula edodes*）のような菌類においても生体内で生理的役割を担っている可能性が考えられる。そこで市販の菌床キットを用い，各濃度（0.05, 0.5, 5％）のエリスリトール水溶液に浸漬させ，発茸後は1日1回蒸留水を噴霧し，8時間明期（25℃），16時間暗期（4℃）の条件下で生育を調べた（写真2）。その結果，0.5％および0.05％のエリスリトールに浸漬させた際，エリスリトールを加えていないコントロールと比べて子実体の生育促進が観察された[8,9]。特に0.5％のエリスリトールを浸漬させた際，生育促進が最も顕著であり，子実体の生育が約2日間短縮された。したがって，植物だけでなくシイタケのような菌類に対してもエリスリトールが生育促進作用を示すことが分かった。

7.4　トランスクリプトームによる生育促進機構の解析

　次に，エリスリトールによる生育促進作用のメカニズムを解明するために，モデル植物であり，ゲノム情報を利用することのできるシロイヌナズナ（*Arabidopsis thaliana*）に着目した。まず，シロイヌナズナにおいても上述のような生育促進作用が見られるかどうか調べるため，20mMのエリスリトールをシロイヌナズナ生育用MS寒天培地（2％スクロース）に加え，その生育を観察した（写真3）。その結果，根部においてエリスリトール添加により主根の長さや側根の形成促進が見られた[8,9]。興味深いことに，同じ糖アルコールであるマンニトールをシロイヌナズナに加えた際には逆に生育阻害を引き起こし，植物や菌類の生育促進作用はエリスリトール特有の現象であることが分かった。このように，シロイヌナズナにおいてもエリスリトールによる生育促進作用が見られたため，シロイヌナズナを対象として生育促進のメカニズム解明を試みた。

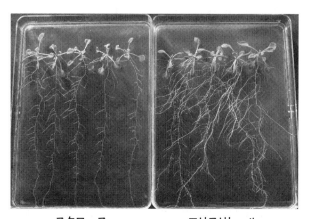

写真3　エリスリトールによるシロイヌナズナの生育促進
MS培地に20 mM スクロース（左）あるいは20 mM エリスリトール（右）を加えて発芽後14日間生育させた後の写真を示す。

　生育促進メカニズムの解明に向け，シロイヌナズナにおけるトランスクリプトーム解析を行うことによって，エリスリトール添加による転写レベルの変動を網羅的に解析し，生育促進に関わる因子の同定を試みた。エリスリトール含有培地にてシロイヌナズナを生育させ，発芽後11日目の植物体から生育促進が顕著であった根部を切り出してTotal RNAを抽出したのち，DNAマイクロアレイを用いてトランスクリプトーム解析を行い，エリスリトール添加により転写量の変動した遺伝子を調べた。その結果，エリスリトール添加により，転写レベルが3倍以上増加した遺伝子が95個，逆に3倍以上減少した遺伝子が127個検出された。転写レベルが変動した遺伝子群の中で注目すべき因子として，酸化還元酵素であるCu, Zn-superoxide dismutase（SOD）が大きく転写誘導されていることが分かった。具体的にはSOD関連遺伝子である*CSD1*，*CSD2*の転写レベルの増加，*FSD1*の転写レベルの減少が見られたため，これらの3つの遺伝子に着目し，qRT-PCRを用いてエリスリトール添加による転写量の変動を経時的に測定した（図2）。その結果，これら3つの遺伝子は播種後2週間から4週間の間持続してDNAマイクロアレイ解析結果と同様の転写変動を示すことが分かった。また，24時間以内での変動を調べるとエリスリトール添加培地移植後6時間で同様の転写変動が誘導されることも分かった。

　植物は通常の環境条件下においても様々なストレスにさらされ，生育不良・褐変・落葉などの傷害を受けるが，その傷害の原因の1つとして有毒な活性酸素の発生が挙げられる[10]。上記のように，エリスリトール添加により，活性酸素消去能を持つSOD関連遺伝子の転写変動が見られたため，SOD活性の変化により活性酸素消去能が向上したことによって生育が促進された可能性が考えられる。そこで次に，活性酸素種を発生させる農薬の一種であるパラコート[11]を加えてシロイヌナズナの生育を調べたところ，エリスリトールを添加することによってパラコートによる生

第5章　大学・研究機関の研究動向

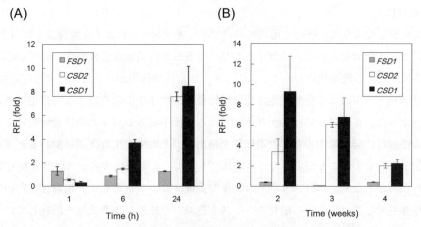

図2　qRT-PCRによるSOD関連遺伝子の転写レベルの経時的測定
(A)24時間以内での経時的測定，(B)2〜4週間での経時的測定

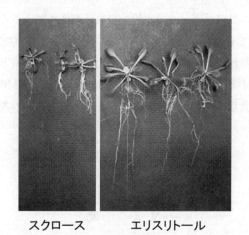

写真4　酸化ストレスを与えた条件下でのシロイヌナズナの生育
1 mMのパラコートを含むMS培地に20 mM スクロース（左）あるいは20 mM
エリスリトール（右）を加えて発芽後18日間生育させた後の写真を示す。

育阻害が顕著に軽減された（写真4）。さらに，エリスリトール添加培地にて生育させたシロイヌナズナの根部を切り出し，SOD assay kit-WSTによってそのSOD活性（U/g）を測定したところ，コントロールでは60.5であったのに対し，エリスリトールを添加した場合では2倍以上の134.7を示した。このことから，エリスリトールを添加した結果SOD活性が上昇し，細胞内の酸化ストレスを緩和していることが示唆された。

7.5 おわりに

本節にて紹介したように，植物や菌類においてエリスリトールによる生育促進が明らかとなり，特に根部において顕著であった。添加するエリスリトールの最適な濃度範囲の存在が示唆されたため，条件検討による最適化を行うことによって，生育促進作用がさらに向上する可能性もある。また，エリスリトールによる生育促進作用は植物種や植物体中の部位によって作用の強さが異なることも分かった。さらにシロイヌナズナにおける遺伝子転写レベルの網羅的解析により，エリスリトール添加時に発現量の変化した遺伝子を検出し，その中で生育促進に関わると思われる幾つかの遺伝子を同定することができた。エリスリトールによる酸化ストレス耐性の向上やSOD活性の増大が明らかとなり，エリスリトールの生育促進メカニズムとして，植物細胞内の活性酸素消去能を増強させることによって酸化ストレスを軽減した結果，生育促進を誘起していることが示唆された。今回同定した生育促進関連因子を植物に導入することによって，遺伝子組換えが問題となる食用作物以外の様々な植物の生育を早めることも可能ではないかと考えられる。エリスリトールを含めた糖アルコールは安全性が高く，食品素材として安価かつ多量に流通しているものの，生育促進に用いられた例はこれまで報告されていない。同様の生育促進作用を示す窒素・リン系肥料と比較して，エリスリトールは環境への負荷が極めて小さく，安全性も実証されているため生育促進技術として有用であると考えられる。また，近年のGMO問題により遺伝子組換え作物が敬遠されている状況において，遺伝子組換えを用いない技術としての利点も持ち合わせている。エリスリトールは安全性が高い食品素材であると同時に，GMO問題にも抵触しない新たな生育促進剤として今後食用作物やエネルギー作物を含めた広範囲な適用につながると期待される。

文　献

1) 植田充美, *BIO INDUSTRY*, **24**, 62（2007）
2) H. Ishizuka *et al.*, *J. Ferment. Bioeng.*, **68**, 310（1989）
3) W. O. Bernt *et al.*, *Regul. Toxicol. Pharmacol.*, **24**, 191（1996）
4) K. Noda, T. Oku, *J. Nutr.*, **122**, 1266（1992）
5) 進士和典, 特開2001-26536
6) G. J. M. den Hartog *et al.*, *Nutrition*, **26**, 449（2010）
7) 黒田浩一ほか, *BIO INDUSTRY*, **25**, 20（2008）
8) K. Kuroda *et al.*, *Plant Biotechnol.*, **25**, 489（2008）
9) 黒田浩一ほか, *FFI Journal*, **213**, 708（2008）
10) O. Blokhina *et al.*, *Ann. Bot.*, **91**, 179（2003）
11) T. Fukushima *et al.*, *Environ. Health Prev. Med.*, **7**, 89（2002）

8 完全養殖クロマグロのブランド化とトレーサビリティ手法

家戸敬太郎*

8.1 完全養殖クロマグロ

　太平洋クロマグロ（*Thunnus orientalis*）はスズキ目サバ科に属し，世界で8種存在するマグロ属の中でも，大西洋クロマグロ（*T. thynnus*）とともに有用魚類中最大型種で，漁獲量が少なく肉質が極めて優れることから最高級魚として取り扱われ，蓄養や養殖も盛んに行われている[1]。高値で取引されることから，クロマグロの漁業は盛んに行われ，さらに蓄養および養殖用の原魚も天然魚を漁獲して用いられてきたことから，乱獲による資源の減少が世界的に大きな問題となっており，2010年カタール・ドーハで開催されたワシントン条約締約国会議で大西洋・地中海産クロマグロの国際商業取引を原則禁止するモナコ提案について協議されるに至った[2]。こうした中，クロマグロの資源管理はマグロの最大消費国である我が国における重大な問題となっており，特にクロマグロ幼魚（種苗）を人工的に生産して養殖あるいは放流に用いることで資源保護を行うための技術開発は喫緊の課題である。

　クロマグロ養殖の端緒は1970年に水産庁遠洋水産研究所が開始した複数の研究機関によるプロジェクト研究「マグロ類養殖技術開発企業化試験」に始まる。近畿大学もこのプロジェクトに参加し，和歌山県串本町において養成親魚からの自然産卵を目指したが，クロマグロの天然幼魚（ヨコワ）は網いけすへの活け込み後の生残率が低く，当初の3か年のプロジェクト終了まもなく，他の研究機関は養殖技術の開発から撤退し，最終的に続行したのは近畿大学のみとなった[1]。近畿大学ではその後独自に養殖技術の開発に関する様々な工夫を進めた。一例を挙げると，クロマグロは皮膚がスレに弱く，魚体を素手で触るとその部分がただれて感染症などを引き起こし死んでしまうことが多かったことから，ヨコワを釣り上げるときに戻しのない釣り針を用い，魚体に触れることなく針を外す方法を考案したり，釣り上げた幼魚をいったん海水を入れたバケツで鎮静化させてから活魚船内の水槽に移したりするなど，ヨコワからの養殖に必要な暫定技術の開発を果たした。その結果，1974年度にはヨコワの活け込みから本格的な親魚までの飼育技術を開発した[3]。この1974年のヨコワの活け込みでは生残率も当時としては画期的に高く，満5歳にまで成長した1979年には世界で初めて網いけす内での自然産卵が確認されている。この親魚は1980年および1982年にも産卵し，それぞれの受精卵からの飼育が試みられた[3]。飼育実験は1979，1980および1982年に述べ10数回にわたって試みられたが，仔魚期の初期減耗が激しいうえに，稚魚期までの飼育には成功してもそれ以後の減耗が激しく，全長10cm以上に育てることはできなかった。加えてその後11年間にわたり，養成親魚からの産卵は途絶えた。

　産卵行動がみられなくなってから12年目の1994年7月3日に1987年産親魚が待望の自然産卵を開始した。産卵は1998年までの5年間の間に4シーズンで認められた。年毎に初期減耗の原因究明を進め，孵化後10日目までの初期減耗（浮上死および沈降死）[4]，孵化後10日目以降稚魚期ま

---

*　Keitaro Kato　近畿大学　水産研究所　准教授

でに頻繁にみられる共食い[5]，さらには海上の網いけすへ移動した（沖出し）後の衝突死[5]が大量へい死の主な原因であることを確認した。これらの解明された原因に基づいて，水槽内の飼育水の流動コントロールによる浮上死および沈降死の防止，イシダイなどの生きた孵化仔魚の大量給餌による共食い防止，沖出し後の網いけすでの夜間電照による衝突死の防止など有効な対策の開発を進めた結果，少しずつ人工生産した魚が生き残るようになり，2002年には1995年および1996年に卵から人工的に育てた魚が親となって産卵した。これによって，クロマグロのライフサイクルの全てを人間が管理するいわゆる「完全養殖」に世界で初めて成功した[6]。この完全養殖の達成までには1970年にクロマグロ養殖の研究を開始してから何と32年の月日を要している。

さらに，近畿大学では産業規模でのクロマグロの種苗量産に関する研究開発を進めてきた結果，2007年には完全養殖クロマグロ第3世代を生産し，世界で初めて人工種苗約1,500尾を養殖業者に出荷した。さらに2008年には5,000尾以上，2009年には3万尾の人工種苗の出荷を実現した[7]。この尾数は国内での養殖尾数の約1割に相当する。

8.2　ブランド化戦略

近畿大学では，養殖試験開始当初から養殖したクロマグロを出荷してきており，市場においてもその品質において評価を得ることができるようになった。そこで2005年に近畿大学で養殖したクロマグロに関して「近大マグロ／キンダイマグロ」として商標登録（第4933272号）し，そのブランド化を進めている。また最近ではアメリカ向けにもクロマグロの出荷を行っていて，天然資源に影響しない完全養殖の養殖クロマグロとして高い評価を得ており，アメリカでも「Kindai」ブランドとして2009年に商標登録（Reg. No. 3,623,579）が認められた。

近畿大学で生産された養殖魚あるいは養殖用種苗は，2003年に設立された㈱アーマリン近大が販売している。国内外に出荷される完全養殖クロマグロには，㈱アーマリン近大が発行する卒業

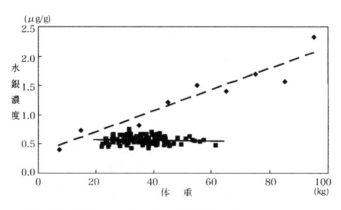

■：完全養殖クロマグロ；◆：地中海産天然クロマグロ．

図1　体重が増えても水銀濃度が上がらない完全養殖クロマグロ[8]

第5章　大学・研究機関の研究動向

証書が添付されており，この卒業証書が後述するトレーサビリティに重要な役割を果たしていて，安全・安心を提供するブランドとしての地位向上に一役買っている。

完全養殖クロマグロの最大のセールスポイントは，天然資源の減少が危惧されているクロマグロについて天然資源に全く依存せずに生産している点であるが，近畿大学ではその安全性に関する取り組みも積極的に行っている[8]。海洋において食物連鎖の最上位に位置するマグロは，水銀などの有害物質を蓄積しやすいという指摘がなされており，アメリカFDAは妊婦，授乳中の女性および子供のマグロ摂取量制限の勧告を行っている[9]。また，日本の厚生労働省は通達として，総水銀濃度が$0.4\mu g/g$を上回る魚介類の出荷の自粛を呼びかけている。近畿大学ではこの完全養殖クロマグロの水銀含量を測定した結果，残念ながら暫定基準値の$0.4\mu g/g$よりもやや高い$0.6\mu g/g$前後であった。しかしながら，図1に示した通り，養殖したクロマグロは天然クロマグロよりも水銀含量は低い傾向にあり，天然魚の場合には成長に伴い水銀含量が増加するが養殖魚の場合はほぼ一定のレベルで推移することが明らかとなった[10]。つまり養殖クロマグロは特に大型魚においては天然魚よりも水銀濃度が低いと考えることができる。さらに，暫定基準値をクリアできる養殖クロマグロの生産方法について検討した[11]。通常クロマグロの養殖には餌料として主に冷

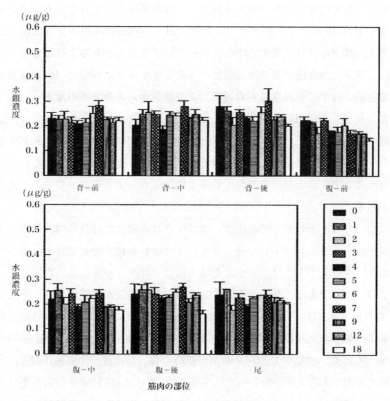

背．背部；腹．腹部；前．前部；中．中部；後．後部；尾．尾部．右の数字は飼育月数．
図2　マアジおよびイカナゴを摂餌した養殖クロマグロ筋肉の部位別水銀濃度[8]

凍のサバが用いられるが，水銀含量の低いイカナゴおよびアジを餌料として用いてクロマグロの水銀レベルを調べた。水銀濃度が約0.052 μg/gのゴマサバと平均水銀濃度が約0.019 μg/gのマアジおよびイカナゴを餌料として用いて18～19カ月間飼育した結果，ゴマサバを与えた場合には水銀含量は実験開始5カ月目あたりから上昇し始め，飼育終了時には約0.6 μg/gに達したのに対し，マアジおよびイカナゴを与えた場合には水銀含量は0.2～0.3 μg/gあたりで一定値を示し，増加する傾向は全くみられなかった（図2）。マアジおよびイカナゴを与えた場合のクロマグロの水銀含量は厚生労働省の暫定基準値である0.4 μg/gをクリアしており，この基準値に適合するクロマグロの養殖方法の開発に初めて成功したといえる。

　前述の通り，2007年から完全養殖クロマグロの養殖用種苗の出荷も開始しているが，その種苗を購入して養殖した業者が生産・販売する場合には，近畿大学で製品まで育てて出荷する前述の「近大マグロ」ブランドではなく，独自のブランドでの販売をお願いしている。ただし，天然資源に依存しない完全養殖クロマグロの種苗を使用しているという点については重要なセールスポイントとなることから，近畿大学から近大産種苗であることを示すロゴマークを提供している。

8.3　トレーサビリティ手法

　近畿大学が養殖して出荷した魚（種苗を除く）には卒業証書が添付される。その卒業証書には二次元バーコード（QRコード）がプリントされており，携帯電話のカメラ機能でこのバーコードを読み取ると，㈱アーマリン近大のホームページにアクセスできるようになっている。ホームページ上では，購入した魚種の魚の生産履歴をみることができ，採卵に用いた親魚の履歴，陸上水槽および海上網いけすでの稚魚の飼育履歴および稚魚から成魚までの海上いけすでの養殖履歴に関する情報（使用した餌飼料，投薬履歴など）が提供されている。これにより，消費者は買い物するその場所において，自分が購入しようとするクロマグロの生産履歴を確認することができる。このシステムを実際に利用している消費者は今のところそれほど多くはないが，このような情報開示を行うことで生産者側の意識向上効果も期待され，より安心・安全な養殖魚の供給につながると思われる。

　生産履歴については上記の通りであるが，クロマグロの場合には最終的にはカットされたブロックやさらにそれを小さくカットした柵（さく）と呼ばれる状態でも売買される。ブランド化を進めるにあたり，販売先でトラブルが生じた場合にはブロックや柵になった段階でも近畿大学産の完全養殖クロマグロであることを証明する必要が生じる場面が想定される。そこでそのような事態に備えてミトコンドリアDNA（mtDNA）およびマイクロサテライト（MS）マーカーによる親子鑑定および個体識別技術を導入した。まず，天然魚のミトコンドリアDNAのD-loop領域の多様性を調べた結果，30尾中で29パターンが認められ，母系遺伝するmtDNAによって母親の同定がある程度可能であることが分かった（未発表）。さらにMS領域を含み多型性を示す23セットのプライマーを設計し，そのうち6プライマーセットが親子鑑定に有用であることを明らかにした[12]。現在，近畿大学が採卵用に保有している完全養殖クロマグロ親魚のこれらmtDNAおよ

第5章　大学・研究機関の研究動向

びMSマーカーDNAタイプを調べる体制を整備した。これら2種類のDNAマーカーを解析することによって，種苗の段階で販売されたものであったとしても，DNA抽出が可能な状態であればブロックや柵サンプルから近畿大学の完全養殖クロマグロであるかどうかを調べることができる。これによって生産履歴だけではなく，血統的背景についても科学的に証明できる体制が構築できた。

以上，完全養殖クロマグロの生産からブランド化，トレーサビリティ手法まで，近畿大学における取り組みを簡単に示した。ブランド化やトレーサビリティ手法において重要なポイントは，それらが消費者のニーズに合ったものであり，購入した消費者が満足できるようなシステムであるという点である。そのようなシステムをしっかり構築することで本当の意味で持続可能（sustainable）な養殖産業が実現すると考えられるが，ここで紹介した安全性に関する分析やDNAマーカー解析はシステム構築において必須の重要なファクターとなるであろう。

文　献

1) 澤田好史，水産増養殖システム 1 海水魚，173，恒星社厚生閣（2005）
2) 熊井英水，近畿大学プロジェクト クロマグロ完全養殖，1，成山堂書店（2010）
3) 宮下盛ほか，バイオインダストリー，**21**，7（2004）
4) 宮下盛ほか，近畿大学プロジェクト クロマグロ完全養殖，22，成山堂書店（2010）
5) 石橋泰典，近畿大学プロジェクト クロマグロ完全養殖，37，成山堂書店（2010）
6) Y. Sawada *et al.*, *Aquaculture Res.*, **36**, 413（2003）
7) 岡田貴彦ほか，平成22年度日本水産学会春季大会講演要旨集，34（2010）
8) 安藤正史，近畿大学プロジェクト クロマグロ完全養殖，97，成山堂書店（2010）
9) FDA, What you need to know about mercury in fish and shellfish, http://www.fda.gov/food/foodsafety/product-specificinformation/seafood/foodbornepathogenscontaminants/methylmercury/ucm115662.htm（2004）
10) M. Ando *et al.*, *J. Food Pro.*, **71**, 595（2008）
11) M. Nakao *et al.*, *Aquaculture*, **288**, 226（2009）
12) K. Morishima *et al.*, *Molecular Ecology Res.*, **9**, 790（2009）

第6章 メーカー(企業)の開発動向

1 DNA鑑定・食品検査システムの開発；核酸抽出,PCRから検出,判定まで

中村　伸*

1.1　はじめに

　DNA鑑定と言えば,犯罪捜査や親子など血縁,あるいは考古学調査に利用されているDNA多型部位をマーカとした個人識別法がよく知られている。同じように生物種固有のゲノム情報であるDNAマーカは,食品材料の品種判別,混入する微生物・菌の同定,アレルゲン物質や遺伝子組み換え食品(GMO)の検出など食の安全・安心に向けて幅広く応用されている。食の安全・安心に向けたDNA鑑定法としては,DNAフィンガープリント法とPCR法が挙げられる。DNAフィンガープリント法は,1985年にJeffreysらにより開発[1]された個人特異的なDNA多型性をバーコード様にバンドパターンとして可視化する技術であるが,現在ではあまり用いられていない。PCR法はゲノム上の標的領域を選択的に増幅抽出できることから,幅広くアッセイに適用されている。表1に示すとおり,標的とするDNAマーカを検出する方法により定量PCR法と定性PCR法に大別できるが,応用する対象により最適な方法論は異なるものの,簡便性と結果の明瞭さの点で定性PCR法が広く用いられている。

1.2　定性PCR法の課題と新たな提案

　一般的には生体試料における特定のDNA配列部位について,PCRあるいはPCR増幅産物を制限酵素で消化することにより,目的のDNAフラグメントの有無の検出,そのサイズ測定や分離パターン解析を行うことでDNA鑑定することができる。定性PCR法において,その汎用性と手軽

表1　PCR法における標的マーカと検出法

標的DNAマーカ	検出法
・遺伝子あるいは遺伝子の一部 ・生物種特異的に保存されるゲノム領域 ・多型(SSR,マイクロサテライト,STR,SNPなど) ・制限酵素切断断片 ・ゲノム配列	定量PCR法 ・リアルタイムPCR 　(DNAマイクロアレイ/DNAチップ) 定性PCR法 ・電気泳動 ・DNAシーケンサ

＊　Shin Nakamura　㈱島津製作所　分析計測事業部　ライフサイエンス事業統括部
　　バイオ臨床ビジネスユニット　プロダクト・マネージャー

第6章　メーカー（企業）の開発動向

さよりアガロースゲル電気泳動が広く用いられているが，「ゲルの調製→電気泳動→染色および画像取得」の一連の工程が手作業のため労力がかかる一方，泳動結果のばらつきや写真データのため数値としてデータが得られないなどDNA鑑定として求められる結果の妥当性に課題がある。また，DNA鑑定結果を得るまでの工程数が多いほど，各工程に起因するばらつきや誤操作などによりDNA鑑定結果の信頼度が低下するリスクが増大する。

一方，効率的なDNA抽出用試薬キットやゲル電気泳動の自動化装置などが各社から市販されており，これらを用いてDNA鑑定を行うことができる。当社からも，新しい高速全自動電気泳動プラットフォームであるDNA/RNA分析用マイクロチップ電気泳動装置MCE®-202 MultiNA®（以下，MultiNA）および専用のデータ解析ツールShimadzu AutoFinder（以下，AutoFinder），生物由来試料からDNAを抽出・精製なしで直接PCRが実施できる遺伝子増幅試薬Ampdirect®（以下，Ampdirect），DNAの微量簡易定量装置BioSpec-nano（以下，BioSpec-nano）を発売している。これらの製品の詳細は，関連論文[2〜4]，または当社の製品カタログやWEBなどを参照いただくこととして，ここでは詳細説明は割愛する。当社の取り組みとしては，前記のDNA鑑定法が抱える課題を解決するため，これらの製品を有機的につなげたDNA鑑定システムを提案している。管轄省庁より通達やガイドブック，あるいは論文として公開されている食肉鑑別，魚類（まぐろ）品種判別法，アレルゲン定性分析法の適用事例を挙げながら新たな取り組みについて紹介する。

1.3　定性PCR法にもとづくDNA鑑定システム
1.3.1　定性PCR法の流れとシステム構成

図1に定性PCR法の流れを示す。大まかな流れとしては，「食品材料よりDNAを抽出，精製」⇒「標的のDNAマーカをPCR増幅あるいはPCR増幅後に制限酵素消化処理」⇒「PCR増幅産物

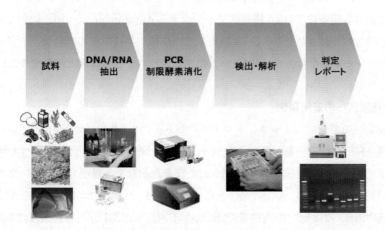

図1　定性PCR法によるDNA鑑定の流れ

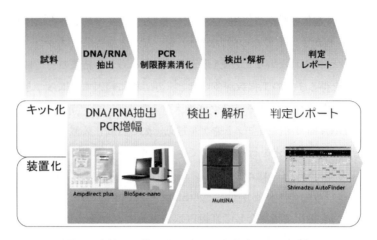

図2　定性PCR法にもとづくDNA鑑定システム例

を電気泳動で分離分析」⇒「分離パターンよりDNA鑑定」の工程となる。DNA抽出においては，食品材料に含まれているDNAをカラムや磁気ビーズなどの固相担体を利用して選択的に吸着・溶離して抽出する。抽出後はPCRへの供試量を決めるために，DNA抽出量をUV-VIS分光光度計を用いて定量する。標的DNAマーカを選択的に増幅するために設計されたプライマーとPCRに必要な酵素，基質とともに，抽出したDNAをPCR容器に入れてPCRを行う。PCR増幅産物は，アガロースゲル電気泳動により分離分析を行い，分析後のアガロースゲルをエチジウムブロマイドなどで蛍光染色し，UV照射により分離バンドを可視化して写真撮影あるいはCCDイメージ撮像装置によりデータを得る。目視により，得られるバンドパターンから標的DNAマーカの有無を判別しDNA鑑定を行う。ここで，DNA抽出工程においては，1～2 μLの微量でDNA定量できるBioSpec-nanoによる迅速簡易定量，DNA抽出工程を削除できる直接PCR試薬Ampdirect，簡便操作で108サンプルまで高速に全自動電気泳動分析できるMultiNA，およびMultiNA分析データを取り込み所定の判定条件でDNA鑑定結果を表示するAutoFinderを，上記定性PCR法の流れに当てはめると図2のとおりとなる。DNA抽出工程の削除，手技工程の自動化，デジタルデータによる判定により，人為的なミスを軽減しDNA鑑定システムとして精度と信頼度の高い結果を提供することができる。

1.3.2　肉種鑑別への適用事例

松永らの論文[5]を参考に，ミトコンドリア中のシトクロムb遺伝子を標的DNAマーカとして5種類の食肉種（鶏，牛，羊，豚，馬）を鑑別する方法を開発した。図3にサンプル調製フローと分析条件を示す。5種類の単独食肉サンプルおよびそれぞれを等量混合したサンプルを簡易処理し，DNA精製することなしにAmpdirectを用いてPCRを行った。図4にMultiNAで分析した結果を示す。鶏肉由来の218 bp，牛肉由来の268 bp，羊肉由来の331 bp，豚肉由来の359 bp，馬肉由来の430 bpのPCR増幅産物が明瞭に分離された。MultiNA分析結果のサイズ推定値と若干の差異

第6章　メーカー（企業）の開発動向

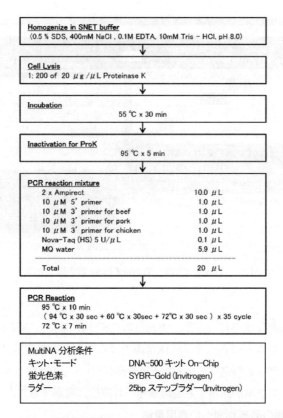

図3　食肉種鑑別のサンプル調製フローと分析条件

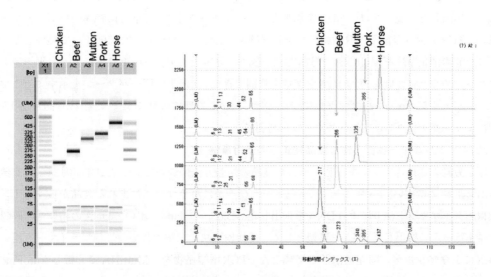

図4　食肉種（5種）のMultiNA分析データ

食のバイオ計測の最前線

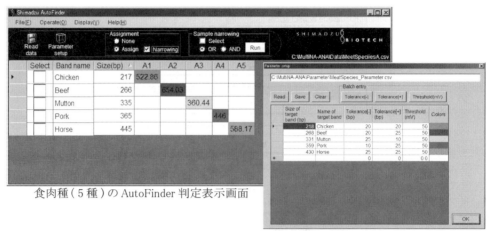

食肉種（5種）のAutoFinder判定表示画面

食肉種（5種）の判定パラメータ設定画面

図5　食肉種（5種）のAutoFinder判定表示結果

が見られるが，電気泳動分離のばらつき，蛍光色素（SYBR Gold）の電気泳動移動度への影響，マーカによる泳動補正のばらつき，サイズ検量線のばらつきなどの複合的な影響が推察される。MultiNA分析データをデータ判定ツールAutoFinderに取り込んで判定させた表示結果（図5）のとおり，分析されたサンプルが該当する食肉種を一目瞭然に鑑別することができる。

1.3.3　マグロ属魚類の品種判別への適用事例

　DNA抽出法とPCR条件は農林水産消費安全技術センターと水産総合研究所センター中央水産研究所が作成した「マグロ属魚類の魚種判別マニュアル」[6]に従い，太平洋産クロマグロ，ミナミマグロ，メバチマグロαおよびβ，キハダマグロ，ビンナガマグロの魚肉片からサンプルを調製した。抽出した各種マグロのDNAを鋳型として，ミトコンドリアDNAに特異的なプライマーを用いてPCRを行った後，PCR増幅産物を制限酵素（AluI，MseI，Tsp590I）で処理した。得られた酵素消化断片をMultiNAで分析した。図6に示すとおり，AluI処理により太平洋産クロマグロ，メバチマグロβ，ビンナガマグロを判別できた。AluIで同一パターンを示すミナミマグロ，メバチマグロα，キハダマグロについては，MseI処理によりミナミマグロが，Tsp590I処理によりメバチマグロα，キハダマグロが判別できた。

1.3.4　アレルギー物質を含む食品検査への適用事例

　厚生労働省通知「アレルギー物質を含む食品の検査方法について」平成21年7月24日食安発第0724第1号[7]に従い，小麦，そば，落花生，えび，かにがそれぞれ含まれる食品から「イオン交換樹脂タイプキット法」によりDNAを抽出した。BioSpec-nanoを用いてDNAの精製度の確認と定量を行った。抽出したDNAを鋳型として，通知検査法で記載されている各プライマーを用いてPCRによりアレルゲン関連遺伝子を増幅した。PCR増幅産物を，MultiNAで分析しAutoFinderにより解析した。小麦，そば，落花生，えび，かにを含む食品由来のDNAからのPCR増幅産物

第6章　メーカー（企業）の開発動向

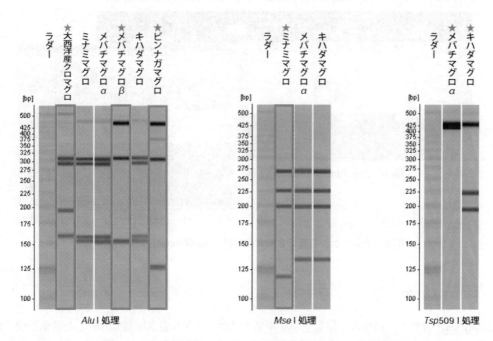

図6　マグロ属魚類のPCR-RFLP品種判別 MultiNA分析結果

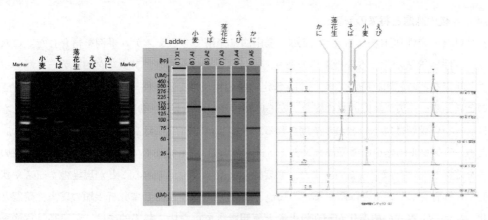

図7　アレルゲン物質を含む食品材料のMultiNA分析結果
左図はアガロースゲル電気泳動結果

食のバイオ計測の最前線

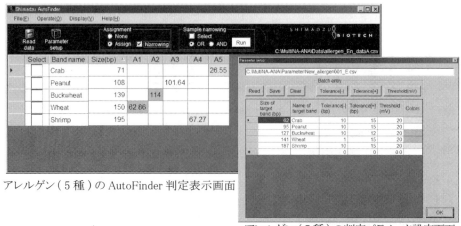

アレルゲン（5種）のAutoFinder判定表示画面

アレルゲン（5種）の判定パラメータ設定画面

図8　アレルゲン物質を含む食品材料のAutoFinder自動判定結果

をMultiNAで分析した結果と，同じサンプルをアガロースゲル電気泳動で分析した結果を図7に示す。小麦，そば，落花生，えび，かにそれぞれに由来するPCR増幅産物が検出できた。小麦とそば増幅産物は近接しているが，MultiNAはアガロースゲル電気泳動と比べて分解能と感度が優れているのでこれらを明確に検出できた。これらサンプルをAutoFinderで解析した結果を図8に示すとおり，アレルゲンを含むサンプル情報を自動判定することができた。

1.4　今後の課題と将来の展望

　食品材料の定性PCR法にもとづくDNA鑑定法に適用できるシステム事例を紹介した。これにより，定性PCR法が抱える分析工程の多さ，手技によるばらつき，アナログ的なデータハンドリングと判定などの課題を解決でき，DNA鑑定結果の再現性，妥当性，信頼度の向上に貢献できるものと考える。一方，実際の食の安全・安心応用の現場から見て，DNA鑑定法として解決しなければならない課題は以下のとおり挙げられる。一つ目は，PCR法は高感度な検出であること。そのため，サンプル調整中の微量なコンタミネーションDNAも検出してしまうため，分析材料の妥当性を確保しなければならない。また，必要以上に高感度検出であることが現場のニーズや状況と必ずしも整合しているとは限らない。二つ目は，DNA鑑定法として分析手順の妥当性確認と標準化，レポート書式の標準化が現在ほとんど実現できていない。将来的には，医薬品品質検査レベルのコンプライアンスの必要性は容易に想像されるため，FDAのCFR Part11のような電子署名・電子記録に基づくDNA鑑定データの統合管理が長期課題として挙げられる。日本国の食の安全・安心のために，DNA鑑定法に関する研究開発と法規規制の策定について，産官学が連携をとりながら実質的に一歩ずつ前に駒を進められることを願ってやまない。

第 6 章　メーカー（企業）の開発動向

文　　献

1) A. J. Jeffreys *et al.*, *Nature*, **316**, 76 (1985)
2) 鈴木功一ほか，島津評論，**64** (3・4) (2007)
3) 原田最之ほか，島津評論，**66** (3・4) (2009)
4) N. Nishimura *et al.*, *Ann. Clin. Biochem.*, **37**, 674 (2000)
5) 松永孝光ほか，日本食品科学工学会誌，**46**, 187 (1999)
6) マグロ属魚類の魚種判別マニュアル（(独)農林水産消費技術センター，(独)水産総合研究センター），http://www.famic.go.jp/technical_information/hinpyou/pdf/maguro_manual.pdf
7) 厚生労働省行政情報，アレルギー物質を含む食品の検査方法について，食発第1106001号，平成14年11月6日，（最終改正　平成17年10月11日食安発第1011002号），http://www.ffcr.or.jp/zaidan/MHWinfo.nsf/5bcb1018 b0c4e33 d492565 f0000 dd9b3/ffa8f3701 bec36 ec49257 0 a40017 b91 f?OpenDocument

2　ヒト細胞を用いた新規遺伝毒性試験法 NESMAGET

大野克利[*1]，山田敏広[*2]

2.1　はじめに

　食品は，主原料，副原料，さらには未知の素材成分など，様々な成分から構成され，近年，遺伝子工学や精密化学分析技術の向上によって，使用される食品添加物だけでなく食品製造工程や調理中に生成する化学物質の遺伝毒性（変異原性）が問題視されている。遺伝毒性とは遺伝子を傷つける性質で発がんの原因となる。食品は長期間摂取し，その摂取量には特別な規制がないため，内在する遺伝毒性物質が微量でも摂取量が多ければ危険性が高まる由に，喫煙，感染と同様にヒトの発がんの主要因として考えられている[1]。したがって，遺伝毒性を有する化学物質を食品から排除，または，できる限り少なくすることは，食品会社の責務である。今まで健康影響評価されてこなかった食経験により従来から使用されてきた既存添加物や精密分析技術により見出された新たな危害物質など数多くの化学物質を対象としたヒトに対する遺伝毒性のリスク評価をする必要がある。既存の遺伝毒性試験法には，新規化合物や医薬品開発の試験法として広く定着し，微生物（*Salmonella* typhimurium）を用いた復帰突然変異試験であるAmes試験[2,3]，DNAの損傷を検出するumu-test[4]などがある。これらの試験法は，操作性に優れ信頼性も高く簡便であるが，微生物を用いているためその結果を単純にヒトに外挿できない欠点がある。哺乳類細胞を用いた試験法として，染色体異常試験法，マウスリンフォーマTK試験，姉妹染色分体交換試験などがある[3]。これらの試験法は，特定のDNA損傷を検出する点では優れているものの煩雑な操作性，偽陽性反応が多いこと，げっ歯類細胞を用いることによるヒトとの種差など，問題点が多い。そこで，数百種類の化学物質を対象とした遺伝毒性に関するリスク評価をするため，操作性に優れた簡単な手法で，ヒトに対して外挿することができ，ファーストスクリーニング的に多くの化学物質を短時間処理することを可能とするヒト細胞を用いた新規遺伝毒性試験法（NESMAGET；Nissin's Evaluation Systems for MAmmalian GEnoToxicity）を開発した[5]。

2.2　試験原理

　DNAが放射線や化学物質などによって損傷を受けると，細胞内では細胞周期停止，DNA修復，アポトーシスなど，様々な反応が起こる。この際，ヒトを含む哺乳類細胞で重要な機能を担っている遺伝子が，がん抑制遺伝子p53である。p53は，Guardian of genomeと呼ばれ，ゲノム安定性に貢献し，ヒトがん患者の多くでその機能が喪失している[6]。DNA損傷時，p53は活性化し，転写因子としてp53結合配列に結合することにより，下流に存在する様々な標的遺伝子を活性化する。p53標的遺伝子として，細胞周期関連遺伝子である*p21/WAF1*や，アポトーシス関連遺伝子

[*1]　Katsutoshi Ohno　日清食品ホールディングス㈱　食品安全研究所　係長
[*2]　Toshihiro Yamada　日清食品ホールディングス㈱　食品安全研究所　上席執行役員，CQO，食品安全研究所長

第6章 メーカー(企業)の開発動向

であるBAXやp53AIP1, DNA修復遺伝子であるp53R2などが知られている[6,7]。中でもp53R2は, p53により発現誘導するヒトリボヌクレオチドリダクターゼのスモールサブユニットをコードした遺伝子として見出され, DNA損傷修復において核酸を供給する役割を担い, ガンマ線, 紫外線やアドリアマイシンなどの遺伝毒性物質によるDNA損傷に対し, p53依存的に発現誘導することが知られている[7,8]。これらp53標的遺伝子群は, DNA損傷のマーカーとして有用であり, 特に, p53R2は, アポトーシスを伴わない弱いDNA損傷にも反応するマーカーとなる可能性がある。実際, 遺伝毒性物質に対する反応強度は, アポトーシス関連遺伝子p53AIP1よりもp53R2のほうが高かった[9]。以上より, 我々は, DNAが損傷した時にp53によって誘導されるDNA修復遺伝子p53R2に着目し, NESMAGETを開発した[5]。

2.3 試験方法

ヒトp53R2遺伝子のイントロン1に存在するp53結合配列の3回繰り返し配列をホタルルシフェラーゼ遺伝子を有するプラスミドに組み込みp53 BS-Lucレポータープラスミドを構築した。

細胞を96穴プレートに播種後, 一晩培養し, p53 BS-Lucと内部標準プラスミドpRL-SV40を導入した。遺伝子導入後, 培地を交換し, 被験物質を添加した。被験物質は, 最終溶媒濃度0.3%以下(DMSO)とし, 代謝活性化法の場合, 市販のラットS9画分(オリエンタル酵母工業㈱製)を同時に添加した。陽性対照として直接法ではアドリアマイシンを, 代謝活性化法ではイリノテカンまたはシクロフォスファミドを使用した。陰性対照として溶媒のみを添加した。被験物質添加20から24時間後に細胞溶解し, デュアルルシフェラーゼアッセイを行った。得られたp53 BS-Luc由来ルシフェラーゼ発光量を内部標準ルシフェラーゼ発光量で補正し, 陰性対照に対する相対活性でp53R2依存的ルシフェラーゼ活性を算出した。各被験物質につき三重試験を実施し, ルシフェラーゼ活性が濃度依存的, かつ, 有意に上昇し, 細胞生存率50%以上の場合, 陽性と判断した。内部標準ルシフェラーゼは試験時における細胞生存性指標にも使用した。細胞は主にヒト乳がん細胞株MCF-7, ヒトリンパ芽球TK6を用いた。

2.4 NESMAGETの特徴1:DNA損傷形式の異なる遺伝毒性物質の反応性

本試験法で多種多様な遺伝毒性物質を検査した結果, 化学物質により反応強度に大きな差があり, 従来の遺伝毒性試験と反応性が異なることがわかってきた。そこで, DNAに作用する機構が異なる化学物質を用いて[10], DNA損傷形式と本試験法の反応性について検討した(測定結果の一例を図1に示した)。その結果, (1)DNA二本鎖切断を引き起こすトポイソメラーゼⅡ阻害剤, インターカレーター, フリーラジカルを発生させる抗がん抗生物質において, 強い陽性反応を示した。(2)DNA一本鎖切断を引き起こすトポイソメラーゼⅠ阻害剤, DNA架橋や点突然変異を引き起こすアルキル化剤, また微小管重合阻害剤において, 陽性反応を示した。(3)代謝拮抗薬やヒストンデアセチラーゼ阻害剤には, 反応しなかった。以上より, 本試験法は, 直接的にDNAを修飾するあらゆるDNA損傷形式を有する遺伝毒性物質の検出が可能であり, 特にDNA二本鎖切断作

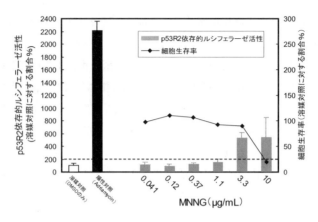

図1　N-メチル-N'-ニトロ-N-ニトロソグアニジン（MNNG）の
　　　NESMAGETにおける測定結果

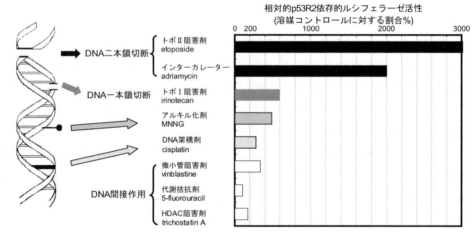

図2　DNA損傷形式による反応性の差

用を有する化学物質の検出に優れた方法であることが示された（図2）。この結果は，DNA二本鎖切断の修復にp53が深く関与していることからも支持できる。DNA二本鎖切断は，ゲノム不安定性を引き起こし，発がんに普遍的に存在する損傷形式であり，その修復の失敗により染色体転座，欠失，増幅が引き起こされることが知られ[15]，発がんとの関連性が深いDNA損傷形式である。発がん性を検出する観点からも，遺伝毒性試験としての本試験法における結果の重要性が示唆された[11]。

2.5　NESMAGETの特徴2：既存の遺伝毒性試験との比較

　本試験法の性能評価の一環として，欧州代替法バリデーションセンター（ECVAM）から提示

第6章 メーカー（企業）の開発動向

表1

(A) ECVAMリスト *in vivo* 遺伝毒性との一致率

	NESMAGET MCF-7	NESMAGET TK6	Ames	マウス リンフォーマ	染色体異常
陽性一致率	90.0%	85.0%	65.0%	83.3%	75.0%
陰性一致率	94.1%	97.1%	100.0%	76.7%	66.7%

(B) Ames試験との一致率

	NESMAGET MCF-7	NESMAGET TK6	マウス リンフォーマ	染色体異常	ECVAM 遺伝毒性
陽性一致率	100.0%	92.3%	77.8%	69.2%	100.0%
陰性一致率	81.0%	83.3%	69.7%	56.1%	83.3%

(C) 遺伝毒性発がん物質検出力

	NESMAGET MCF-7	NESMAGET TK6	Ames	マウス リンフォーマ	染色体異常
陽性一致率	94.1%	82.4%	70.6%	81.8%	70.6%

された「新規あるいは改良遺伝毒性試験の性能評価のための遺伝毒性および非遺伝毒性化学物質の推奨リスト」（ECVAMリスト）記載の *in vivo* 遺伝毒性試験で陽性となる20物質，明らかな陰性となる34物質について[12]，MCF-7細胞，および，TK6細胞を用いたNESMAGETにて評価，検討した。ECVAMのリスト記載の *in vivo* 遺伝毒性陽性物質について，MCF-7細胞では20物質中18物質（陽性一致率90％）検出でき，TK6細胞では17物質（陽性一致率85％）検出できた（表1(A)）。細胞間で反応性に差はあるが，いずれの細胞を用いた場合も，様々な遺伝毒性物質を検出できた。また，陽性と判定できなかった物質については，血球系細胞に対して毒性が強い，直接的DNA損傷を誘発しない，発がん試験陰性など，いずれも妥当性があった。ECVAMリスト記載の *in vivo* 遺伝毒性陰性物質については，MCF-7細胞では34物質中32物質（陰性一致率94.1％）が陰性で，TK6細胞では33物質（陰性一致率97.1％）が陰性であった（表1(A)）。本試験法とECVAMとの陰性一致率は，本試験法同様に哺乳類由来細胞を用いる他の *in vitro* 遺伝毒性試験（染色体異常試験，マウスリンフォーマTK試験）とECVAMとの陰性一致率よりも非常に高かった。従来の哺乳類由来細胞を用いる *in vitro* 遺伝毒性試験は，その偽陽性率の高さが非常に問題となっており，ICH（International Conference on Harmonisation of Technical Requirements for Registration of Pharmaceuticals for Human）やIWGT（International Workshop on Genotoxicity Testing）でも長く議論されている。今回の結果から，本試験法は非常に偽陽性反応の少ない優れた検査法であることが示された。

同様に，54物質について，様々な遺伝毒性試験ガイドラインで最も汎用されるAmes試験と本試験法との全体一致性は，非常に高く（表1(B)），遺伝毒性発がん物質の検出力も高かったことから（表1(C)），他の試験法よりも遺伝毒性ファーストスクリーニングに適していることが示唆された[13,14]。

2.6 NESMAGETの特徴3：各細胞による反応性の差

化学物質が体内に取り込まれる経路は様々で，接触により皮膚，大気経由で呼吸器系，食品経由で消化器系に直接的に暴露され，吸収された場合，血流で全身に循環する。こうした様々な吸収経路に対応するため，様々な組織由来ヒト培養細胞株への本試験法の適用性を検討し，図3に示した。本試験法は，p53の機能が必須でp53が正常に機能している細胞株を使用する必要がある。正常型（野生型）p53が機能している細胞株として，MCF-7細胞，TK6細胞に加え，ヒト肝がん細胞株HepG2，ヒト結腸がん細胞株HCT116，ヒト肺がん細胞株A549，ヒト胎児腎臓細胞株HEK293，および，ヒト皮膚由来繊維芽細胞NB1RGBを，p53機能不全である細胞としてヒト子宮がん細胞株HeLaを用いた。各細胞にp53 BS-Lucプラスミドを導入後，アドリアマイシンに対する反応性を示した。p53が正常に機能している7細胞株では，濃度依存的なルシフェラーゼ活性の上昇が認められたが，p53が正常に機能していないHeLa細胞では，ルシフェラーゼ活性の変化は認められなかった。この時，p53が正常に機能している7細胞株では，RT-PCRによりp53R2 mRNA発現量の増加が確認できた。この結果から，本試験法は，p53が正常に機能する様々なヒト由来細胞に適用可能であることが示された。また，大久保らによって，ヒト正常気管支上皮細胞BEAS-2Bも本試験法に適用可能であることが示された[15]。

現在，本試験法には反応性が高く，多様な遺伝毒性物質の検出力に優れたMCF-7細胞を主に使用しているが，TK6細胞を用いた本試験法も遺伝毒性評価に適用できると考えられる。近年，TK6細胞は，従来の哺乳類細胞を用いた*in vitro*遺伝毒性試験に用いるマウスやハムスターの細胞に代替するヒト由来細胞として，IWGTなどで検討され注目されている。各研究グループでTK6

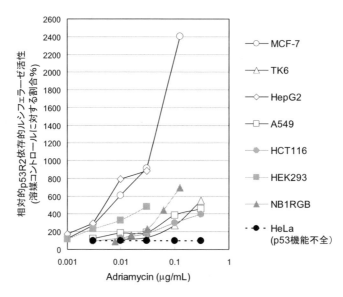

図3　各種細胞への適用性検討
NESMAGETにおける各種細胞株のアドリアマイシンに対する反応性

第6章　メーカー（企業）の開発動向

細胞を用いた*in vitro*小核試験，染色体異常試験などが開発されつつあることから，TK6細胞を用いたNESMAGETの重要性は，今後，増してくると考えられる．

2.7　おわりに

　がん原性を考慮する上で，遺伝毒性試験の科学的情報は大変重要である．ここまで，実験結果を基に本試験法について紹介をしてきた．本試験法の特徴として，(1)細菌で検出できない遺伝毒性物質を検出できること．(2)様々な種類の遺伝毒性物質を検出でき，特にDNA二本鎖切断の検出に優れていること．(3)従来の哺乳類細胞を用いた*in vitro*遺伝毒性試験よりも偽陽性反応が非常に少ないこと．(4)p53が正常に機能している様々なヒト細胞株に適用可能であることが挙げられる．また，操作上，96穴プレートを使用するため一度に多数のサンプルを試験でき，約一日で結果が得られ，少量のサンプルで試験できることも特徴である．現在，当研究所では，500種類におよぶ食品添加物（香料，着色料など），危害物質として報告される食品製造工程で生成する化学物質などの遺伝毒性評価に本試験法を使用し，他社からの依頼についても受託分析として，本試験法を運用している．より多くの化学物質の試験実績を作ること，よりヒトに近い代謝活性化系を使用することなど，まだ課題はあるが，本試験法は，食品由来を含む様々な化学物質のヒトに対する遺伝毒性ファーストスクリーニング法として，非常に有用なツールであると考えられる．

文　　献

1) 廣瀬雅雄，食品安全委員会季刊紙 食品安全，**13**, p.8（2007）
2) B. N. Ames *et al.*, *Proc. Natl. Aca. Sci. U.S.A.*, **70**, 782（1973）
3) ICH，医薬品の遺伝毒性試験に関するガイドラインについて
4) Y. Oda *et al.*, *Mutat. Res.*, **147**, 219（1985）
5) K. Ohno *et al.*, *Mutat. Res.*, **588**, 47（2005）
6) 田矢洋一，実験医学，**19**(9増刊), p.28，羊土社（2001）
7) H. Tanaka *et al.*, *Nature*, **404**, 42（2000）
8) 荒川博文ほか，実験医学，**19**(9増刊), p.14，羊土社（2001）
9) 大野克利ほか，*J. Toxicol. Sci.*, **34 Suppl**, P-48（2009）
10) 日本薬学会編，薬と疾病 III. 薬物治療(2)および薬物治療に役立つ情報，p.99，東京化学同人（2005）
11) K. Ohno *et al.*, *Mutat. Res.*, **656**, 27（2008）
12) D. Kirkland *et al.*, *Mutat. Res.*, **653**, 99（2008）
13) T. Mizota *et al.*, *Mutat. Res.*, in press
14) 大野克利ほか，日本薬学会第131回年会要旨集（2011）
15) 大久保亮ほか，日本動物実験代替法学会第20回大会要旨集，p.125（2006）

3 バイオ計測手法を活用した微生物の迅速検出・同定の試み

天野典英*

3.1 緒言

食品の生産現場では，微生物学的に安全・安心な製品をお客様に提供するために多様な微生物検査が行われてきている。そしてそれら検査方法には迅速化が求められることが多く，様々な手法が微生物検査の迅速化を図るために開発されてきている。

ところで微生物検査の重要な要素である検出された微生物の名前を決める作業（微生物の同定）では，微生物の特定の遺伝子の塩基情報を活用した手法が近年一般的になりつつある。遺伝子を活用した同定手法は，迅速であるだけでなく再現性のある同定結果が得られるという利点を有している。微生物検査のもう一つの重要な要素であるサンプル中から微生物を迅速に検出する手法（微生物の迅速検出）としては，微生物細胞を何らかの手段で光らせるという手法がよく用いられている。例えば細胞を蛍光染色して蛍光顕微鏡下で光っている細胞を検出する，あるいは微生物細胞の持つATPを利用して微生物細胞を光らせて検出する手法などがよく知られている。

我々は微生物検査の迅速化手法の最近の動向に注意を払いながら，バイオ計測手法を用いた微生物検査の迅速化に取り組んできている。本節ではそれらの中から「微生物の同定」の迅速化手法として好気性有胞子細菌の菌種迅速同定用DNAマイクロアレイを，「微生物の迅速検出」の手法として蛍光マイクロコロニー法による微生物迅速検出システムをそれぞれ紹介する。

3.2 好気性有胞子細菌の菌種迅速同定用DNAマイクロアレイ[1]

好気性有胞子細菌は自然環境に広く存在し，耐熱性や薬剤耐性を備えている芽胞（内生胞子）を形成するという特徴を有している。好気性有胞子細菌は清涼飲料の原料や製造環境からしばしば分離され，製品中味中で増殖して製品変敗の原因となることもある。それゆえ清涼飲料の生産現場においては，これらの細菌群を適切に管理・制御することは必須の技術である。

好気性有胞子細菌の同定手法としては，生理・生化学的性状に基づく伝統的な手法があるが，同定に長い日数を要し再現性のある結果を得ることが難しいという欠点がある。これら問題点を解決するために，キノン組成，菌体脂肪酸組成，細胞壁成分などの化学分類学的性状を利用した同定方法が導入されたが，高価な分析機器と高度の分析技術を必要とするといった問題点がある。そして，近年は16S rDNA塩基配列の解析による方法が一般的になりつつある。この方法によれば再現性のある同定結果が比較的簡便かつ迅速に得ることができるが，高価な分析機器を必要とし誰でもが手軽に実施できる方法ではない。

近年DNAマイクロアレイ技術が急速に進歩し，以前に比べて比較的安価かつ簡便にDNAマイクロアレイを作製できるようになり，微生物菌叢の解析や微生物の同定にも利用されるようになってきている。そこで我々はDNAマイクロアレイ技術を活用した迅速かつ簡便な好気性有胞子細

---

* Norihide Amano　サントリービジネスエキスパート㈱　安全性科学センター　技術顧問

第6章　メーカー（企業）の開発動向

菌の菌種迅速同定法の開発を目指した。

　好気性有胞子細菌6属（*Bacillus*属，*Paenibacillus*属，*Aneurinibacillus*属，*Geobacillus*属，*Alicyclobacillus*属および*Brevibacillus*属）21種に特異的なオリゴ配列（以下，キャプチャーオリゴ配列）を，属または種特異的な塩基配列を多く有している16S rDNA塩基配列の前半約500 bpの領域から設計した。なおキャプチャーオリゴ配列の長さも特異性に影響するため，1塩基ずつ長さを増減したキャプチャーオリゴ配列を固定化したアレイを試作し，検出感度および交差反応の有無を検定して各検出対象菌種に対して最適なキャプチャーオリゴ配列を選抜した。選抜されたキャプチャーオリゴ配列をガラススライドに固定化して好気性有胞子細菌同定用DNAマイクロアレイを作製した。

　選抜されたキャプチャーオリゴ配列は，同定対象の各属および種に対して特異的発色シグナルを示し，さらに供試サンプルに複数菌種が存在する場合でも，各菌種に特異的な発色シグナルを得ることが確認できた。

　今回開発した好気性有胞子細菌同定用DNAマイクロアレイによる同定の流れを図1に，DNAマイクロアレイの反応例を図2にそれぞれ示した。本DNAマイクロアレイを用いることで，微生物検出から6時間以内に好気性有胞子細菌を種レベルまで同定することが可能である。さらに同定結果の読み取りに特別な機器を必要とせず，肉眼で結果を読み取ることができるのも本DNAマイクロアレイの大きな利点である。

　本DNAマイクロアレイは好気性有胞子細菌の同定用に開発したものであるが，1,000セルの一般細菌の中に1セルの好気性有胞子細菌が存在する場合でも，感度良くそれを検出できることが示唆される実験結果も得られている。それゆえ本DNAマイクロアレイは培養を経ずに検査試料から直接好気性有胞子細菌を検出する方法としても非常に有用であると思われる。

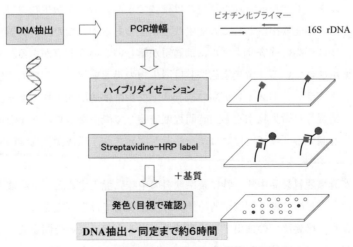

図1　DNAマイクロアレイを用いた同定プロトコール

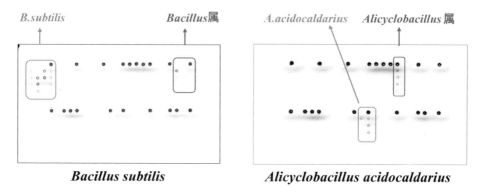

図2 DNAマイクロアレイによる同定結果
左：*Bacillus subtilis* の同定結果。*B. subtilis* と *Bacillus* 属でのみ発色が認められる。
右：*Alicyclobacillus acidocaldarius* の同定結果。*A. acidocaldarius* と *Alicyclobacillus* 属でのみ発色が認められる。

　16S rDNA塩基配列の解析に基づく同定法は，迅速かつ簡便な同定が可能であり大変優れた方法であるが，高価な分析機器を要するため清涼飲料などの製造現場で手軽に実施することはなかなか困難である。一方，本マイクロアレイによる好気性有胞子細菌の同定は高価な機器を使用することなく簡便な操作で結果が迅速に得られるので，製造現場においても比較的容易に実施できると考える。また，本手法は，16S rDNA塩基配列の解析に基づく同定法では困難な複数菌種の同時検出および同定も可能であるという利点も有している。

3.3　蛍光マイクロコロニー法による微生物迅速検出[2]

　微生物の迅速検出手法として微生物のATPを利用した方法がよく知られている。本法を用いればメンブランフィルター上に形成された目視では確認できない微小な微生物コロニーを確実に検出することができる。迅速検出法として大変優れた手法であるが，ただ分析機器が高価でありバックグラウンドノイズが高い検査サンプルには適用が難しいという弱点がある。また微生物生態学の分野などで繁用されている「蛍光染色法」は微生物の迅速検出法として大変優れた方法であるが，やはりバックグラウンドノイズが高い検査サンプルには適用が困難である。近年メンブランフィルター上に捕捉した微生物細胞を24時間程度培養して微小なコロニーを形成させてから蛍光染色法で菌数を計測する「マイクロコロニー法」が開発され，環境微生物学の分野でよく利用されている。

　ところでカビが清涼飲料製品中味，特に茶系飲料の中味に混入すると，中味液中で増殖することが多く，それゆえカビの管理・制御が清涼飲料の生産現場では重要視されている。しかしながらカビは生育が遅く，培養法での検出では検査結果が出るまでに長い時間を要し，生産現場でのカビの適切な管理・制御を困難にしている。

第 6 章　メーカー（企業）の開発動向

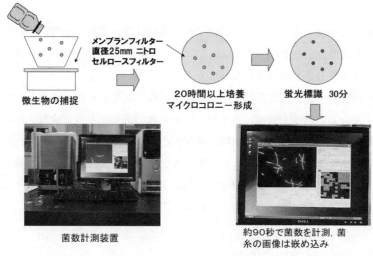

図3　マイクロコロニー法による微生物迅速検出の流れ

　そこで，カビの迅速検出と自然蛍光物質が多量に含まれる茶系飲料中味液からのカビの検出の迅速化という二つの側面から「マイクロコロニー法」に注目して検討を加え，図3に示す操作手順で「マイクロコロニー法」によって茶系飲料中味中のカビの迅速検出を可能とした。

　茶系飲料50～100 mlを直径25 mmのニトロセルロースメンブランフィルターで濾過して，メンブランフィルターを真菌培養用の寒天培地上に載せて20時間以上培養する。培養後メンブランフィルター上に形成されたカビのマイクロコロニーを蛍光染色して，マイクロコロニー検出装置（MSG-10 LD，㈱中央電機計器製作所，http://www.e-cew.co.jp/index.html）で計数するという，きわめてシンプルな手法である。

　本法の要である蛍光染色条件には詳細に検討を加え，ChemSol CSE/2（Chemunex, Bruz Cedex, France）でプレ染色した後，ChemChrome V6（Chemunex, Bruz Cedex, France）での蛍光染色が最適であることを見出した。

　比較的増殖速度が遅い *Cladosporium cladosporioides* でも，今回検討したマイクロコロニー法で得られる菌数と従来法である寒天培地培養法で得られる菌数には強い相関が認められた。これは本法が茶系飲料中のカビの迅速検出法として優れた方法であることの証左であると考える。

　これまでいくつもの微生物迅速検出法が提案されてきたが，食品の生産現場に導入された例は残念ながら少ない。今回紹介した「マイクロコロニー法」は，検査機器が比較的安価であり，カビだけでなく酵母や細菌にも適用可能であり，また茶系飲料のような自然蛍光物質に富むサンプルにも適用可能であることから，清涼飲料に限らず多様な食品の生産現場への導入が可能であると考えている。また環境微生物のモニタリングへも適用可能な手法であると考えている。

3.4 結語

　微生物の迅速同定手法としては，まだ解決すべき事柄は残っているが遺伝子の塩基配列を利用した方法がごく普通の方法となりつつある。そして今回紹介したDNAマイクロアレイを用いた迅速同定法がますます注目されるようになってくると考えている。

　一方微生物の迅速検出法として多様な手法が提案されてきているが，まだまだ開発の余地は残っていると考えている。培養を経ずに微生物が検出可能であり，さらに検出された微生物が連続して同定できるようなシステムが，微生物迅速検出の究極の姿であると考えている。そしてこのような画期的な微生物迅速検出システムを開発するためには，「微生物屋」が単独で取り組むのではなく，「微生物屋」と「バイオ計測技術屋」が密に連繋しながら協働してシステム開発に取り組むことが，成功のための鍵であると確信している。

文　　献

1) 山中実喜子，天野典英，防菌防黴，**37**, 333（2009）
2) K. Tanaka *et al.*, *Int. J. food Microbiol.*, **145**, 365（2011）

4 リアルタイムPCR法を活用した工程管理の迅速簡便化

橋爪克仁[*1], 中筋 愛[*2]

4.1 はじめに

蛍光物質を使用してPCR産物をリアルタイムでモニターし解析するリアルタイムPCR法は，高検出感度，コンタミネーションリスクを軽減する閉鎖系での検出，結果の数値化など，検査に適した多くの利点を有している。さらに，装置と試薬さえあれば初心者でも気軽に始められる簡便性，反応開始から数時間で結果判定ができる迅速性，検査で重要視される反応特異性の高さから，現在では食品検査や微生物検査などにおいても一般的手法として普及しつつある。特に，ターゲット遺伝子に特異的な配列をもつプローブを用いて検出する方法は，近縁種の存在する病原微生物の検出や加工食品での肉種判定などにも利用でき，今後ますます幅広い分野での応用が期待されている。

タカラバイオでは，O157やサルモネラなど食中毒原因菌や肉種判別といった食品検査専用キット，レジオネラやクリプトスポリジウムなどの水質検査専用キットをはじめとした各種試薬キットをラインナップしている。試薬は各コンポーネントを混合するだけでよく，初心者でも簡単に使用できる。また，業界唯一の特長として，日本語表記の「食品環境検査用ソフトウェア」を搭載したリアルタイムPCR装置を発売し，迅速検査をサポートしている。ソフトウェアも反応スタートから結果判定まで一貫して簡単なボタン操作で使用でき，解析結果も簡単にレポート化できるため，迅速検査に大変有効である。

4.2 リアルタイムPCR法の原理

PCR（Polymerase Chain Reaction）法とは，DNA鎖の熱変性，プライマーのアニーリング，ポリメラーゼによる相補鎖の合成，の3つのサイクルを繰り返し行うことにより $in\ vitro$ でDNAを増幅する方法である。この方法を用いると，1サイクルごとにDNAが2倍，4倍，…と指数関数的に増幅し，DNAを数時間で少なくとも10^5倍に増幅でき，やがてプラトーに達する。この増幅の様子を，蛍光シグナル強度の上昇として増幅曲線にてモニタリングするのがリアルタイムPCRである。定性試験の場合，ある一定サイクル数の間に目的の遺伝子が増幅し，Ct値（増幅曲線上の適当なところに閾値を設定し，その閾値と増幅曲線が交わる点）が算出されたものは陽性，目的遺伝子が増幅せずCt値が算出されなかったものは陰性として判定される。定量試験の場合は，サンプルに含まれるDNA量が多いほど増幅産物が早く検出可能な量に達するため，増幅曲線が早いサイクルで立ち上がる。したがって，段階希釈した標準サンプルを用いてリアルタイムPCRを行うと，初発DNA量が多い順番に増幅曲線が鋳型量依存的に得られる。Ct値と初期鋳型量の相関関係を基に検量線を作成し，未知サンプルについて算出したCt値を検量線に当てはめることで，

[*1] Katsuhito Hashizume　タカラバイオ㈱　事業開発部　部長
[*2] Ai Nakasuji　タカラバイオ㈱　営業部

食のバイオ計測の最前線

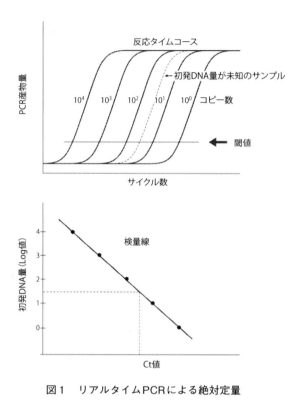

図1 リアルタイムPCRによる絶対定量

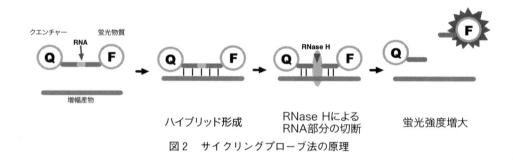

図2 サイクリングプローブ法の原理

絶対定量が可能となる（図1）。

　また，リアルタイムPCRの検出原理には，プローブ法（サイクリングプローブ，TaqMan®プローブなど）とインターカレーター法（SYBR® Green I）があるが，ここではサイクリングプローブ法の原理について紹介する（図2）。サイクリングプローブは，RNAとDNAからなるキメラオリゴヌクレオチドで，片方の末端が蛍光物質で，もう一方の末端がクエンチャー物質で修飾されている。インタクトな状態では蛍光を発しないが，PCR産物とハイブリッドを形成すると，反応液中に含まれるRNase HによりRNA部分が切断されて蛍光を発する。サイクリングプローブ

第6章 メーカー(企業)の開発動向

のRNA付近にミスマッチが存在するとRNase Hによる切断は起こらないので,非常に配列特異性の高い検出が可能であり,SNPsタイピングなどにも最適である。タカラバイオでは,このサイクリングプローブ法を中心とし,各種微生物およびウイルスの検出キットを発売している。

4.3 応用例の紹介
4.3.1 牛挽肉増菌培養液からのベロ毒素遺伝子(VT1/VT2遺伝子)の検出

O157:H7をはじめとする腸管出血性大腸菌(EHEC)は血便と激しい腹痛を伴う出血性大腸炎,さらには溶血性尿毒症症候群を引き起こす病原性大腸菌の一群である。これらの症状の原因は,EHECが産生するベロ毒素であり,この毒素遺伝子の有無を迅速にチェックする検査法の重要性が指摘されている。

(1) 方法

牛挽肉増菌液に4種類の純粋培養菌をそれぞれ接種したサンプルを遠心し,得られた沈渣からアルカリ熱抽出法によりDNAサンプルを調製した。これを鋳型として,CycleavePCR® O-157(VT gene)Screening KitとThermal Cycler Dice® Real Time SystemによるリアルタイムPCRへ供した。

(2) 結果

4種類の菌株を接種した牛挽肉増菌液から得られた,それぞれ2種類の濃度のDNAサンプルについて,N=3で検出を試みたところ,VT遺伝子を再現性よく検出できた(表1)。また,本キットに含まれるVT1,VT2遺伝子用の各Positive Controlを同時に反応させることで,問題なく試薬が機能していることが確認できるとともに,インターナルコントロールの検出によりPCR反応阻害がないことも確認できた。このことから,CycleavePCR® O-157(VT gene)Screening Kitは,VT遺伝子の迅速な検出に有効活用できることが分かる。

表1 キットによる反応結果

菌株	CFU/tube	VT検出(陽性)(N=3)	IC検出
O157(VT1)	15	3/3	3/3
	1.5	3/3	3/3
O157(VT2)	13	3/3	3/3
	1.3	3/3	3/3
O26(VT1)	14	3/3	3/3
	1.4	3/3	3/3
O26(VT1/2)	20	3/3	3/3
	2	3/3	3/3

4.3.2 ドライソーセージ原材料肉の判別

CycleavePCR®肉種判別キット（6種）を使用すれば，原料肉のウシ，ブタ，ニワトリ，ウマ，ヒツジ，ウサギの6種の種判別が可能である。

(1) **方法**

ドライソーセージ10 mgからDNAサンプルを調製した。これを鋳型として，CycleavePCR®肉種判別キット（6種）とThermal Cycler Dice® Real Time Systemによるリアルタイム PCRへ供した。

(2) **結果**

ドライソーセージの製品に記載されている原材料のうち，食肉原材料は「豚肉，牛肉，鶏肉，馬肉」となっており，今回の判定結果ではこれら4種類の肉種が検出された（図3）。加工食肉製品から簡単にDNAを調製し，CycleavePCR®肉種判別キット（6種）によって，迅速に原材料肉の肉種を判定できることが分かる。

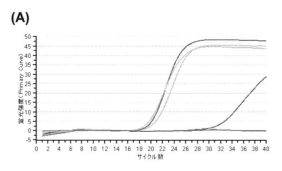

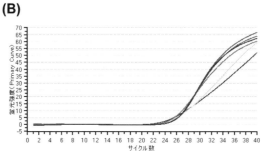

図3 ドライソーセージサンプルの肉種判別結果
(A)増幅曲線（FAM）：標記された4種類の肉種について検出された。
(B)増幅曲線（ROX）：すべてのサンプルについて検出された。

第6章 メーカー（企業）の開発動向

4.4 おわりに

リアルタイムPCRを活用すれば，約1時間半で結果が得られ，非常に優れた迅速性を発揮できる。タカラバイオでは，今後も迅速な食品検査に活用できる製品の開発に注力するだけでなく，例えばカタログ製品にはない検出系の構築など，検査用途に合わせたカスタムキット構築の要望に応えることもできる。今後ますます，リアルタイムPCR検出が様々な分野で利用され，迅速検査の有効手段になることが期待される。

表2 製品ラインナップ

検出対象	製品名	製品コード
食中毒検査に		
腸管出血性大腸菌O157	CycleavePCR® O-157（VT gene）Screening Kit	CY213
	CycleavePCR® O-157（VT gene）Screening Kit Ver.2.0	CY217 A/B
	CycleavePCR® O-157（VT1/VT2）Typing Kit	CY222
サルモネラ	CycleavePCR® *Salmonella* Detection Kit Ver.2.0	CY205
腸炎ビブリオ	CycleavePCR® *Vibrio*（*tdh* gene）Detection Kit	CY220
セレウス	CycleavePCR® *Bacillus cereus*（CRS gene）Detection Kit	CY221
リステリア	CycleavePCR® *Listeria monocytogenes*（*inlA* gene）Detection Kit	CY223
カンピロバクター	CycleavePCR® *Campylobacter*（*jejuni/coli*）Typing Kit	CY225
品種判別に		
肉種判別	CycleavePCR® 肉種判別キット（6種）	CY218

5 直接電解オゾン水の食材洗浄への応用

谷岡　隆*

5.1　はじめに

　カット野菜などの加工食材は，その利便性から需要が増えている。このような加工品は，製造過程で人の手が加わる工程が多くなるため衛生管理が非常に難しい。また，消費者にとっては加工食材の履歴がわかりにくいため，その安全性への関心が高まっており，製造工程における洗浄・殺菌処理，およびその工程管理が非常に重要である。食材の殺菌では多くの方法が用いられているが，生食野菜に対しては非加熱殺菌が採用され，塩素系薬剤による殺菌が主流を占めている。しかし，食材への塩素臭の残留や耐性菌生成，発がん性の疑いのある有機塩素化合物の副生などが指摘されて久しい。

　オゾン水は，オゾンの持つ強い酸化力によって殺菌効果を示し，食品の製造用剤として既存食品添加物リストで使用が認められており[1]，利用されている。本節では，水の電気分解により生成する直接電解オゾン水の食品分野への利用について説明する。

5.2　オゾン水と塩素系薬剤との洗浄比較

　食材洗浄に使用されている薬剤は，塩素系が主流で次亜塩素酸ナトリウム溶液が大半を占めている。一方，一般性菌数，大腸菌群数およびカビ・酵母数に対するオゾン水の殺菌効果は，次亜塩素酸ナトリウム（150 mg/L），強酸性電解水（pH2.9，有効塩素濃度40 mg/L）と同等で，概ね1～2 log減少し，オゾン水が塩素代替となりうることが示されている[2]。

　次亜塩素酸ナトリウムは，食材への塩素残留の懸念から，使用においては清水での後洗浄が義務付けられている。無論，オゾン水の場合には，オゾンが自然分解して酸素に戻ることから後洗浄は不要である。そこで，洗浄後の食材および洗浄排水中での副生成物（クロロホルム）についての調査結果を表1に示す。次亜塩素酸ナトリウム（200 mg/L）とオゾン水（10 mg/L）の各1,000 mL中に10分間浸漬し，食材および洗浄排水中の有機塩素化合物濃度を測定した結果である。

表1　次亜塩素酸ナトリウム（指定食品添加物）の弊害

	試料	クロロホルム含有量
食材	①未処理	<0.001 mg/kg
	②次亜塩素酸ナトリウム処理	0.002 mg/kg
	③オゾン水処理	<0.001 mg/kg
排水	①次亜処理排水	0.36 mg/L
	②後洗浄排水（次亜）	0.001 mg/L
	③オゾン洗浄排水	<0.001 mg/L

---

*　Takashi Tanioka　神鋼テクノ㈱　圧縮機本部　汎用グループ　担当次長

第6章 メーカー（企業）の開発動向

次亜塩素酸ナトリウムに対しては，浸漬後に200 mLの清水による後洗浄を1分間実施した。オゾン水の場合には全く検出されないのに対し，次亜塩素酸ナトリウムの場合には食材および洗浄排水の両方でクロロホルムが検出された。特に，洗浄排水では高濃度を示し，また，後洗浄排水からも検出されており，後洗浄が不十分な場合には食材への残留が起こりうる。

5.3 直接電解式オゾン水の生成

オゾン水は，その殺菌力とともに残留しないことが特長であるが，自己分解により短時間で濃度低下するため，使用するときに生成することが必要である。また，その反応には選択性がないため，食材の殺菌には野菜汁などの有機物との反応も考慮した高濃度が必要である。オゾン水の生成は，空気あるいは酸素を原料とした無声放電により生成したオゾンガスを水に溶解させる方法が一般的である。しかし，オゾンは溶解度が低いため高濃度を瞬時に得ることが困難であり，さらに未溶解ガスの残留もあり，高濃度での処理が困難であった。これに対し，水の電気分解により直接オゾン水を生成（すなわちオゾンガスを生成することなく）できる直接電解オゾン水生成法が，容易に高濃度で大量のオゾン水生成が可能であり食材殺菌に適している。その生成原理を図1に示す。本方式は，陽極および陰極として白金電極を，電解質として高分子電解質膜を使用した電解セルに水道水あるいは井水などの硬度成分を除去した軟水を通水し，電気分解によりオゾン水を生成する。陽極では水中で酸素とともにオゾンが発生，同時に水に溶解してオゾン水が直接生成される。したがって，高濃度オゾン水の瞬時生成が可能であり，かつ未溶解オゾンが少ないオゾン水が供給できる。

オゾン水は，使用に際して濃度管理が重要であり，そのため濃度制御が必要となる。濃度測定

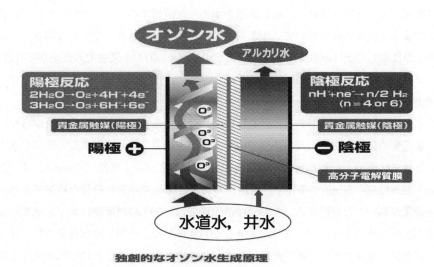

図1 直接電解オゾン水生成方法

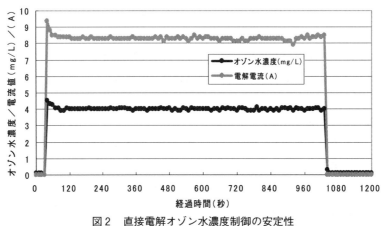

図2　直接電解オゾン水濃度制御の安定性

は，254 nmの紫外線を用いてオゾン水通過後の吸光度を測定する紫外線吸収法が信頼性も高く安定した方法である。直接電解法は，電解電流によりオゾン水濃度を直接制御するため応答が速く，出口のオゾン水濃度を±2％レベルで制御が可能であり，食材洗浄に最適なオゾン水の生成方法である（図2）。

5.4　オゾン水による食材洗浄

オゾン水による食材洗浄は，塩素系洗浄剤に比べて食材の安全，環境負荷の低減などの優位性を示す洗浄である。しかし，導入事例では，必ずしも期待通りの結果が得られておらず，洗浄方法，オゾン水の供給方法，オゾン水濃度に関し，最適化が重要である。

5.4.1　オゾン水による食材の洗浄方法およびオゾン水供給方法

塩素系薬剤による食材洗浄は，一般に薬剤を溜めた浸漬槽でバブリングしながらの浸漬洗浄である。このような洗浄方式において，塩素系薬剤に代えてオゾン水を使用した場合，浸漬槽でオゾンと野菜が反応してオゾン水濃度が急激に低下するため，有効な濃度での洗浄が不可能である。また，バブリングによりオゾンが脱気するため，さらに濃度が低下するとともに，オゾン臭により作業環境を悪化させる原因となる。

オゾン水殺菌は，瞬時殺菌であるとともに瞬時に分解する特性を有する。したがって，洗浄中のオゾン水濃度の低下を防ぐことが重要であり，浸漬方法ではなく一定濃度のオゾン水を供給しながらの直接食材洗浄（流水洗浄）が好ましい。図3は，オゾン水濃度：10 mg/L，オゾン水量：10 L/min，処理時間：5 minの条件で，浸漬洗浄および流水洗浄を比較した結果であり，流水洗浄の洗浄効果が高いことがわかる。なお，浸漬洗浄では，60 Lの浸漬槽にオゾン水を貯留しオゾン水を10 L/minで供給しオーバーフローさせながら洗浄した。一方，流水洗浄では，オゾン水を貯留せずに食材に同量のオゾン水を直接に散水して洗浄した。このことは，流水洗浄と同様にオゾン水を供給する浸漬洗浄においても，供給オゾン水が食材に直接に届かず，槽内に滞留する間

第6章 メーカー(企業)の開発動向

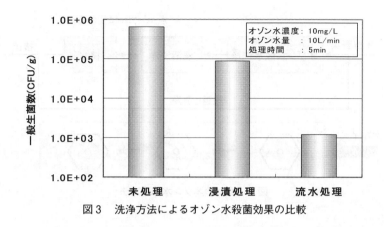

図3 洗浄方法によるオゾン水殺菌効果の比較

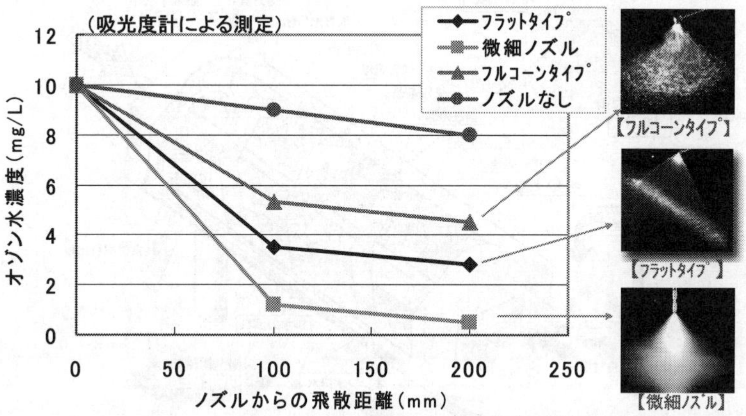

図4 オゾン水供給方法による濃度減衰の比較

に濃度減衰したオゾン水により殺菌されていることを示している。しかし，上記の流水洗浄においても，オゾン水の供給方法が重要である。図4は，10 mg/Lオゾン水を孔径の異なるノズルから噴霧したときの飛散距離による濃度減衰の測定結果である。ノズルは，わずか10 cm離れた位置でもオゾン水濃度の減衰が大きく食材の殺菌効果は期待できない。濃度減衰は，ノズルを使用しない場合にのみ少なく，オゾン水を有効利用できる。なお，各濃度は所定距離にてオゾン水をガラス容器に受け，吸光度計により測定した。

5.4.2 オゾン水による食材洗浄の最適化

オゾン水の殺菌特性である瞬時殺菌性，表面殺菌，反応の非選択性などから，食材の洗浄効果はオゾン水が表面付着菌といかに効率よく接触するかに依存する。このことから，一面が排水可能な開口を有する六角形断面の回転洗浄槽による洗浄が有効である。図5に概念図，図6に実機回転式洗浄装置の構造図を示す。オゾン水は，中心軸から供給されて食材に直接接触し，洗浄槽

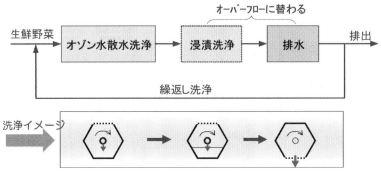

図5　食材のオゾン水洗浄方法

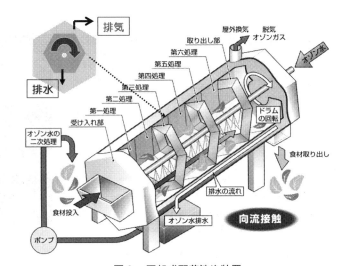

図6　回転式野菜洗浄装置

が1回転するごとに「オゾン水散水洗浄」→「オゾン水浸漬洗浄」→「オゾン水の完全排水」が可能となる。濃度低下したオゾン水は，断面下部に貯留して食材の浸漬を可能とし，槽の回転により全量排水される。これにより，食材は常時，濃度管理されたオゾン水により繰返し洗浄（図6では6回）が可能となる。また，洗浄槽は二重構造で，洗浄槽内のオゾン臭を強制的に屋外に排気する。

5.4.3　オゾン水洗浄条件の検討

次に，図6に示した回転式洗浄装置での最適洗浄条件（オゾン水濃度，洗浄時間）について記す。カット野菜に付着する野菜汁などによりオゾンが消費されるため，30秒間の水洗を実施した後，オゾン水濃度10 mg/Lおよび15 mg/Lの条件にて洗浄時間とオゾン水濃度の影響を検討した。図7にレタスでの結果を示す。オゾン水による洗浄時間は60秒で十分であり，オゾン水濃度

第 6 章　メーカー（企業）の開発動向

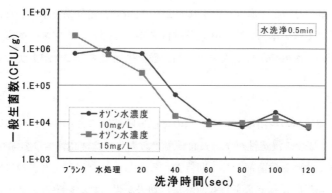

図 7　洗浄時間およびオゾン水濃度の影響

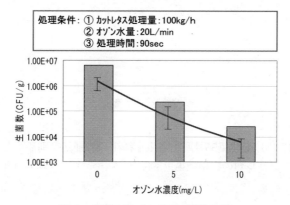

図 8　低濃度オゾン水での洗浄比較

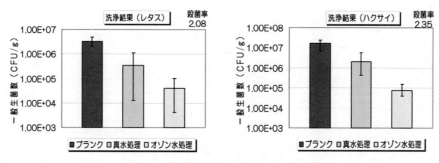

図 9　回転式野菜洗浄装置による洗浄結果

10 mg/L と 15 mg/L との差異も少ない。しかし，図 8 に低濃度で比較を示すようにオゾン水濃度が 5 mg/L に低下すると殺菌効果は半減するため，10 mg/L 程度の濃度が必要である。図 9 は，レタスとハクサイの各処理量：300 kg/h，オゾン水濃度：10 mg/L，水量：50 L/min，洗浄時間：

90秒の条件にて洗浄した結果であり，いずれも2〜3 logの殺菌効果を示す。洗浄後の野菜は，当然ながら塩素臭もなく野菜本来の味，食感を維持する。ただし，オゾンは塩素と異なり残留性がないため，洗浄後の二次汚染防止と食材の品温管理を確実にすることが重要である。

5.5 おわりに

オゾン水の食品製造への利用は，オゾン水の自己分解特性により食材への残留さらには環境への影響がないこと，また，浸透性がなく表面殺菌であるため食材品質への影響も少ないことから，従来の塩素系薬剤に代わる殺菌剤として期待される。しかしながら，過去の事例においては，誤った理解に基づく利用によって必ずしも期待した効果が得られない事例もあった。それゆえ，オゾン水の効果を確実にするため，オゾン水の特性の理解，特性に適った利用方法の採用，加えてオゾン水濃度管理が重要である。この課題に対し，直接電解オゾン水の利用は有効であるといえる。

文　　献

1) 平成8年5月23日付け衛化第56号厚生省生活衛生局長通知　別添1
2) 小関成樹，OHラジカル類の応用技術，398，エヌ・ティー・エス（2008）

6 ノロウイルス対策としての殺菌剤の有効利用

隈下祐一*

6.1 はじめに

　最近の食品媒介感染症の中で，最小感染量が少ない病原体（ノロウイルス，大腸菌O157，サルモネラ，カンピロバクター）が注目されている。中でもノロウイルスは食中毒統計の中で患者数が最も多く，その対策は非常に重要である。以前はカキなどの二枚貝の生食を原因とした冬場の食中毒であったが，最近ではむしろヒト（有症者，無症者）からヒトへと食品を媒介として感染している例が多くなっている。また，福祉施設などではヒト→環境→ヒトへと感染が伝播しており，食中毒というよりも感染症としてとらえる必要がある。これを防止するためには，①感染経路の遮断，②汚染量（バイオバーデン）の減少が必要である。ノロウイルスの感染経路および感染対策としての手洗いと消毒の基本について述べるとともに，ノロウイルス対策に有用な殺菌剤について紹介する。

6.2 ノロウイルスの特徴とその対策

　ノロウイルスは少量（10～100個）でもヒトに十分感染する力を有しており，環境中においても長期間生存できる。そのため，1人の感染者が原因で何百，何千人に影響を及ぼす食中毒あるいは感染症を引き起こす可能性があることをまずは認識しておいて欲しい。さらに，嘔吐や下痢の症状を示していなくてもウイルスを保有することや，ウイルスを何週間も排出するといった特徴も有している。したがって，誰かが下痢や嘔吐などの食中毒様症状を起こしてから対策をとるのではなく，常日頃からマニュアル作成など，集団全体でノロウイルス対策を講じておくことが必要である。では，具体的にどのような対策をとればよいか，感染経路別に，ヒト（手指）・モノ（調理器具・用具）・環境（施設設備）の3つに分けて述べる。

　ヒト：まず，ほとんどのノロウイルス感染事例[1]において何らかの形でヒトが関与していることから，ヒトの対策が何よりも重要である。食品取扱い者は自身の健康管理と手洗いを確実に実施することが必要である。特にノロウイルス患者は糞便や嘔吐物中に大量のウイルスを排出するため，トイレ使用後や汚物処理後の手洗いが不十分であると，汚染された手指を介して感染を伝播させることになる。したがって，汚染リスクが高い場合の手洗いはより念入りに行うべきである。実際，「大量調理施設衛生管理マニュアル」[2]にもトイレ使用後の手洗いについて2回以上行うことが明記されている。正しい手洗いの方法については後述する。

　モノ：食品現場において，モノ（調理器具・用具）が原因でノロウイルスに感染する例は比較的少ないと思われる。しかしながら，特に二枚貝はノロウイルスに汚染されているおそれがあるので，それを取り扱った器具・用具については加熱処理（80℃で5分間以上）あるいは次亜塩素酸処理により消毒を行う必要がある[2]（場合によっては器具の専用化が必要かもしれない）。

---

*　Yuichi Kumashita　サラヤ㈱　バイオケミカル研究所　課長補佐

表1 ノロウイルスの様々な感染経路と対策

感染経路	ヒト	環境	モノ
有症の食品取扱い者による食品の汚染	◎	○	△
無症状の食品取扱い者による食品の汚染	◎	○	△
家庭からの持込み	◎	○	△
発症者からのヒト―ヒト感染	◎	◎	○
嘔吐物の不適切な処理による感染の拡大	◎	◎	○
飲料水の汚染	−	−	−
嘔吐物などによる環境汚染	◎	◎	○
嘔吐の際の汚染エアロゾルからの感染	−	◎	−
加工用カキからの手指を介しての食品の汚染	◎	−	◎

◎：極めて重要，○：重要，△：状況によっては重要，−：重要性低い

環境：もともと環境がノロウイルスに汚染されていることはなく，人為的な汚染がもたらされ，それが感染につながる。たとえば，ノロウイルス患者が嘔吐あるいは排泄時のトイレの汚染などである。下痢や嘔吐物によって環境が汚染された場合，それが感染性のあるものとしてとらえ，消毒を含めた処理を行う必要がある。また，多くの人が共用している環境が汚染された場合，適切な消毒ができていないことで，二次感染，三次感染と感染が拡大し，多くの感染者を出す例は少なくない。したがって，日常的な施設設備の清掃作業を実施するとともに，もし，嘔吐症状を示すノロウイルス感染者が出た場合には現場全体の大規模な洗浄・消毒を実施する必要があると考えられる。なお，ノロウイルスに有効な消毒剤，洗浄剤およびノロウイルスの洗浄消毒方法については後述する。

表1に一般的な事例と対策の重要性について簡単にまとめた。一部特殊な事例を除いて，上述のような適切な対策を講じることにより，ノロウイルスの感染予防あるいは感染拡大を防止することは可能であると思われる。

6.3　各種殺菌剤・洗浄剤のノロウイルスに対する有効性

一般的にウイルスは殺菌剤に強いウイルスと弱いウイルスに分かれるが，強いウイルスといっても細菌芽胞ほど強くはなく，芽胞に有効な薬剤や処理によって容易に不活化される。ノロウイルスは細胞培養による実験ができないのでデータはないが，小型ウイルスの仲間であり，おそらく殺菌剤に対して中程度の抵抗性を持つと考えてよい。ここではノロウイルスの代替として一般に用いられているネコカリシウイルス（FCV）に対する各種殺菌剤・洗浄剤の不活化効果を紹介する。表2は各種殺菌剤の効果を示したものである。過酢酸や次亜塩素酸ナトリウムのように化学的に作用させる薬剤は短時間で有効であった。アルコールや第四アンモニウム塩は短時間での効果が低く，不活化するには5分以上の作用時間が必要である。表3は食品製造環境で普段使用されている洗浄剤のFCV不活化効果を調べたものである。表中にpHを併記してあるが，11.7以

第6章　メーカー（企業）の開発動向

表2　FCVの各種薬剤に対する感受性

薬剤	濃度	作用時間（秒） 30	60	300
過酢酸	0.1%	◎	◎	◎
	0.05%	◎	◎	◎
	0.01%	○	○	○
エタノール	95%	×	×	×
	75%	×	△	○
	50%	×	△	△
次亜塩素酸ナトリウム	1000 ppm	◎	◎	◎
	200 ppm	◎	◎	◎
塩化ベンザルコニウム	1000 ppm		×	×
	100 ppm		×	×
塩化ジデシルジメチルアンモニウム	1000 ppm		△	△
	100 ppm		×	×

対数減少値：　×：＜2　　△：2〜3　　○：＞3　　◎：検出限界以下

表3　市販洗浄剤によるFCV不活化効果

洗浄剤	濃度	作用時間（秒） 15	30	60	300	pH
アルカリ洗剤A	1/20	◎	◎	◎		12.3
アルカリ洗剤B	1/20	◎	◎	◎		11.7
アルカリ洗剤C	1	◎	◎	◎		
アルカリ洗剤D	1/180	×	×	×		10.9
食器洗浄機用洗剤	0.2%		○	○	○	11.4
食器洗浄機用洗剤60℃	0.2%	◎	◎			
水60℃		△	○			
手洗いせっけんA	1		×	×	×	10.3
	1/7		×	×	×	10.4
手洗いせっけんB	1		×	×	×	8.5
アルコール製剤A	1		×	△	○	
洗浄除菌剤A	1/300			×	×	
野菜果実用洗浄剤	1/100		×	×	×	2.4

対数減少値：　×：＜2　　△：2〜3　　○：＞3　　◎：検出限界以下

上で顕著な効果が認められた。FCVはアルカリに弱く，酸に比較的強いようである。手洗い石けん液には不活化効果はほとんどないが，洗い流すことによる物理的な洗浄効果が期待できる。

6.4 ノロウイルス対策としての消毒と手洗い
6.4.1 手洗い

　まずは，手洗いの基本をマスターすることが重要である。手洗いで洗い残しの多い箇所は親指周りと爪，指先，シワの部分であり，洗い残しや個人差をなくすには一定の手順に従って確実な手洗いをする必要がある。そして，手洗い液による洗浄だけでなく，ペーパータオルによる乾燥，アルコール消毒まで含めたプロセス全体，「洗って，拭いて，殺菌消毒」をしっかりと実行することが非常に重要である。さらに，いくらしっかりと手洗いをしても，手洗い時に交差汚染（手洗い液への微生物の混入，手洗い液容器などを介した手指汚染など）が起こると，手洗いの効果は低下してしまう。このような交差汚染リスクを低減するため，手洗い液は原液タイプ，ディスペンサーはノータッチ式（センサー，足踏み，肘押し）で容器から出口まで一体化したディスポタイプを用いることを推奨する（表4）。

　ノロウイルス対策としての手洗いは前述したように特にトイレ使用後や汚物処理後に重点を置いて行う必要があり，基本は石けん液による手洗いで汚れとともに洗い流すことである。FCVを用いた実験からわかるように，消毒用アルコールは短時間内のウイルス不活化効果が不十分であるので，細菌の場合と異なり，アルコール消毒はあくまで補助的なものとして考えておく必要がある。

　しかしながら，近年，FCVを用いた試験によりアルコールを酸性側あるいはアルカリ性側にシフトさせるとウイルス不活化効果を高める[3]ことが可能であることが明らかになってきている。当社でもノロウイルスを含むウイルス対応を目的とした，酸性のアルコール手指消毒剤（表5）を上市しており，ノロウイルスの流行期や集団感染発生時の緊急対策用として，また，ハイリスクなトイレにおける消毒剤として有用であると思われる。

6.4.2 モノ・環境

　モノ・環境の消毒には，一般に次亜塩素酸ナトリウムが推奨されているが，金属腐食や漂白作用があり，材質に悪影響を及ぼすおそれがある。アルカリ性の洗剤は通常の使用濃度でFCVに対する不活化効果があるので，洗浄剤としてだけでなく，次亜塩素酸ナトリウムの代わりに，ウイルス汚染処理剤としての利用が可能であると思われる。また，アルコールをアルカリ性にするこ

表4　手洗い時の交差汚染リスク

	ノータッチ （センサー・足踏み・肘押し）	手動 （ポンプ滴下）
希釈液・補充式	△	×
原液・補充式	○〜△	△
原液・ディスポ容器	○	○〜△
原液・完全ディスポ	◎	○

　　交差汚染リスク　◎：なし　○：低　△：中　×：高

第6章 メーカー（企業）の開発動向

表5 ウイルス対応アルコール手指消毒剤のウイルス不活化効果（タンパク負荷条件）

試験ウイルス	対数減少値（$-\text{LogTCID}_{50}$） 作用時間	
	30秒	1分
FCV	>4.0	>4.0
ポリオウイルス1型	>4.0	>4.0
アデノウイルス5型	2.8	3.1
パポバウイルス（SV 40）	3.8	>4.0
ロタウイルス SA11	3.1	3.2
ワクシニアウイルス	>4.0	>4.0
ウシコロナウイルス	>4.0	>4.0
インフルエンザウイルスA（H1N1）	>4.0	>4.0
鳥インフルエンザウイルスA（H5N1）	>4.0	>4.0

とでウイルス不活化効果を高めた製剤は有機物除去後の表面の処理や硬質表面の清拭などにも利用可能である。その他，食品添加物タイプの弱酸性アルコール製剤も市販されており，調理器具などの消毒に有用である。

6.4.3 汚物処理

汚物を処理する場合，汚物は感染性のあるものとの前提で処理する必要がある。自分が感染しないためにも，二重手袋などディスポの個人用保護具（PPE），2枚の回収袋および汚物処理用の薬剤をあらかじめ用意して，所定の場所で管理しておくべきである（定位置管理）。また，感染拡大を防ぐために処理方法の手順（処理マニュアル）を定めておき，素早い対応を行う必要がある。汚物処理には一般的に次亜塩素酸ナトリウムが用いられる。しかしながら，カーペットが汚染された場合の処理方法については薬剤によるウイルス不活化効果が得られにくく，材質への影響も考慮しなければならない。カーペット上の汚物処理については高圧スチームクリーナーと酸素系漂白剤を併用して処理する方法が有効[4]であり，一例として提案したい（①汚物に顆粒状の酸素系漂白剤を散布し，2分程度静置する。②適切なアタッチメントを取り付けた高圧スチームクリーナーで15秒間程度処理する。③通常のカーペット洗浄を行う）。

6.5 まとめ

ノロウイルスは食中毒というよりも感染症としてとらえるべきである。したがって，スタンダードプリコーションの考え方をもって対策を行うことが重要である。ノロウイルスを媒介するのは手指であり，ノロウイルスに汚染された環境表面からの伝播も無視できない。手洗いは最重要の予防対策であり，汚染された表面は適切に消毒しないと，二次感染のおそれがある。汚物はすべて感染性があるものとして取扱うべきであり，自分自身も感染者になりうること，たとえ健康であっても「ノロウイルスを持っている可能性がある」ということを自覚しておくべきであろう。

なお，本節で紹介した当社商品について以下に示した．利用頂ければ幸いである．

・汚物処理キット（手袋，エプロン，マスク，不織布，ビニル袋，マニュアルカード）
・汚物処理キットツールボックス（上記＋凝固剤＋次亜塩素酸ナトリウム＋希釈用ボトル）
・カタヅケ隊（嘔吐物凝固剤）
・ジアノック（次亜塩素酸ナトリウム6％液）
・ジョキスト（ノロウイルスに有効なアルコール製剤，環境清拭用）
・アルペットNV（ノロウイルス対策，食添タイプアルコール製剤）
・ヨゴレトレール（アルカリ洗剤）
・酸素系漂白剤（粉末顆粒）
・ノータッチの完全ディスポ一体型石けん・アルコールディスペンサー
・手洗い教育ツール（手洗いチェッカー，手洗い誘導パネル）
・ウィル・ステラ（各種ウイルスに有効な手指消毒用アルコール製剤）

文　　　献

1) 西尾治，古田太郎，現代社会の脅威!!ノロウイルス 感染症・食中毒事件が証すノロウイルス伝播の実態，幸書房（2008）
2) 厚生労働省，大量調理施設衛生管理マニュアル（平成20年6月18日食安発第0618005号）
3) 隈下祐一ほか，防菌防黴，**35**, 725（2007）
4) 中村絵美ほか，第37回日本防菌防黴学会要旨集，113（2010）

7 おいしい野菜づくりを支えるコンパクト硝酸イオンメータの開発

永井 博*

7.1 はじめに

野菜はビタミン，ミネラル，植物繊維などの供給源として，ヒトの健康に大変重要な役割を担っている。したがって，健康維持のためには十分に野菜摂取することが推奨されているのが一般的である。一方，ある種の野菜には窒素肥料の一部が硝酸イオンとして蓄積されるなどヒトの健康にあまり有益でない成分も含まれる。特に，硝酸イオンは人体内で還元されると亜硝酸イオンに変換され，メトヘモグロビン血症を引き起こしたり，発ガン性を有するニトロソ化合物を生成する恐れがあると言われている[1]。この報告に対しては賛否両論[2,3]があり，野菜中の硝酸イオンの安全性について現段階では結論づけられていない。

EUにおいてはレタスとホウレンソウに含まれる硝酸イオン濃度の基準値を定めており，基準値を超えた野菜はEU加盟国間での流通が認められていない。日本においても農林水産省において，野菜中の硝酸塩に関する情報としてホームページで解説されている。また，硝酸塩濃度の低い野菜を作る方法を纏めた，「野菜の硝酸イオン低減化マニュアル」が作成されている[4]。また，一部の農家（生産者）や流通業者においては，作物体中の硝酸イオン濃度が高くなると，「味が悪くなる」，「虫が付きやすい」，「日持ちがしない」と判断しており，生産者においては自主的に作物中の硝酸イオン低減を実践したり，流通業者においては，荷受入れの段階で野菜中硝酸イオン濃度の測定管理を行ったり，『野菜ルネッサンス』と称して，～形から中味評価へ～と16項目の計測値で野菜を評価している流通業者も出てきている。

7.2 農業用コンパクト硝酸イオンメータの開発

堀場製作所では，1989年に硝酸イオンメータをはじめ3種類のコンパクトイオンメータを開発した。それらは，一部の研究機関の専門家の間で使われていたものの，生産者・流通業者レベルで使われることはなかった。しかしながら上述のような市場背景から，食の安全・安心およびおいしさの向上を目指し，生産者および流通業者の現場において野菜中の硝酸イオン濃度を簡便・迅速に測定する計測機器が必要となってきていることを受け，誰でも簡便に・現場で・正確に・スピーディーに！をコンセプトに，以下を特徴として農業専用の硝酸イオンメータを開発した（写真1）。

①防水タイプ ②自動校正機能付 ③測定単位設定機能付 ④平面センサ採用（微量測定）
⑤イオン電極（希釈不要） ⑥作物体用・土壌用区別（精度向上）

---

* Hiroshi Nagai ㈱堀場製作所 開発本部 先行開発センター センサ技術開発部 水質センサチーム

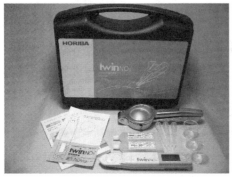
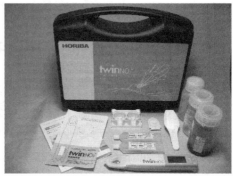

作物体用（B-341）

測定範囲（切替表示）
100～9,900 ppm NO$_3^-$
23～2,200 ppm NO$_3^-$-N

土壌用（B-342）

測定範囲（切替表示）
30～600 ppm NO$_3^-$
6.8～140 ppm NO$_3^-$-N
3.4～68 kg/10a （NO$_3^-$-N）

写真1　農業専用　硝酸イオンメータ

7.3　硝酸イオンの測定方法

　硝酸イオン濃度を測定する測定原理としては，イオンクロマトグラフ法，比色法などがある（表1）。前者はイオン交換樹脂により分離定量するため，高圧ポンプや分離カラムを必要とし，約200万円の初期費用が必要となる。後者は呈色試薬の発色を目視による官能判定もしくは色差計により定量する方法であり，前者に比べて安価かつ簡便な方法である。しかしながら，目視による官能判定では測定値を数値化することが難しく，個人差が出てしまう。特に，作物体中の硝酸イオン濃度は，作物種により多様であり，おおよそ100 ppmから10,000 ppm程度まで広く分布している。一方，前者後者ともに，測定域は300 ppm以下に限定されており，測定に際しては試料の希釈操作が不可欠となってしまう。

表1　硝酸イオン測定原理別　比較表

測定方法	比較項目	装置価格	ランニングコスト	測定時間（分）	測定レンジ（ppm）	操作性	信頼性
イオンクロマト		170万円以上	約20円	30	0.1～300 希釈必要	悪い	高い
比色法	定量的	約10万円	約80円	2	5～225 希釈必要	簡便	高い
	定性的	≒0円	約60円	1	5～225 希釈必要	簡便	低い
新イオン電極		約4万円	≒0円	1以下	30～9,900 希釈不要	簡便	高い

第6章 メーカー(企業)の開発動向

　一方，今回紹介のコンパクト硝酸イオンメータの測定原理はイオン電極法であり，硝酸イオン選択性の膜に生じる電圧により定量する方法で測定レンジが広い特徴がある。測定結果はデジタル表示され読み取りの個人差は出ない。特に，測定レンジが広範囲であることから，試料を希釈せずダイレクト測定ができる。また小型軽量・電池駆動でどこにでも持ち運ぶことができ，現場測定に適している。

7.4　コンパクト硝酸イオンメータによる測定方法
7.4.1　作物体測定方法
　写真2に，作物体中硝酸イオンの測定手順を示す。測定の前に専用の標準液をセンサに滴下し校正を行う。校正に用いる標準液は，あらかじめ作物体のイオン強度に最適化されている。
　試料調整方法は，写真2の方法の他，ビニール袋に入れての搾汁やミキサーなどで作物体から搾汁液を調製する方法もある。上記方法で調整した搾汁液を，スポイトなどにて約0.3mLセンサ上に滴下し，測定値が安定したことを示す安定マークが出てから測定値を読み取る。

7.4.2　土壌測定方法
　写真3に，土壌中硝酸イオンの測定手順を示す。測定の前に専用の標準液をセンサに滴下し校正を行う。なお，校正に用いる標準液は，あらかじめ土壌抽出液のイオン強度に最適化されている。付属の抽出容器を使うことで，土壌：水＝1：5での抽出が行え，その比率での濃度換算を行い濃度表示されるようになっている。また，イオン電極の懸濁粒子影響をなくすために専用のろ紙を使うことで，精度よく測定できる。なお，塩化物イオンの除去には日本ダイオネックス社

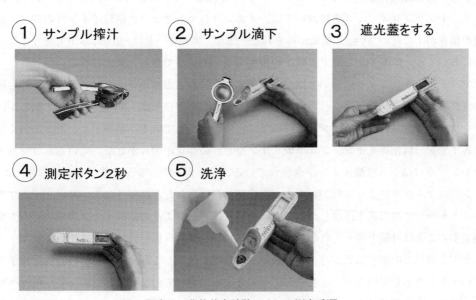

写真2　作物体中硝酸イオンの測定手順

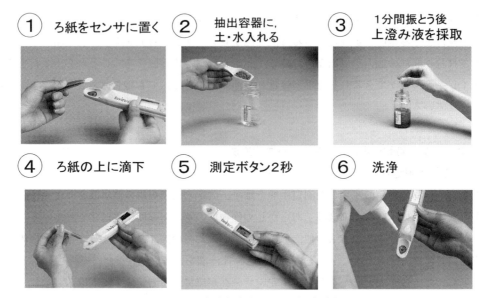

写真3　土壌中硝酸イオンの測定手順

が販売しているOnguard Ag⁺ IIというプレカラムが有効である。

7.5　イオンクロマトグラフとの相関
7.5.1　作物体測定

図1に，各種作物体別にイオンクロマトグラフと硝酸イオン計との相関を示す[5]。レタス，ハクサイ，チンゲンサイ，ミズナにおいては，イオンクロマトグラフと硝酸イオン計の間に，回帰直線の傾きが1に近い（y=x）結果が得られた。また，寄与率（R^2）も0.73以上でありこれらの作物においては，硝酸イオン計で正確かつ精度の高い測定ができると考えられる。

コマツナ，ホウレンソウにおいては，硝酸イオン計においてイオンクロマトグラフよりも約20%程度高濃度の測定結果が得られている。しかしながら，寄与率は0.85以上であり，明らかにイオンクロマトグラフと硝酸イオン計での結果に相関が得られている。硝酸イオン計は，いくつかの妨害イオン（塩化物イオン，シュウ酸イオンなど）の存在が明らかとなっている。コマツナとホウレンソウにはシュウ酸イオンが含まれている。したがって，シュウ酸イオンの影響により，イオンクロマトグラフよりも約20%高めの測定結果が得られたと推察される。ただし，寄与率は高いことから，この事実を認識した上で測定を行えば，おおよその硝酸イオン濃度の目安や傾向を判定することは可能と考えられる。キャベツ，ブロッコリーにおいては，イオンクロマトグラフよりも2倍以上の測定結果が得られており，寄与率も低い。これは，何らかの妨害物質が存在していることを示しているが，現在のところ特定するに至っていない。したがって，キャベツとブロッコリー中の硝酸イオン濃度をイオン計で測定するのは困難と判断される。今後は，妨害物

第6章 メーカー(企業)の開発動向

質の特定と対策を検討する必要がある。タアサイなどのその他の作物においては,回帰直線の傾きは1から外れているものの,高い寄与率が得られている。硝酸イオン計は,簡易な測定機器として使用できる可能性が高い。

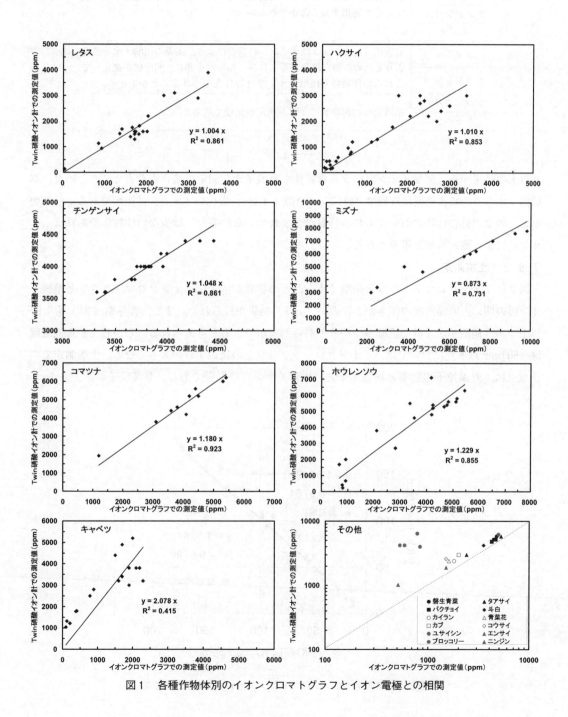

図1 各種作物体別のイオンクロマトグラフとイオン電極との相関

表2　作物体中硝酸イオン測定の適合表

作物体種	適合性
レタス	妨害物質の影響が少なく，測定結果をそのまま作物体の硝酸イオン濃度として適用することができる。
ハクサイ	
チンゲンサイ	
ミズナ	
コマツナ	有機酸（主にシュウ酸イオン）の影響により，実際の硝酸イオン濃度よりも高めの測定結果が得られる。相関図を基に，測定値を補正してこれらの作物体も硝酸イオン濃度の目安をつけることができる。
ホウレンソウ	
ブロッコリー	未同定の妨害物質により，測定が困難である。
キャベツ	

以上の結果から，硝酸イオン計による作物体中硝酸イオン測定の適合表を表2にまとめた。本硝酸イオン計の妨害物質は有機酸（特にシュウ酸イオン），塩化物イオン，油脂類である。したがって，表2以外の作物においても妨害物質が含まれていないもしくは少ない作物体であれば，イオン計により測定可能と推察される。

7.5.2　土壌測定

図2にイオンクロマトグラフと硝酸イオン計との相関を示す。イオンクロマトグラフと硝酸イオン計の間に，回帰直線の傾きが1に近い（y=x）結果が得られた。また，寄与率（R^2）も0.97以上であり硝酸イオン計で正確かつ精度の高い測定ができると考えられる。しかしながら低濃度域（50 ppm以下）においては，イオンクロマトグラフとの値のずれが大きくなる。土壌測定での注意点は，懸濁粒子の影響と妨害イオン（塩素イオン）の影響である。懸濁粒子の除去方法は，

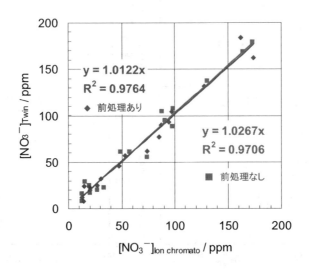

図2　土壌測定イオンクロマトグラフとイオン電極との相関

第6章 メーカー（企業）の開発動向

専属のろ紙を開発，センサ上にセットすることでその影響を除いている。塩素イオンの除去については前述の塩素イオン除去カラムにて前処理を行うことで影響を軽減できる。図2中の前処理ありなしは，塩素イオン除去カラムを通す前後のことである。

7.6 おわりに

　硝酸イオン計は，簡便な現場測定を行う上で，操作性・装置価格・ランニングコスト・測定時間のいずれの点においてもイオンクロマトグラフや比色法よりも優位である。特に，作物体中の硝酸イオン濃度分布を網羅する広い測定レンジを有する点と携帯性の良さにより，現場測定機器として，唯一の装置である。本装置により，土壌中の硝酸イオン濃度のリアルタイム測定が可能になり，タイムリーな施肥を行うことができる。作物に過剰な肥料を与えることがなくなることにより，作物体の残留硝酸イオンの軽減だけでなく，肥料の節約，地下水汚染の防止などの環境保護にも貢献できる。また，作物体中の残留硝酸イオン濃度管理も容易になり，私たちの食の安心・安全の確保のための一助となれば幸いである。

謝辞

　作物体中の硝酸イオンのイオンクロマトグラフとの相関データは，㈶農産業振興奨励会における「平成19年度硝酸態窒素簡易測定技術確立事業」において，埼玉県農林総合研究センター，静岡県農林技術研究所，長崎県総合農林試験場の試験場およびJAふかや，JA遠州中央，JA大阪南で取得していただいた。

文　　献

1) 田中淳子ほか，小児科臨床，**49**，1661（1996）
2) M. H. Ward *et al.*, *Environmental Health Perspectives*, **113**, 1607（2005）
3) J. L'hirondel *et al.*, Nitrate and Man : Toxic, Harmless, or Beneficial?, pp.5-10, CABI Publishing（2001）
4) ㈱農業・生物系特定産業技術研究機構 野菜茶業研究所，野菜の硝酸イオン低減化マニュアル（2006）
5) ㈶農産業振興奨励会，平成19年度硝酸態窒素簡易測定技術確立事業実績報告書（2008）

食のバイオ計測の最前線―機能解析と安全・安心の計測を目指して―《普及版》(B1214)

2011年5月31日　初　版　第1刷発行
2017年8月8日　普及版　第1刷発行

監　修　植田充美　　　　　　　　　　　　　Printed in Japan
発行者　辻　賢司
発行所　株式会社シーエムシー出版
　　　　東京都千代田区神田錦町 1-17-1
　　　　電話 03(3293)7066
　　　　大阪市中央区内平野町 1-3-12
　　　　電話 06(4794)8234
　　　　http://www.cmcbooks.co.jp/

〔印刷　あさひ高速印刷株式会社〕　　　　　© M.Ueda 2017

落丁・乱丁本はお取替えいたします。

本書の内容の一部あるいは全部を無断で複写（コピー）することは，法律で認められた場合を除き，著作権および出版社の権利の侵害になります。

ISBN 978-4-7813-1207-1　C3045　¥5500E